普通高等学校计算机教育课程"十二五"规划教材•创新系列

计算机图像和视频处理实验教程

主　编　刘　赏

参　编　饶　俊　盛家川　宋丽红

张　磊　董林芳

中国铁道出版社

CHINA RAILWAY PUBLISHING HOUSE

内 容 简 介

计算机图像和视频处理课程是计算机科学与技术专业的重要专业课程之一，随着图像和视频处理技术的迅速发展及其在当今社会各个领域的广泛应用，对图像和视频处理课程的教学提出了更高的要求，特别是实践环节更需加强。本书涵盖了图像和视频处理课程中较为重要的知识点，按照由易到难、由基础到综合的顺序安排了初级、中级和高级三个不同级别的实验阶段。每个阶段分别设计了具有代表性的几个实验，通过大量的实例使学生逐步掌握图像和视频处理的基本知识和基本技巧。

本书可作为高等学校计算机相关专业学生的实验教材，也可作为初、中级读者和培训班学员学习的参考用书。

图书在版编目（CIP）数据

计算机图像和视频处理实验教程 / 刘赏主编. — 北京 : 中国铁道出版社，2014.9

普通高等学校计算机教育课程“十二五”规划教材. 创新系列

ISBN 978-7-113-19159-7

Ⅰ. ①计… Ⅱ. ①刘… Ⅲ. ①图象处理软件－实验－高等学校—教材 Ⅳ. ①TP391.41-33

中国版本图书馆 CIP 数据核字（2014）第 200406 号

书　　名：计算机图像和视频处理实验教程
作　　者：刘 赏 主编

策　　划：孟 欣　　　　**读者热线**：400-668-0820
责任编辑：孟 欣 王 惠
封面设计：淡晓库
封面制作：白 雪
责任校对：汤淑梅
责任印制：李 佳

出版发行：中国铁道出版社（100054，北京市西城区右安门西街 8 号）
网　　址：http://www.51eds.com
印　　刷：北京华正印刷有限公司
版　　次：2014 年 9 月第 1 版　　2014 年 9 月第 1 次印刷
开　　本：787mm×1092mm　1/16　**印张**：13　**字数**：332 千
书　　号：ISBN 978-7-113-19159-7
定　　价：27.00 元

FOREWORD 前言

近年来，随着计算机、多媒体和网络通信技术的高速发展，图像和视频处理得到了极大的重视和长足的发展，在科学研究、工业生产、医疗卫生、教育、娱乐、军事和通信等方面被广泛应用。同时，人们对计算机图像和视频处理的应用要求也越来越高，从而使高速、便捷、智能化的高性能数字图像和视频处理成为重要的发展方向，实时图像处理和视频分析技术在目标跟踪、安全监控、辅助制造等行业中都得到了越来越多的应用。各高等院校和培训机构也都把图像处理和视频分析课程作为一门重要的专业课程。图像处理和视频分析技术的专业性和实践性都较强，仅仅依靠理论知识很难达到深入理解，更无法进行实际应用。因此，需要通过大量的实践性实验帮助学生更好地理解理论知识，提高实践操作能力，并进一步达到实际应用的水平。

本书将图像和视频处理涉及的代表性实验分为初级、中级和高级三个级别，读者可按编排顺序由浅入深逐步实践，也可根据需要挑选完成其中的某些实验。初级实验主要涉及图像处理的基本技术，包括图像采集和分割、二值化和灰度化、轮廓检测、边缘检测、膨胀和腐蚀、直方图。中级实验主要是关于图像处理的一些常用技术，包括去噪、角点检测、连通区域标记、帧间差分的处理方法。高级实验是对基本技术和常用技术的综合运用与实践，通过实例学习视频分析相关的技术，主要包括肤色识别、运动检测、运动目标跟踪、人数统计和烟火检测。

本书通过一系列由浅入深的实验，引导学生对计算机图像和视频处理的基本概念有一个初步的了解，掌握最常用的图像和视频处理方法，进而为今后逐步学习和开发难度较大的设计型和研究型图像和视频处理技术打下扎实的基础。本书在编写中力求突出以下特色：

① 内容先进：以目前图像处理和视频分析领域内的最新技术为参考，设置实验内容；

② 结构完整：根据循序渐进的认知规律设计实验内容及顺序，帮助读者由浅入深地进行学习，读者容易入门；

③ 实例丰富：本书提供大量的实例程序，并给出运行结果，其中较为复杂的实例还有详细的分析讲解；

④ 理论与实践相结合：本书将理论知识和实践操作有机地结合起来，以理论引导实践，以实践印证理论，从而达到理论和实践的共同提高。

本书的每个实验均包括基本原理、关键函数和实验代码三部分，学生首先理解基本理论知识，然后了解实验中涉及的关键代码，最后完成全部实验，符合教学实际要求，培养学生实际操作能力。

本书教学时数建议初级实验安排 6 学时，中级实验安排 8 学时，高级实验安排 10 学时，共 24 学时。建议在机房和多媒体教室进行教学和实践。

本书由天津财经大学信息科学与技术系刘赏主编，饶俊、盛家川、宋丽红、张磊、董林芳参与编写。本书融合了全体编者多年的教学和项目开发经验和心得体会。其中，初级实验部分的实验 1-1 至实验 1-5 由饶俊编写，实验 1-6 至实验 1-8 由盛家川编写；中级实验部分的实验 2-1 和实验 2-2 由宋丽红编写，实验 2-3 和实验 2-4 由张磊编写；高级实验部分的实验 3-1 至实验 3-4 由刘赏编写；实验 3-5、实验 3-6 由董林芳编写。由刘赏制定了编写大纲并最终统稿。

在本书的编写过程中，天津财经大学信息科学与技术系提供了有力的技术支持和组织保障，在此特别感谢。由于时间仓促加之编者水平有限，难免有不足之处，敬请广大读者批评指正。

编 者

2014 年 6 月

CONTENTS

目　录

第一篇 初级实验

【实验 1-1】 图像的采集

一、基本原理

1. 连续图像的数学描述

人眼所看到的空间某位置上的景物是由光线照射在景物上并经过反射或透射作用映入眼中而形成的图像。图像有多种含义，其中最常见的是各种图形和影像的总称。

数字图像用数字描述像素点、强度和颜色。描述信息文件存储量较大，所描述对象在缩放过程中会损失细节或产生锯齿。在显示方面，它是将对象以一定的分辨率分辨后将每个点的色彩信息以数字化方式呈现，可直接在屏幕上快速显示。分辨率和灰度是影响显示的主要参数。图像适用于表现含有大量细节（如明暗变化、场景复杂、轮廓色彩丰富）的对象，如照片、绘图等。通过图像软件，可进行复杂图像的处理，以得到更清晰的图像或产生特殊效果。

对于二维图像而言，可以简单地将光强度看做随空间坐标、光线波长和时间变化的连续函数，其数学表达式为

$$I = f(x, y, \lambda, t) \qquad (1\text{-}1\text{-}1)$$

如果只考虑光的能量而不考虑其波长，则图像在视觉上表现为灰色图像，称之为灰度图像（gray image）或者单色图像（monochrome image），其图像函数为

$$I = f(x, y, t) \qquad (1\text{-}1\text{-}2)$$

如果处理的灰度图像是静止图像（still image），即图像内容不随时间变化，则上述图像函数可以表示为

$$I = f(x, y) \qquad (1\text{-}1\text{-}3)$$

由于彩色图像（color image）可以分为红（R）、绿（G）和蓝（B）三基色，因此，对于彩色图像而言，图像函数可以用 R、G 和 B 三个通道的值表示：

$$I = \{f_{\mathrm{R}}(x, y), f_{\mathrm{G}}(x, y), f_{\mathrm{B}}(x, y)\} \qquad (1\text{-}1\text{-}4)$$

可见，对灰度图像处理的有关理论和方法是开展彩色图像处理工作的基础。

一般地，一个完整的图像处理系统输入和显示的都是便于人眼观察的连续图像（模拟图像）。为了便于数字存储和计算机处理，可以通过模/数转换（A/D）将连续图像变为数字图像；反之，通过数/模转换（D/A）可将数字图像还原为原始的连续图像。本章将讨论如何将连续的图像转变为数字图像。

2. 图像的数字化

1）图像取样

为了能够用计算机对图像进行处理，首先要把连续图像函数 $f(x,y)$ 进行空间和幅值的离散化处理。对空间连续坐标 (x,y) 的离散化，称为图像的取样；幅值 $f(x,y)$ 的离散化，称为图像的量化。图像的数字化包括取样和量化两个过程。经过数字化，一幅画面就转化成计算机能够处理的数字图像。

进行数字化图像处理所需的主要硬件有：

① 采样孔（sampling aperture）：保证单独观测待定的像素而不受其他部分的影响。

② 图像扫描机构（scanning mechanism）：使采样孔按预先确定的方式在成像面上移动，从而将二维空间的图像信号转换为一维时间的图像信号。

③ 光传感器（light sensor）：起到光电转化作用，通过采样孔测量图像的每一个像素的亮度并转化为模拟电信号。

④ 量化器（quantizer）：将传感器输出的连续量转化为整数值，其精度以 bit 计。

⑤ 输出存储体（output storage media）：将量化后的数字图像存入固态存储器或磁盘等存储介质中。

图 1-1-1 说明了取样和量化的基本概念。图 1-1-1（a）是一幅连续图像 $f(x,y)$，其 x,y 坐标和幅度都是连续的。为了把它转换为数字形式，必须对坐标和幅度作离散化操作。如前所述，坐标值离散化称为取样（sampling），而幅度值离散化称为量化（quantization）。

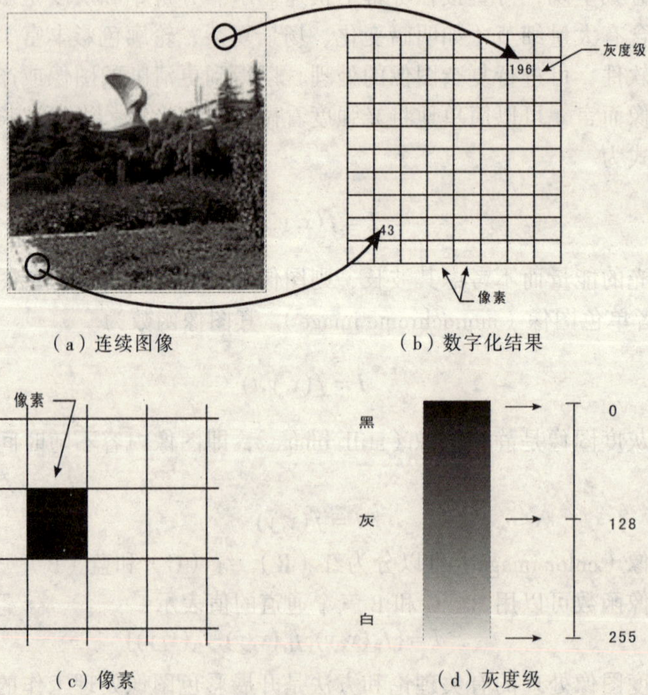

（a）连续图像　（b）数字化结果

（c）像素　（d）灰度级

图 1-1-1　图像的数字化过程

图 1-1-1（b）是连续图像经过取样和量化后的数字图像示意图，在成像过程中把一幅图像分割成一个个称为像素的小区域，即把连续图像变成离散图像，而各个小区域的灰度用整数型的灰

度级（gray level）来表示。图 1-1-1（c）所示的像素，图 1-1-1（d）所示为分为 256 个离散级别的灰度级，其范围从黑到白。每一取样的连续灰度值简单量化为 256 个离散灰度级中的一个。

图像经取样和量化后，其结果是一个整数矩形。假如一幅连续图像 $f(x,y)$ 被取样，则产生的数字图像有 M 行和 N 列。坐标 (x,y) 的值变成离散值，通常对这些离散坐标采用整数表示。这样，原点的坐标值是 $(x,y)=(0,0)$。图像第 i 行的第 j 个坐标值用 $(x,y)=(i,j)$ 来表示。图 1-1-2 表示第 3 行的第 4 列图像的坐标约定。

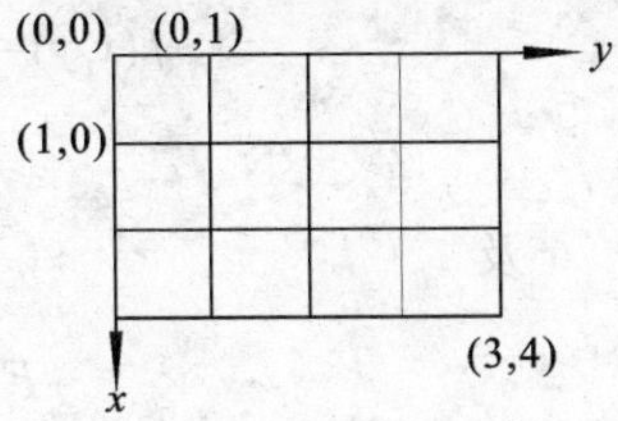

图 1-1-2　图像的坐标

我们常常以矩阵的形式表示图像。一幅行数为 M、列数为 N 的图像可以表示成大小为 $M\times N$ 的矩阵形式，具体如下：

$$f(x,y)=\begin{bmatrix} f(0,0) & f(0,1) & \cdots & f(0,N-1) \\ f(1,0) & f(1,1) & \cdots & f(1,N-1) \\ \vdots & & & \\ f(M-1,0) & f(M-1,1) & \cdots & f(M-1,N-1) \end{bmatrix}$$

其中，矩阵中的每个元素代表一个像素。

假定图像尺寸为 $M\times N$ 像素，每个像素所具有的离散灰度级数为 G，这些量分别取为 2 的整数幂 m,n,k，即 $M=2^m$，$N=2^n$，$G=2^k$，那么存储这幅图像所需的位数是 $b=M\times N\times k$，字节数为 $b/8$（单位为 B 或 byte）。如果图像是正方形的，即 $N=M$，则所需的位数是 $b=N^2\cdot k$。

可以看到存储一幅图像所需的空间随图像尺寸的增加显著增长。例如，一幅 128×128、256 个灰度级的图像需要 128×128×8=131 072 bit=16 KB 来存储。

2）二维采样

图像在取样时，必须满足二维采样定理，确保无失真或有限失真地恢复原图像。在一维采样定理的基础上，不难直接导出二维采样定理。

首先定义二维图像信号 $f(x,y)$ 的傅里叶频谱为 $F(u,v)$，则二维傅里叶正反变换为

$$F(u,v)=\int_{-\infty}^{\infty}\int_{-\infty}^{\infty} f(x,y)\mathrm{e}^{-j2\pi(ux+vy)}\mathrm{d}x\mathrm{d}y \tag{1-1-5}$$

其逆变换为

$$f(x,y)=\int_{-\infty}^{\infty}\int_{-\infty}^{\infty} F(u,v)\mathrm{e}^{j2\pi(ux+vy)}\mathrm{d}u\mathrm{d}v \tag{1-1-6}$$

二维采样定理：如果二维图像信号 $f(x,y)$ 的傅里叶频谱为 $F(u,v)$ 满足

$$F(u,v)=\begin{cases} F(u,v) & |u<|U_c,|v|\leqslant V_c \\ 0 & |u<|U_c,|v|>V_c \end{cases} \tag{1-1-7}$$

式中，U_c,V_c 对应于空间位移变量 x 和 y 的最高截止频率，则当采样周期为 Δx 时，Δy 满足如下条件：

$$\begin{cases} \dfrac{1}{\Delta x}=u_s\geqslant 2U_c \\ \dfrac{1}{\Delta y}=v_s\geqslant 2V_c \end{cases}$$

式中，u_s,v_s 为取样频率。此时，通过采样信号 $f(m\Delta x,n\Delta y)$（m，n 为整数）能唯一地恢复原图信号 $f(x,y)$，且有

$$f(x,y)=\sum_{m=-\infty}^{\infty}\sum_{n=-\infty}^{\infty}f(m\Delta x,n\Delta y)\cdot\frac{\sin\frac{\pi}{\Delta x}(x-m\Delta x)}{\frac{\pi}{\Delta x}(x-m\Delta x)}\cdot\frac{\sin\frac{\pi}{\Delta y}(y-n\Delta y)}{\frac{\pi}{\Delta y}(y-n\Delta y)} \quad (1\text{-}1\text{-}8)$$

及

$$F(u,v)=\Delta x\Delta y\sum_{m=-\infty}^{\infty}\sum_{n=-\infty}^{\infty}f(m\Delta x,n\Delta y)\mathrm{e}^{-j2\pi(m\Delta xu+n\Delta yv)} \quad (1\text{-}1\text{-}9)$$

二维采样信号的频谱如图 1-1-3 所示。其中图 1-1-3（a）是原图像 $f(x,y)$ 的频谱 $F(u,v)$，图 1-1-3（b）为采样后离散图像的频谱 $F_p(u,v)$。

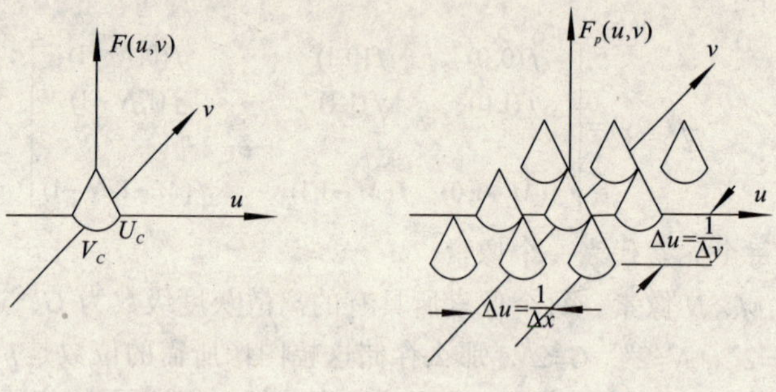

（a）原图像的频谱　　（b）采样信号的频谱

图 1-1-3　二维采样信号的频谱

如不满足采样定理的条件，则各周期频谱成分便会彼此混淆，不能由采样信号恢复原图像。如果满足采样定理的条件，则各周期频谱彼此分开，可以用一个合适的二维低通滤波器滤除其他周期频谱成分，由原频谱来恢复原始信号。

注意：采样后，实际图像的大小为有限值，则图像可表示为

$$f(x,y)(m=0,1,\cdots,M-1;n=0,1,\cdots,N-1)$$

3）图像的量化

量化指图像幅度的数字化处理，即连续信号的幅度用有限级的数码表示的过程。量化是在一定的准则下进行的，例如最小均方误差、人眼视觉特性的主观准则等。量化的准则不同，会导致不同的量化效果。

可以从不同的角度将量化方法分成以下 4 类：

① 按量化级步长的均匀性，可分为均匀量化和非均匀量化。均匀量化的量化步长保持一致，非均匀量化的量化步长不一致。当图像的灰度级数必须较小的时候，常常需要非均匀地分配灰度级。例如，人眼对于灰度级的急剧变化比较容易辨认，因此这时没有必要进行过细地分层；而对于那些灰度级变化比较平缓的部分，就需要进行较细微的分层。否则，不仅无法辨认灰度的细微变化，还可能由于较大的量化误差形成虚假的细节。

② 按量化对称性，可分为对称量化和非对称量化。对称量化是最常用的量化模式，包括两种典型的形式：中央上升型和中央平稳型。图 1-1-4 和图 1-1-5 所示分别为均匀对称量化和非均匀对称量化的示意图。

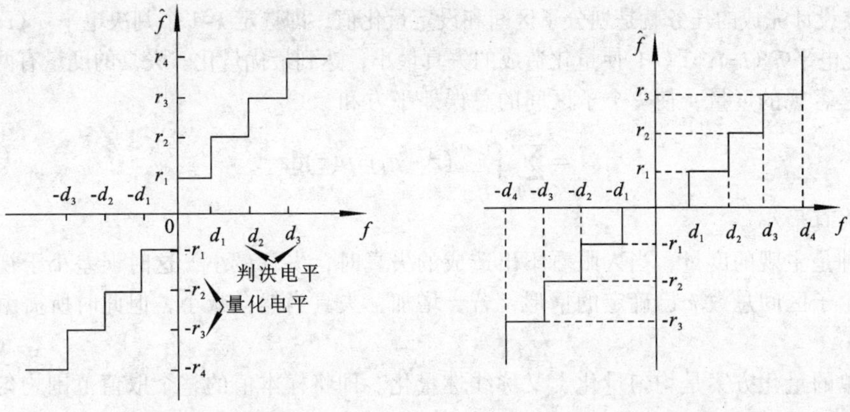

（a）中央上升型　　（b）中央平稳型

图 1-1-4　均匀对称量化

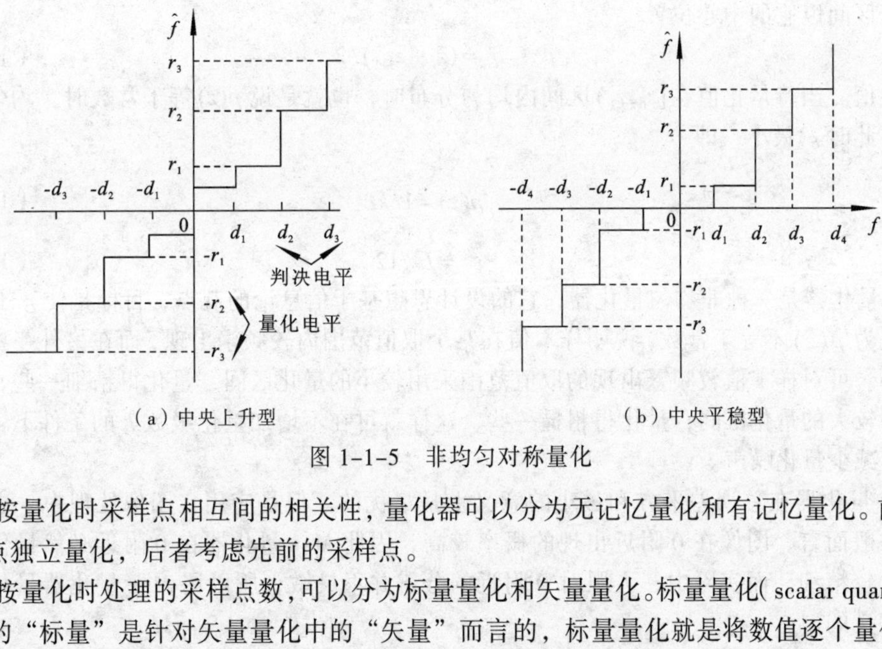

（a）中央上升型　　（b）中央平稳型

图 1-1-5　非均匀对称量化

③ 按量化时采样点相互间的相关性，量化器可以分为无记忆量化和有记忆量化。前者假定各采样点独立量化，后者考虑先前的采样点。

④ 按量化时处理的采样点数，可以分为标量量化和矢量量化。标量量化（scalar quantization，SQ）中的“标量”是针对矢量量化中的“矢量”而言的，标量量化就是将数值逐个量化，而矢量量化（vector quantization，VQ）则是把一个以上的数值分成一组，组成一个矢量，然后按组进行量化编码，如两个数一组或者 4×4=16 个数一组一起进行量化。

（1）标量量化

下面以实例说明标量量化。假设抽样信号的范围是 0～5 V，将它分为 8 等份，这样就有 8 量化电平，分别是 0 V,5/8 V,10/8 V,15/8 V,…,35/8 V。然后对每一个采样按相同的规律量化，将它量化为离它最近的电平。在量化后，为了能在数字信号处理系统中处理二进制码，还必须经过编码操作，即 0 V 用 000 表示，5/8 V 用 001 表示……35/8 V 用 111 表示，这样一来每个采样可以用 3 bit 来表示。

设在量化前的取值范围为$[z_0,z_k)$，概率分布为 $p(z)$，量化将$[z_0,z_k)$分成 k 个子区间：$[z_0,z_1)$, $[z_1,z_2)$,…,$[z_i,z_{i+1})$,…,$[z_{k-1},z_k)$,并用一个量化值 q_i 表示属于子空间$[z_i,z_{i+1})$的数值。

量化器设计完成的任务就是划分子区间和设定量化值，即选定 k–1 个判决电平z_i（i=1,⋯,k–1）和 k 个量化电平q_i（i=1,⋯,k–1)使量化造成的失真最小，达到最优量化。失真的度量有两种：

一种是客观的度量，使 k 个子区间的总误差平方和

$$\varepsilon^2 = \sum_{i=0}^{k-1} \int_{z_i}^{z_{i+1}} (z - q_i)^2 p(z) \mathrm{d}z \tag{1-1-10}$$

为最小时失真最小。

另一种是主观的度量，当人眼看不出造成的失真时，失真最小，这时误差小于视觉阈值。这里仅讨论子区间总数 k 已确定的情形，若 k 增加，失真当然会减小，但此时所需编码总比特数也增大了。

最简单的量化方案是均匀量化，又称线性量化。即将样本值的整个取值范围均匀地分成 k 个子区间。

均匀量化将$[z_0, z_k)$均分成 k 个子区间后，每个子区间的长度

$$L = (z_k - z_0) / k \tag{1-1-11}$$

各子区间以它的中心位置

$$q_i = (z_i + z_{i+1}) / 2 \tag{1-1-12}$$

作为量化值。当待量化值在$[z_0, z_k)$区间内均匀分布时，也就是说 $p(z)$ 等于常数时，均匀量化是最优的，此时 ε^2 最小，即

$$p(z) = 1 / kL \tag{1-1-13}$$

$$\varepsilon^2 = L^2 / 12 \tag{1-1-14}$$

Max 量化器是一种非均匀量化器，它的设计思想基于信息论的观点，目标是使 ε^2 最小。其主要思想为 $p(z)$ 不等于常数，说明样本值在某个取值范围内较频繁出现，而在另外一些范围内出现不多。可对样本值较频繁出现的取值范围采用较小的量化区间，量化得精细一些，而对其他取值用较大的量化区间，量化得粗糙一些，这样就可在不增加量化级数 k 的条件下，降低平均误差，减少量化噪声。

Max 量化器在总误差平方和最小的意义上是最优的。但是应用在图像处理中，也有它的缺陷。一般而言，图像在 0 附近出现的概率较高，因此 Max 量化器在 0 附近必然量化间隔很密，量化较精细。而实际中，人眼对 0 附近的分辨并不灵敏，所以用 Max 量化器量化得太细是没有意义的。

（2）矢量量化

标量量化每次只量化一个采样，而矢量量化一次量化 2 个以上采样。图 1–1–6 所示为一维量化示例。该例中，一次量化 4 个采样，即一次量化一个 4 维矢量。矢量量化过程中需要用到一个码书，假设已经训练好一个含 4 个码字的码书，其衡量标准就是误差测度。通常人们采用平方误差测度，将矢量 X 与第 i 个码字C_i（i=0,1,2,3)之间的误差记为$\varepsilon = d(X, C_i)$。经过计算发现码字 C_2 离输入矢量 X 最近，故用码字 C_2 量化输入矢量 X。最终用码字索引 2 对输入矢量 X 进行编码。所以矢量量化过程可用式子$\arg\min[d(X,C)]$来表示，arg 表示求索引。

再看一个图像编码的例子。如图 1–1–7 所示，原始图像块是一个 4 灰度级的 16 维矢量。矢量的每个分量就是一个像素的灰度值，其灰度有 4 个等级，其中 0 最黑，3 最亮。假设码书含 4 个 16 维码字，如图 1–1–8 所示。经计算可以发现码字 y_1 离 X 最近，故用 01 进行编码。

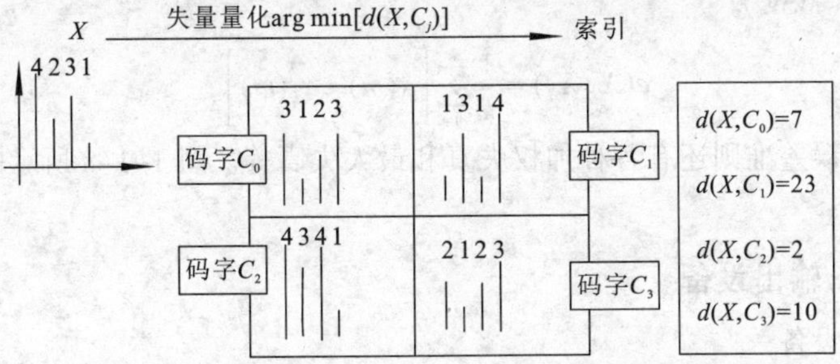

图 1-1-6　一维矢量量化示例

图 1-1-7　原始图像

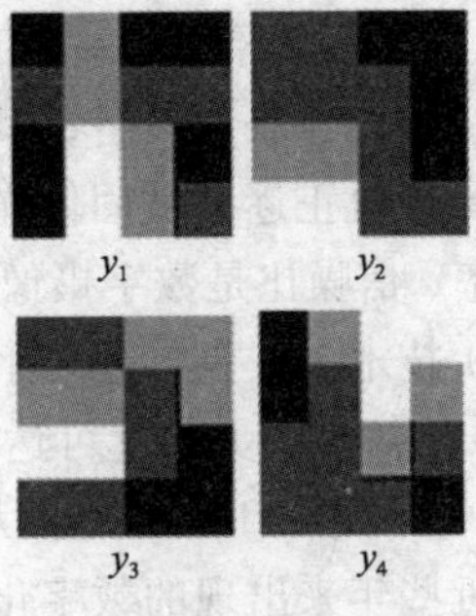

图 1-1-8　码书 $C=\{y_1,y_2,y_3,y_4\}$

矢量量化中码书的设计应遵循一定的准则，如最佳匹配、最小失真等。矢量量化的过程是一个模式匹配的过程，实现这一匹配过程有多种方法。常用的方法是编码器建立从码书输入矢量的索引。解码器采用标号从查找表中获得重建矢量输出，如图 1-1-9 所示。

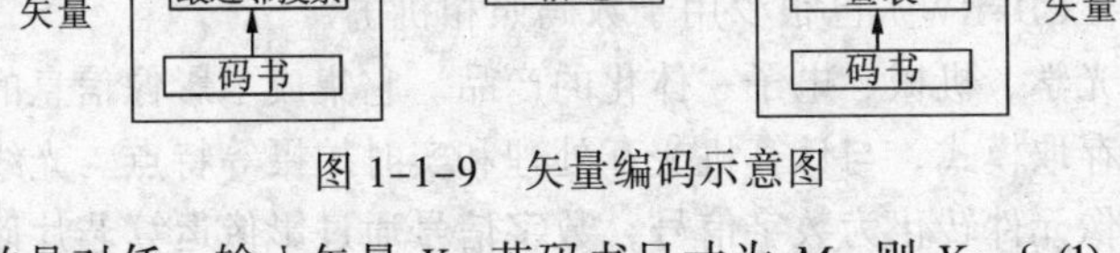

图 1-1-9　矢量编码示意图

矢量量化的目的是对任一输入矢量 X，若码书尺寸为 M，则 $X=\{x(1),x(2),\cdots,x(M)\}$，在码书中寻找最佳匹配码矢 X_{opt}。矢量量化常用的最佳匹配原则是寻求最小误差 ε。

矢量 X 对应码矢 X，信号矢量 X 的概率密度为 $p(X)$，则总的量化误差可表示为

$$E_q=\sum_i \varepsilon(X,X_i)p(X) \tag{1-1-15}$$

式中，用 j 范数表示的矢量误差为

$$\varepsilon(X,X_i)=\|X-X_i\|^j \tag{1-1-16}$$

式中，j 为正整数。

假设矢量的维数为 K，则上式所述误差可以选以下几种：

① 平均绝对误差（MAE）。

$$e(X,X_i)=\frac{1}{k}\sum_{m=1}^{k}\left|x(m)-\hat{x}_i(m)\right| \tag{1-1-17}$$

② 均方误差（MSE）。

$$e(X,X_i)=\frac{1}{k}\sum_{m=1}^{k}\left[x(m)-\hat{x}_i(m)\right]^2 \qquad (1-1-18)$$

另外，常用的误差准则还有各种加权失真和最大失真等。图 1-1-8 所示的示例采用了均方误差准则。

3. 图像输入/输出设备

（1）图像输入设备

数字化设备（digitizer）是将模拟图像转换成数字图像的数字化输入装置。数字化输入设备类型很多，常用的有数字摄像机、数码照相机、扫描仪等。

① 数字摄像机：数字摄像机（digital video camera）用于获取活动图像（即视频）信号，是首先被广泛使用的一类图像获取设备，其光电转换器件主要有光电摄像管、光电倍增管、视像管等。目前摄像管摄像机正逐渐被固体光电转换器件摄像机取代。

灵敏度、分辨率、信噪比是数字摄像机的三大指标。随着 VLSI（very large scale integration，超大规模集成电路）技术的进步，近几年来，CCD 器件的技术指标已经全面超过了摄像机的指标。例如，数字 CCD 摄像机的灵敏度可达 2 000 lx，快门速度可达10^{-4}s，分辨率高至 1 920×1 035（相对于 200 万像素），采用 12 bit ADC 和大于 20 bit 的高精度数字处理技术使信噪比大于 63 dB。

数字摄像机是近些年来出现的数字化产品，它将图像采集和数字化部件集成，使输出的信号能直接被计算机所接收。数字摄像机通配性好，携带方便，适用于现场数据采集。

② 数码照相机：又名数字式相机，英文全称 Digital Camera，简称 DC。它是一种利用电子传感器把光学影像转换成电子数据的照相机。数码照相机与普通照相机靠溴化银的化学变化在胶卷上记录图像的原理不同，数码照相机的传感器是一种光感应式的电荷耦合器件（CCD）或互补金属氧化物半导体（CMOS）。该成像元件的特点是光线通过时，能根据光线的不同转化为电子信号。在图像传输到计算机以前，通常会先储存在数码存储设备中（通常使用闪存；软磁盘与可重复擦写光盘（CD-RW）已很少用于数码照相机）。

数码照相机是集光学、机械、电子一体化的产品。它集成了影像信息的转换、存储和传输等部件，具有数字化存取模式、与计算机交互处理和实时拍摄等特点。光线通过镜头或者镜头组进入相机，通过成像元件转化为数字信号，数字信号通过影像运算芯片储存在存储设备中。数码相机最早出现在美国，美国曾利用它通过卫星向地面传送照片，后来数码摄影转为民用并不断拓展应用范围。

③ 扫描仪（scanner）：是利用光电技术和数字处理技术，以扫描方式将图形或图像信息转换为数字信号的装置。扫描仪通常用于计算机外围设备，捕获图像并将之转换成计算机可以显示、编辑、存储和输出的数字图像。照片、文本页面、图纸、美术图画、照相底片、菲林软片，甚至纺织品、标牌面板、印制板样品等三维对象都可作为扫描对象，将原始的线条、图形、文字、照片、平面实物提取并转换成可以编辑及加入文件中的图像。

扫描可分多种类型：滚筒式扫描仪和平板式扫描仪，以及近几年才出现的笔式扫描仪、便携式扫描仪、馈纸式扫描仪、胶片扫描仪、底片扫描仪和名片扫描仪等。

扫描仪的工作原理如下：自然界的每一种物体都会吸收特定的光波，而没有被吸收的光波就会反射出去。扫描仪就是利用上述原理来完成对稿件的读取的。扫描仪工作时发出的强光照射在稿件上，没有被吸收的光线将被反射到光学感应器上。光感应器接收到这些信号后，将这些信号传送到模/数（A/D）转换器，模数转换器再将其转换成计算机能读取的信号，然后由驱动程序转换成可输出到显示器上的图像。待扫描的稿件通常可分为反射稿和透射稿。前者泛指一般的不透明文件，如报刊、杂志等，后者包括幻灯片（正片）或底片（负片）。如果经常需要扫描透射稿，就必须选择具有光罩（光板）功能的扫描仪。

（2）图像输出设备

数字图像的显示是图像数字化的逆过程（D/A）。在多媒体技术中，显示器和其他图像输出设备（如打印机、胶片记录仪、静电绘图仪等）都可以看成为输出显示媒体。显示器是典型的暂时显示设备，而打印机等是永久显示设备。

① 暂时显示设备。常见的暂时显示设备主要有采用光栅扫描的阴极射线管（CRT）显示器、液晶显示器、等离子显示器等。

a. CRT 显示器的核心部件是 CRT 显像管，其工作原理和老式电视机的显像管基本相同，可以把它看作一个图像显示更加精细的电视机。CRT 显像管使用电子枪发射高速电子，通过垂直和水平的偏转线圈控制高速电子的偏转角度，最后高速电子击打屏幕上的磷光物质使其发光，通过电压来调节电子束的功率，就会在屏幕上，从而形成明暗不同的光点形成各种图案和文字。

b. LCD 的工作原理是利用液晶的物理特性，在通电时液晶有秩序排列，光线容易通过；不通电时，排列则变得混乱，阻止光线通过。显示器有段显示方式的字符段显示器件、矩阵显示方式的字符/图形/图像显示器件、矩阵显示方式的大屏幕液晶投影屏等组成。

c. 等离子显示器（PDP）是新一代等离子平面屏幕技术显示设备。这种显示器的主要特点是提供大屏视角，图像真正清晰逼真，可满足高清晰度电视（HDTV）的要求：亮度高；在室外及普通居室光线下均可视；屏幕轻薄，厚度仅有厘米级，便于安装。彩色 PDP 采用的数字灰度技术可使图像灰度超过 256 级，可以显示 16 位或 24 位真彩色图像。

② 永久显示设备。目前常用的图像输出设备主要是各种打印机，如激光打印机、喷墨打印机等，它们已经广泛应用于办公自动化领域。由于图像处理的要求，打印机的输出分辨率在 300 dpi 以上，通常为 600 dpi。彩色图像处理的果要用彩色打印机输出。

对于大幅面、高质量等具有专业要求的图像输出需要其他图像显示设备，如胶片记录仪、静电绘图仪等。胶片记录仪将图像输出到感光胶片上，一般胶片记录仪可以输出 2 K（即分辨率为 2 000 线）的图像。35 mm 胶片的分辨率至少达到 4 K。静电绘图仪是一种光栅扫描设备，分辨率可达 800 dpi。彩色静电绘图仪采用高质量的黄、紫、青、黑四色墨水和纸张，可在不同的位置形成 4 000 多种色彩图案，可产生比彩色照片还要好的效果。

4. 图像文件格式

要进行图像处理，必须了解图像文件的格式，即图像文件的数据构成。数字图像有多种存储格式，不同的格式一般由不同的开发商支持。随着信息技术的发展和图像应用领域的不断拓宽，还会出现新的图像格式。每一种图像文件均有一个文件头，文件头之后才是图像数据。文件头的内容由该图像文件的制作者决定，一般包括文件类型、制作者、制作时间、版本号、文件大小等内容。各种图像文件的制作还涉及图像文件的压缩方式和存储效率等。下面介绍几种常见的图像文件格式。

（1）BMP 图像文件格式

BMP 图像文件格式如表 1-1-1 所示。

表 1-1-1 BMP 图像文件格式

文件部分	属性	说明
BITMAPFILEHEADER（位图文件头）	bfType	文件类型，必须是 0x424D，即字符串"BM"
	bfSize	指定文件大小，包括文件头的 14 字节
	bfReserved1	保留字，不用考虑
	bfReserved2	保留字，不用考虑
	bfOffBits	从文件头到实际位图数据的偏移字节数
BITMAPINFOHEADER（位图信息头）	bfSize	该结构的长度，为 40 字节
	biWidth	图像的宽度，单位是像素
	biHeight	图像的高度，单位是像素
	biplanes	位平面数，必须是 1，不用考虑
	biBitCount	指定颜色位数，1 为 2 色（即黑白），4 为 16 色，8 为 256 色，16、24、32 为真彩色
	biCompression	指定是否压缩，有效的值为 BI_RGB，BI_RLE8，BI_RLE4，BI_BITFIELDS
	biSizeImage	实际的位图数据占用的字节数
	biXPelsPerMeter	目标设备水平分辨率，单位是每米的像素数
	biYPelsPerMeter	目标设备垂直分辨率，单位是每米的像素数
	biClrUsed	实际使用的颜色数，若该值为 0，则使用颜色数为 2 的 biBitCount 次方种
	biClrImportant	图像中重要的颜色数，若该值为 0，则所有的颜色都是重要的
Palette（调色板）	rgbBlue	该颜色的蓝色分量
	rgbGreen	该颜色的绿色分量
	rgbRed	该颜色的红色分量
	rgbReserved	保留值
ImageData（位图数据）	像素按行优先顺序排序，第一行的字节数必须是 4 的整倍数	

① 第一列为位图文件头 BITMAPFILEHEADER，它是一个结构体，其定义如下：

```
typedef  struct  tagBITMAPFILEHEADER{
  WORD  bfType;
  DWORD bfSize;
  WORD  bfReserved1;
  WORD  bfReserved2;
  DWORD bfOffBits;
} BITMAPFILEHEADER;
```

这个结构的长度是固定的，为 14 字节（WORD 为无符号 16 位二进制整数，DWORD 为无符号 32 位二进制整数）。

② 第二列为位图信息头 BITMAPINFOHEADER，也是一个结构，其定义如下：

```
typedef  struct  tagBITMAPINFOHEADER{
 DWORD     biSize;
```

```
    LONG        biWidth;
    LONG        biHeight;
    WORD        biPlanes;
    WORD        biBitCount;
    DWORD       biCompression;
    DWORD       biSizeImage;
    LONG        biXPelsPerMeter;
    LONG        biYPelsPerMeter;
    DWORD       biClrUsed;
    DWORD       biClrImportant;
} BITMAPINFOHEADER;
```

这个结构的长度是固定的，为 40 字节（LONG 为 32 位二进制整数）。其中，biCompression 的有效值为 BI_RGB、BI_RLE8、BI_RLE4、BI_BITFIELDS，这都是一些 Windows 预定义的常量。由于 RLE4 和 RLE8 的压缩格式用得不多，今后仅讨论 biCompression 的有效值为 BI_RGB，即不压缩的情况。

③ 第三列为调色板（palette），当然，这里是对需要调色板的位图文件而言的。真彩色图像是不需要调色板的，BITMAPINFOHEADER 后直接是位图数据。调色板实际上是一个数组，共有 biClrUsed 个元素（如果该值为零，则有 2 的 biBitCount 次方个元素）。数组中每个元素的类型是一个 RGBQUAD 结构，占 4 个字节，其定义如下：

```
typedef  struct  tagRGBQUAD{
  BYTE  rgbBlue;              //该颜色的蓝色分量
  BYTE  rgbGreen;             //该颜色的绿色分量
  BYTE  rgbRed;               //该颜色的红色分量
  BYTE  rgbReserved;          //保留值
} RGBQUAD;
```

④ 第四列就是实际的图像数据。对于用到调色板的位图，图像数据就是该像素颜色在调色板中的索引值；对于真彩色图像，图像数据就是实际的 R、G、B 值。下面对 2 色、16 色、256 色和真彩色位图分别进行介绍。

对于 2 色位图，用 1 位就可以表示该像素的颜色（一般 0 表示黑， 1 表示白），所以一个字节可以表示 8 个像素。

对于 16 色位图，用 4 位可以表示 1 个像素的颜色，所以 1 字节可以表示 2 个像素。

对于 256 色位图，1 字节刚好可以表示 1 个像素。

此外，还有两点特别之处：

① 每一行的字节数必须是 4 的整数倍，如果不是，则需要补齐。这在前面介绍 biSizeImage 时已经提到过。

② BMP 文件的数据存放是从下到上、从左到右的。也就是说，从文件中最先读到的是图像最下面一行的左边第一个像素，然后是左边第二个、第三个……像素，接下来是倒数第二行左边第一个像素、左边第二个、第三个……像素。依此类推，最后得到的是最上面一行最右边的一个像素。

DIB（device independent bitmap）图像格式是设备无关位图文件格式，描述图像的能力基本与 BMP 相同，并且能运行于多种硬件平台，只是文件较大。

（2）TIF 图像文件格式

标记图像文件格式（tag image file format，TIF），它是现存图像文件格式中最复杂的一种，它提供存储各种信息的完备手段，可以存储专门的信息而不违反格式宗旨，是目前流行的图像文件交换标准之一。TIF 格式文件的设计考虑了扩展性、方便性和可修改性，因此非常复杂，要求用更多的代码来控制它，结果导致文件读/写速度慢，TIF 代码也很长。TIF 文件由文件头、参数指针表与参数域、参数数据表和图像数据 4 部分组成。

① 文件头：TIF 文件头结构如表 1-1-2 所示。

表 1-1-2　TIF 文件头结构

字　节	说　明
0～1 字节	说明字符顺序，合法值是：0X4949，表示字节顺序由低到高；0X4D4D，表示字节顺序由高到低
2～3 字节	TIFF 版本号，总为 0XZA
4～7 字节	指向第一个参数指针表的指针

② 参数指针：TIF 文件参数指针如表 1-1-3 所示。

表 1-1-3　TIF 文件参数指针

字　节	说　明
0～1 字节	参数域的个数 n
2～13 字节	第一个参数块
14～25 字节	第二个参数块
⋮	⋮
$2+n\times12$～$6+n\times12$ 字节	为 0 或指向下个参数指针表的偏移

由一个 2 字节的整数和其后的 12 字节参数域构成，最后以一个长整型数结束。若最后的长整型数为 0，表示文件的参数指针表到此为止，否则该长整数为指向下一个参数指针表的偏移。

③ 参数块结构：TIF 文件参数块结构如表 1-1-4 所示。

表 1-1-4　TIF 文件参数块结构

字　节	说　明
0～1 字节	参数码，为 254 到 321 间的整数
2～3 字节	参数类型：1 为 BYTE；2 为 CHAR；3 为 SHORT；4 为 LONG；5 为 RATIOAL（4B 分母，4B 分子）
4～7 字节	参数长度或参数项个数
8～11 字节	参数数据，或指向参数数据的指针

（3）GIF 图像文件格式

CompuServe 开发了图形交换文件格式（graphics interchange format，GIF），目的是在不同的系统平台上交流和传输图像。它是在 Web 及其他联机服务上常用的一种文件格式，用于超文本标记语言（HTML）文档中的索引颜色图像，但图像最大不能超过 64 MB，颜色最多为 256 色。GIF 图像文件采用 LZW 压缩算法，存储效率高，支持多幅图像按顺序逐幅显示，交错多屏幕绘图及文本覆盖。GIF 主要是为数据流而设计的一种传输格式，而不是作为文件的存储格式。换句话说，它具有顺序的组织形式。GIF 有五个主要部分，以固定顺序出现，所有部分均由一个或多个块（block）组成。每个块第一个字节中存放标识码或特征码标识。这些部分的顺序为：文件标志块、逻辑屏幕描述块、可选的“全局”色彩表块（调色板）、各图像数据块（或专用的块）以及尾块（结束码），如表 1-1-5 所示。

表 1-1-5 GIF 图像文件格式

块名称	块内容	说明	
文件标志块	Header	识别标识符“GIF”和版本号（“87a”或“89a”）	
逻辑屏幕描述块	Logical Screen Descriptor	定义了包围所有后面图像的一个图像平面的大小、纵横尺寸及颜色深度，以及是否存在全局色彩表	
全局色彩表	Global Color Table	色彩表的大小由该图像使用的颜色数决定，若表示颜色的二进制数为 111，即十进制的 7，则图像用到的颜色数为 2^{7+1}	
图像数据块	Image Descriptor	图像描述块	可重复多个
	Local Color Table	局部色彩表（可重复多次）	
	Table Based Image Date	表式压缩图像数据	
	Graphic Control Extension	图像控制扩展块	
	Plain Text Extension	无格式文本扩展块	
	Comment Extension	注释扩展块	
	Application Extension	应用程序扩展块	
尾块	GIF Trailer	值为 3B（十六进制数），表示数据流已结束	

（4）PCX 文件

PCX 文件格式由 ZSoft 公司设计，是最早使用的图像文件格式之一， 由各种扫描仪扫描得到的图像几乎都能保存成 PCX 格式。PCX 支持 256 种颜色，不如 TARGA 或 TIF 等格式功能强，但结构较简单，存取速度快，压缩比适中，适合于一般软件使用。

大多数 PC 软件支持 PCX 格式的第 5 版。第 3 版文件使用标准的 VGA 调色板，不支持自定义调色板。

PCX 格式支持 RGB、索引颜色、灰度和位图颜色模式，但不支持 Alpha 通道。PCX 支持 RLE 压缩方法，图像颜色的位数可以是 1、4、8 或 24。

PCX 图像文件由三个部分组成：文件头、图像数据和 256 色调色板。PCX 的文件头有 128 字节，它包括版本号、被打印或扫描的图像的分辨率（dpi）及大小（单位为像素）、每扫描行的字节数、每像素包含的位数据和彩色平面数。位图数据用行程长度压缩算法记录数据。

（5）JPEG 图像格式

JPEG（Joint Photographer's Experts Group，联合图像专家组）是由 ISO 和 CCITT 为静态图像所建立的第一个国际数字图像压缩标准，主要是为了解决专业摄影师所遇到的图像信息过于庞大的问题。由于 JPEG 的高压缩比和良好的图像质量，使得它广泛应用于多媒体和网络程序。JPEG 和 GIF 成为 HTML 语法选用的图像格式。

JPEG 格式支持 24 位颜色，并保留照片和其他连续色调图像中存在的亮度和色相的显著和细微变化。JPEG 一般基于 DCT 变换的顺序型模式压缩图像。JPEG 通过有选择地减少数据来压缩文件大小。因为它会弃用数据，故 JPEG 压缩为有损压缩。采用较高品质设置，可使弃用的数据较少，但是会降低图像中细节的清晰度，尤其是包含文字或矢量图形的图像，会比较明显。

二、关键函数

视频图像采集使用 OpenCV 中的相关函数提取 AVI 视频文件（来源也可以是摄像头），但不限于 AVI 格式，只要是 OpenCV 支持的格式即可，每隔几帧保存一张。在 OpenCV 中，图像保存的格式为二维（单通道）或者三维（多通道）的矩阵。图像数据结构 IplImage 的定义如图 1-1-10 所示。

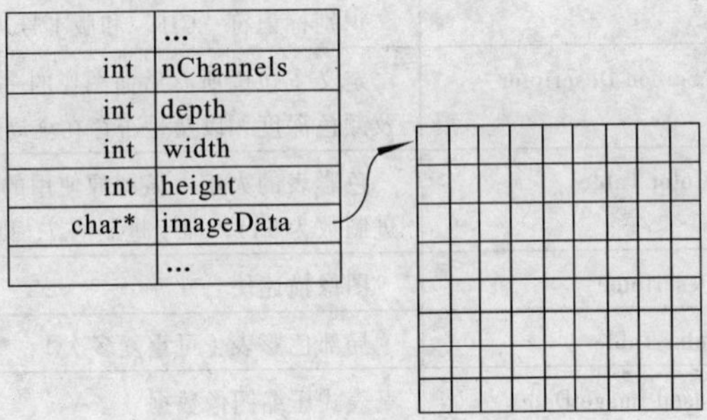

图 1-1-10 图像数据结构 IplImage

图像采常使用到cvCaptureFromAVI()、cvGrabFrame()、cvRetrieveFrame()和cvQueryFrame()四个函数。

① cvCaptureFromAVI()函数。

功能：用来播放 AVI 文件视频。

格式：void cvCaptureFromAVI(char * filename);

说明：输入参数 filename 表示需要播放的视频文件名。

函数 cvCaptureFromAVI()可以播放的视频文件的类型不一定必须是 AVI 格式，只要文件是 OpenCV 支持的格式就能播放。

② cvGrabFrame()函数。

功能：从摄像头或者视频文件中抓取帧。

格式：int cvGrabFrame(CvCapture* capture);

说明：输入参数 capture 表示视频来源，可以是摄像头设备指针或视频文件指针。

函数 cvGrabFrame()从摄像头或者文件中抓取帧。被抓取的帧在内部存储。这个函数的目的是快速抓取帧，被抓取的帧可能是压缩的格式（由摄像头/驱动定义）。读取成功时返回值为 1，否则为 0。

③ cvRetrieveFrame()函数。

功能：取回由函数 cvGrabFrame()抓取的图像。

格式：IplImage* cvRetrieveFrame(CvCapture* capture);

说明：输入参数 capture 表示视频来源，可以是摄像头设备指针或视频文件指针。

函数 cvRetrieveFrame()对 cvGrabFrame()抓取的图像进行必要的处理（包括图像解码操作），返回 IplImage 指针。返回的图像由 OpenCV 管理，不允许用户释放或者修改。

④ cvQueryFrame()函数。

功能：从摄像头或者文件中抓取并返回一帧。

格式：IplImage* cvQueryFrame(CvCapture* capture);

说明：输入参数 capture 表示视频来源，可以是摄像头设备指针或视频文件指针。

函数 cvQueryFrame()从摄像头或者文件中抓取一帧，然后解压并返回这一帧。这个函数仅仅是函数 cvGrabFrame()和函数 cvRetrieveFrame()在一起调用的组合。返回的图像不允许用户释放或者修改。抓取后，capture 被指向下一帧，可用 cvSetCaptureProperty()函数调整 capture 到合适的帧。注意 cvQueryFrame()返回的指针总是指向同一块内存，建议复制指针信息。而且返回的帧需要翻转后才符合 OpenCV 的坐标系。 若返回值为 NULL，说明到达视频的最后一帧。

三、实验代码

1. 利用 cvGrabFrame()和 cvRetrieveFrame()函数进行视频采集

下面为使用 cvGrabFrame()函数和 cvRetrieveFrame()函数实现视频采集的代码和注释。

```
int main()
{   CvCapture *capture=NULL;
    IplImage *frame=NULL;
    char *AviFileName="E:\\video.avi";              //视频的目录
    char *AviSavePath="E:\\截图\\";                  //图片保存的位置
    const int jiange=2;                             //间隔两帧保存一次图片
    capture=cvCaptureFromAVI(AviFileName);
    cvNamedWindow("AVI player",1);
    int count_tmp=0;                                //计数总帧数
    char tmpfile[100]={'\0'};
    while(true)
    {   if(cvGrabFrame(capture))
        {   if(count_tmp%jiange==0)
            {  frame=cvRetrieveFrame(capture);
               cvShowImage("AVI player",frame); //显示当前帧
               sprintf(tmpfile,"%s//%d.jpg",AviSavePath,count_tmp);
               //使用帧号作为图片名
               cvSaveImage(tmpfile,frame);
            }
            if(cvWaitKey(10)>=0)                     //延时
               break;
            ++count_tmp;
        }
        else
        {   break;
        }
    }
    cvReleaseCapture(&capture);
    cvDestroyWindow("AVI player");
    cout<<"总帧数"<<count_tmp<<endl;
    return 0;
}
```

2. 利用 cvQueryFrame()函数进行视频采集

下面为使用 cvQueryFrame()函数实现视频采集的代码和注释。

```
int main()
{   CvCapture *capture=NULL;
    IplImage *frame=NULL;
    char *AviFileName="E:\\video.avi";
    char *AviSavePath="E:\\截图\\";
    const int jiange=2;                              //间隔两帧保存一次图片
    capture=cvCaptureFromAVI(AviFileName);
    cvNamedWindow("AVI player",1);
    int count_tmp=0;                                 //计数 总帧数
    char tmpfile[100]={'\0'};
    while((frame=cvQueryFrame(capture))!=NULL)
    {   if(count_tmp%jiange==0)
        {   cvShowImage("AVI player",frame);         //显示当前帧
            sprintf(tmpfile,"%s//%d.jpg",AviSavePath,count_tmp);
            //使用帧号作为图片名
            cvSaveImage(tmpfile,frame);
        }
        if(cvWaitKey(10)>=0)                         //延时
            break;
        ++count_tmp;
    }
    cvReleaseCapture(&capture);
    cvDestroyWindow("AVI player");
    cout<<"总帧数"<<count_tmp<<endl;
    return 0;
}
```

【实验 1-2】　图像的分割

一、基本原理

1. 图像分割的定义

图像分割是指把图像分成互不重叠的区域并提取出感兴趣目标的技术。可见在图像特征提取之前的重要工作就是图像分割，图像分割质量直接影响到图像的分析结果。图像分割是一种重要的图像技术，在理论和实际应用中都得到人们的广泛重视。图像分割的方法和种类有很多，有些分割运算可以直接应用于许多图像，而另一些分割运算只能应用于分割特殊类型的图像。值得指出的是，还没有一种或几种完善的分割方法可以按照人们的意愿准确地分割任何一种图像。

目前广为人们接受的是通过集合定义的图像分割，如下所述：

令集合 R 代表整个图像区域，对 R 的图像分割可以看作将 R 分成 N 个满足以下条件的非空子集 R_1，R_2，…，R_N。

① $\bigcup_{i=1}^{N} R_i = R$；

② 对于所有的 i 和 j，有 $R_i \cap R_j = \varnothing$；

③ 对于 i=1，2，…，N，有 $P(R_i)$=TRUE；

④ 对于 $i \neq j$，有 $P(R_i \cup R_j)$=FALSE；

⑤ 对于 i=1，2，…，N，R_i 是连通的区域。

其中 $P(R_i)$ 是对所有在集合 R_i 中元素的逻辑谓词，$\varnothing$ 代表空集。$\bigcup_{i=1}^{N} R_i = R$ 表示分割的所有子区域的并集就是原来的图像。这一点非常重要，它是图像中的每个像素都被处理的充分条件。$R_i \cap R_j = \varnothing$ 表明分割结果中各个区域是互不重叠的。$P(R_i)$=TRUE 指出在分割结果中，每一个区域都有独特的特性。$P(R_i \cup R_j)$=FALSE 表示在分割结果中，不同的子区域具有不同的特性，它们没有公共特性。R_i 是连通的，则要求分割结果中同一个子区域内的像素应当是连通的，即同一个子区域内的任两个像素在该子区域内互相连通。

人们积累了很多经典的图像分割方法。图像分割时，通常可以根据图像的两种特性进行分割，一种是根据各个像素点的灰度不连续性进行分割；另一种是根据同一区域具有相似的灰度进行分割。图像分割还常常借助于其他学科的方法来完成。例如，基于数学形态学的图像分割基于统计模式识别的分割，基于神经网络的分割，基于信息论的分割等。

2. 像素的邻域和连通性

连通是指集合中任意两个点之间都存在着完全属于该集合的连通路径。对于离散图像而言，连通有 4 连通和 8 连通之分，如图 1-2-1 所示。

（a）4 连通　　（b）8 连通

图 1-2-1　4 连通和 8 连通

像素的领域通常有两种定义方法：4 邻域和 8 邻域。如图 1-2-2 所示的四个像素即为 $P(x,y)$ 的 4 邻域。图 1-2-3 为 P 像素点的 D 邻域。像素的 8 邻域则为 4 邻域和 D 邻域的和，即图 1-2-2 和图 1-2-3 中的 8 个点。

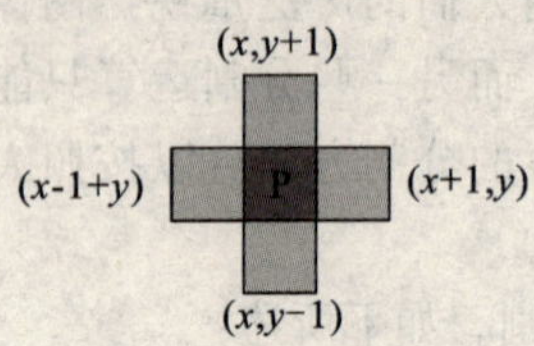

图 1-2-2　4 邻域

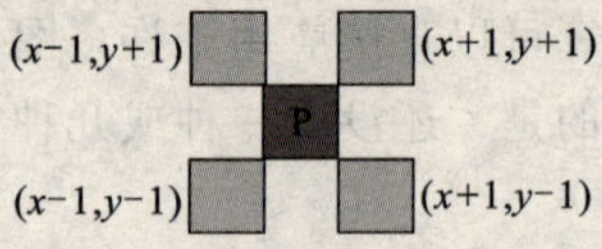

图 1-2-3　D 邻域

3. 图像分割的方法

现有的图像分割方法主要分以下几类：基于阈值的分割方法、基于区域的分割方法、基于边缘的分割方法以及基于特定理论的分割方法等，最常用的是基于阈值化处理进行的图像分割。

（1）灰度阈值分割

灰度阈值分割法是一种最常用的图像分割方法。这种方法将图像灰度分成不同的等级，然后用设置灰度门限（阈值）的方法确定有意义的区域或分割物体的边界。常用的阈值化处理就是图像的二值化处理，即选择一个阈值，将图像转换为黑白图像，用于图像分割及边缘跟踪等预处理。

图像阈值化处理的变换函数表达式为

$$g(x,y)=\begin{cases}0 & f(x,y)<T\\255 & f(x,y)\geqslant T\end{cases} \tag{1-2-1}$$

阈值变化的曲线如图 1-2-4 所示。

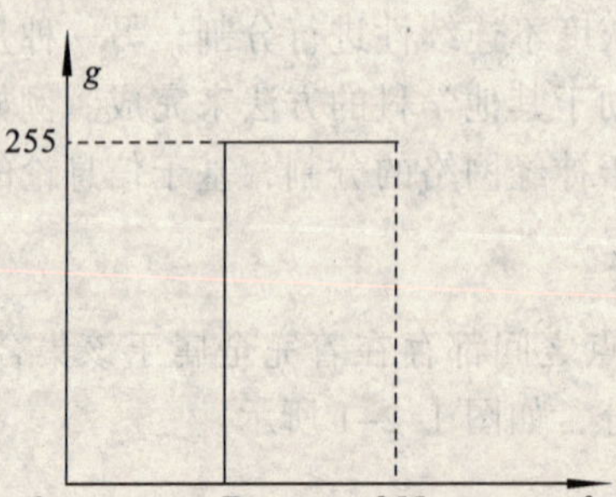

图 1-2-4　阈值变换曲线

在图像的阈值化处理过程中，选用不同的阈值，其处理结果差异很大。如图 1-2-5 所示，阈值过大，会提取多余的部分；而阈值过小，又会丢失所需的部分（注意：当前背景为黑色、对象为白色时刚好相反）。因此，阈值的选取非常重要。

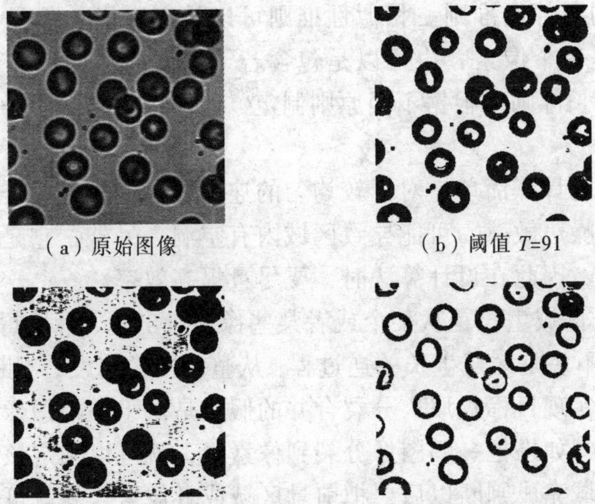

（a）原始图像　（b）阈值 T=91

（c）阈值 T=130　（d）阈值 T=43

图 1-2-5　不同阈值对阈值化结果的影响

图 1-2-5（a）所示原始图像的直方图如图 1-2-6 所示。分析该直方图可知，该直方图具有双峰特性，图像中的目标（细胞）分布在较暗的灰度级上形成一个波峰，图像中的背景分布在较亮的灰度级上形成另一个波峰。用其双峰之间谷底处的灰度值作为阈值 T 进行图像的阈值化处理，便可将目标和背景分割开来。

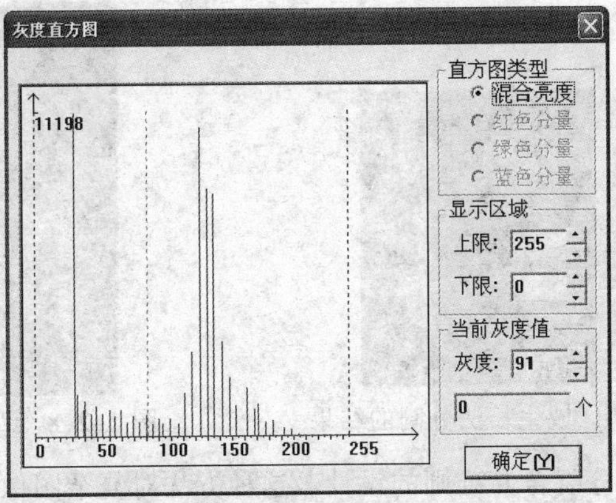

图 1-2-6　原始图像的直方图

（2）区域分割

区域生长和分裂合并法是两种典型的串行区域技术，其分割过程中，后续步骤的处理要根据前面步骤的结果进行判断而确定。

① 区域生长。区域生长的基本思想是将具有相似性质的像素集合起来构成区域。具体是：先对每个需要分割的区域找一个种子像素作为生长的起点，然后将种子像素周围邻域中与种子像素有相同或相似性质的像素（根据某种事先确定的生长或相似准则来判定）合并到种子像素所在的区域中。将这些新像素当作新的种子像素继续进行上面的过程，直到没有满足条

件的像素可被包括进来。这样一个区域就长成了。图 1-2-7 所示为脑部图像及采用区域生长法分割的结果。

区域生长需要选择一组能正确代表所需区域的种子像素，确定在生长过程中的相似性准则，制定让生长停止的条件或准则。相似性准则可以是灰度级、色彩、纹理、梯度等特性。选取的种子像素可以是单个像素，也可以是包含若干像素的小区域。大部分区域生长准则使用图像的局部性质。生长准则可根据不同原则制定，而使用不同的生长准则会影响区域生长的过程。

区域生长法的优点是计算简单，对于较均匀的连通目标有较好的分割效果。其缺点是需要人为确定种子像素，对噪声敏感，可能导致区域内有空洞。另外，它是一种串行算法，当目标较大时，分割速度较慢，因此在设计算法时，要尽量提高效率。

② 区域分裂合并。区域生长是从某个或者某些像素点出发，最后得到整个区域，进而实现目标提取。分裂合并差不多是区域生长的逆过程：从整个图像出发，不断分裂得到各个子区域，然后把前景区域合并，实现目标提取。分裂合并的假设是对于一幅图像，前景区域由一些相互连通的像素组成，因此，如果把一幅图像分裂到像素级，就可以判定该像素是否为前景像素。当所有像素点或者子区域完成判断以后，把前景区域或者像素合并就可得到前景目标。

在这类方法中，最常用的方法是四叉树分解法，如图 1-2-8 所示。设 R 代表整个正方形图像区域，P 代表逻辑谓词。基本分裂合并算法步骤如下：

a. 对任何一个区域，如果 $H(R_i)$=FALSE，就将其分裂成不重叠的四等份。

b. 对相邻的两个区域 R_i 和 R_j，它们可以大小不同（即不在同一层），如果条件 $H(R_i \cup R_j)$=TRUE 满足，就将它们合并起来。

c. 如果进一步的分裂或合并都不可能，则结束。

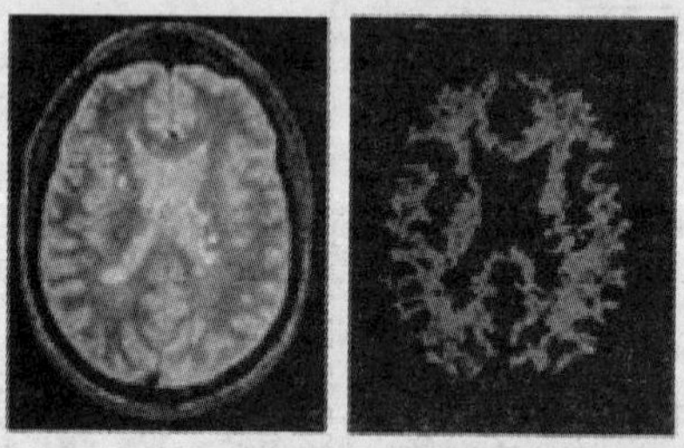

图 1-2-7　脑部图像和区域生长法分割的结果

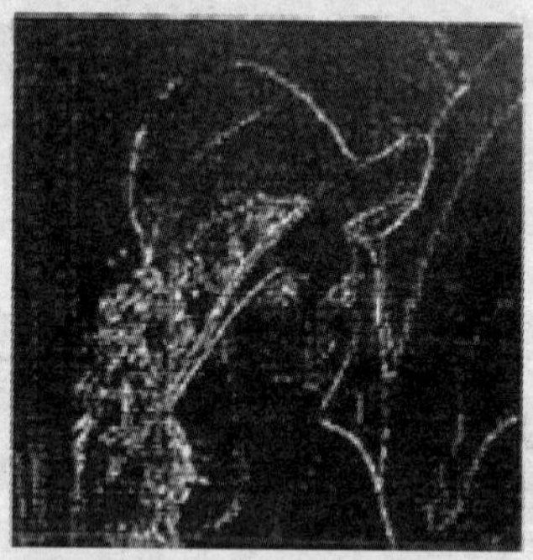

图 1-2-8　四叉树分割后的图像

分裂合并法的关键是分裂合并准则的设计。这种方法对复杂图像的分割效果较好，但算法较复杂，计算量大，分裂还可能破坏区域的边界。

③ 边缘分割。图像分割的一种重要途径是通过边缘检测，即检测灰度级或者结构突变的地方，表明一个区域的终结，也是另一个区域开始的地方。这种不连续性称为边缘。因为不同的图像灰度不同，边界处一般有明显的边缘，利用此特征可以分割图像。

图像中边缘处像素的灰度值不连续，这种不连续性可通过求导数来检测到。对于阶跃状边缘，其位置对应一阶导数的极值点，对应二阶导数的过零点（零交叉点）。因此常用微分算子进行边缘检测。常用的一阶微分算子有 Roberts 算子、Prewitt 算子和 Sobel 算子，二阶微分算子有 Laplace 算子和 Kirsh 算子等。在实际中，各种微分算子常用小区域模板来表示，微分运算利用模板和图像卷积来实现。这些算子对噪声敏感，只适合于噪声较小且不太复杂的图像。

由于边缘和噪声都是灰度不连续点，对应频域中的高频分量，直接采用微分运算难以克服噪声的影响。因此用微分算子检测边缘前要对图像进行平滑滤波。LoG 算子和 Canny 算子是具有平滑功能的二阶和一阶微分算子，边缘检测效果较好，如图 1-2-9 所示。其中 LoG 算子是采用 Laplacian 算子求高斯函数的二阶导数，Canny 算子是高斯函数的一阶导数，它在噪声抑制和边缘检测之间取得了较好的平衡。

（a）LoG 算子　　（b）Canny 算子

图 1-2-9　边缘检测结果

（3）特定理论

图像分割至今尚无通用的自身理论。随着各学科许多新理论和新方法的提出，出现了许多与一些特定理论、方法相结合的图像分割方法。

① 聚类分析。采用特征空间聚类法进行图像分割是将图像空间中的像素用对应的特征空间点表示，根据它们在特征空间的聚集对特征空间进行分割，然后将它们映射回原图像空间，得到分割结果。其中，K 均值、模糊 C 均值聚类（FCM）算法是最常用的聚类算法。K 均值算法先选 K 个初始类均值，然后将每个像素归入均值离它最近的类并计算新的类均值。迭代执行前面的步骤直到新旧类均值之差小于某一阈值。模糊 C 均值算法是在模糊数学基础上对 K 均值算法的推广，是通过最优化一个模糊目标函数实现聚类，它不像 K 均值聚类那样认为每个点只能属于某一类，而是赋予每个点一个对各类的隶属度，用隶属度更好地描述边缘像素亦此亦彼的特点，适合处理事物内在的不确定性。利用模糊 C 均值非监督模糊聚类标定的特点进行图像分割，可以减少人为的干预，且较适合图像中存在不确定性和模糊性的特点。

FCM 算法对初始参数极为敏感，有时需要人工干预参数的初始化以接近全局最优解，提高分割速度。另外，传统 FCM 算法没有考虑空间信息，对噪声和灰度不均匀敏感。

② 模糊集理论。模糊集理论具有描述事物不确定性的能力，适合于图像分割问题。1998 年以来，出现了许多模糊分割技术，在图像分割中的应用日益广泛。模糊技术在图像分割中应用的一个显著特点就是它能和现有的许多图像分割方法相结合，形成一系列的集成模糊分割技术，如模糊聚类、模糊阈值、模糊边缘检测技术等。

模糊阈值技术利用不同的 S 型隶属函数来定义模糊目标，通过优化过程最后选择一个具有最小不确定性的 S 函数。用该函数增强目标及属于该目标的像素之间的关系，这样得到的 S 型函数的交叉点为阈值分割需要的阈值，这种方法的困难在于隶属函数的选择。基于模糊集合和逻辑的分割方法是以模糊数学为基础，利用隶属图像中由于信息不全面、不准确、含糊、矛盾等造成的不确定性问题。该方法在医学图像分析中有广泛的应用，如薛景浩等人提出的一种新的基于图像间模糊散度的阈值化算法以及它在多阈值选择中的推广算法，采用了模糊集合分别表达分割前后的图像，通过最小模糊散度准则来实现图像分割中最优阈值的自动提取。该算法针对图像阈值化分割的要求构造了一种新的模糊隶属度函数，克服了传统S函数带宽对分割效果的影响，有很好的通用性和有效性，方案能够快速正确地实现分割，且无须事先认定分割类数，实验结果令人满意。

4. 图像分割的应用

（1）三维医学图像可视化技术中的应用

如今医学临床和手术环境中的许多应用，均需要从三维医学图像得到解剖结构或病理组织的精确三维模型，如进行病理或正常组织的量化研究，以及与其他可视化技术结合，制定术前和术中的手术计划等，均要求分割算法能够从 CT（断层成像）、MRI（磁共振）、PET（正电子发射断层成像）、SPET（单光子发射断层成像）或超声等各种图像模态中分离出解剖结构和定位出损害的位置和形状。一般可以简单地将医学图像分割方法分为基于边界和基于区域的分割两类。其中，基于边界的分割是寻找感兴趣区域的封闭边界；而基于区域的分割则是将体象分为若干不重叠的区域，且使各区域内的体素相似性大于区域之间的像素的相似性。但是在三维领域，由于各向异性，往往需要将两种方法混合使用，从而达到最佳的精度和效率。

模糊理论问世以后，人们已认识到，从某种意义上看，以概率形式提供的信息更接近于事物的真实情况，而医学图像中的区域往往没有清晰的边界，因此分割任务常常要处理某些带不确定性的问题，若以模糊的观点来描述区域或确定判断准则，即在每一处理段用概率来表示和处理这种不确定性，则反而可以得到较为理想的最终结果，其与传统的方法（如二值分割方法，即给予每个体素一个肯定的判决，要么属于，要么不属于某个物体）相比，其在图像分割领域取得了广泛的关注。

（2）指纹识别的分割算法

指纹能够作为个人身份鉴别的一种重要手段，是由于它在人体的基本特征中唯一性、不变性和排列分布规律的特点。随着科技的不断进步和广泛应用，指纹识别是替代传统身份识别手段的最安全、最可靠、最方便的方法。在指纹识别过程中，输入的图像由于用力不均匀、油墨过多或过少等原因的影响，一般都不同程度存在指纹纹线间的粘连、模糊或纹线断裂等现象。预处理是指指纹自动识别系统中重要的一步。它的目的是去除图像中的噪声，把它变成一幅清晰的点线图，增强图像的可识别性，便于提取正确指纹特征。

（3）人脸检测中的图像分割

人脸检测是人脸识别的前期工作。同时，人脸检测作为完整的模块，在智能视频监控、视频检索和视频内容组织等方面有着直接的应用。人脸具有固定的几何结构和良好的对称性，人脸模式的共性为人脸检测提供了依据。人脸检测主要运用图像分割的原理，在静态图像或动态视频序列中提取出人脸轮廓区域，然后进行区域分割，得到眼睛、嘴巴等特征点的位置和大小，为后续的识别或检验提供信息参数。以彩色人脸为例，首先利用肤色模型的肤色像素点的提取，大致分割出人脸的区域，然后在预处理中运用形态学操作法和二值化算法，对分割结构进行区域合并，得到相对独立的连通区域，再通过边界提取得到包含人脸器官在内的矩形区，输出这一系列矩形将取代原来的整个图像作为后面的人脸检测算法的输入信息。

（4）实时车牌的图像分割

由于汽车行进中的周围环境背景及车身背景很丰富，光照条件及天气条件也对车辆图像有很大的影响；另外，由于车牌本身会有不同程度的模糊、磨损和变形，这些都给车牌定位带来很大的困难。为了准确快速地进行车牌定位，人们提出了很多分割算法，其中大部分分割算法都是基于车牌的不同特征进行的。目前所使用车牌的特征有：车牌区域内的边缘灰度直方图统计特征；车牌的几何特征，即车牌的高、宽及高宽比；车牌区域的纹理特征，即穿过车牌的水平直线，其灰度呈现连续的峰、谷、峰分布；车牌区域图像的水平投影特征；车牌形状特征以及字符排列格式特征；频谱特征。车牌的分割方法有很多种。Hough 变换法：通过检测直线来提取车牌边界区域；使用灰度分割以及区域生长来进行区域分割；使用纹理特征分析技术等。任何分割算法都是基于分割对象的特征，根据车牌同周围特征的差异来分割图像，所以车牌分割选取可靠的参数是关键性的问题。如果只考虑车牌纹理结构而忽视车牌整体结构，或者只考虑车牌整体结构而忽视细小纹理结构，都会造成错误分割。所以只有把握两种以上特征进行车牌定位分割，才具有更高的准确性。因此，研究者又给出了很多算法。如基于车牌颜色和车牌几何形状的定位分割方法；基于车牌纹理水平密度集跳变和车牌形状的定位分割算法；基于边缘提取和车牌形状的定位分割方法等。还有结合车牌纹理以及车牌几何形状特点，运用数学形态学的车牌定位方法，同其他传统分析方法比较来讲，它具有定位准确运算速度和抗干扰能力优势明显的特点。

（5）基于对象的视频图像分割技术

通过提取视频对象可以很大程度地提高压缩效率，这不仅可以为传输和存储视频图像提供便利，还可对静止或动态场景进行查询和交互。利用提取得到的关键帧，不仅可以更好地进行检索，也能为互联网浏览和查询提供一个简便而有效的方式。因此基于对象的视频分割技术已经成为新一代多媒体交互、流媒体应用等新兴领域的研究热点。基于对象的视频分割技术主要可分为利用对象的运动信息、密度信息、时空亮度梯度信息以及综合信息等几大类。

① 利用对象的运动信息。利用运动信息进行分割，首先要估算密度运动场，然后才能根据运动信息对场景进行分割。所谓运动场是指三维物体的实际运动在图像平面上的投影，而光流场则是有图像亮度随时间的变化引起的，而且光流场并不对应于运动场。基于光流法的分割就是通过研究光流场，从视频序列中近似计算不能直接得到的运动场，然后根据运动场的运动特性进行分割。

② 利用密度信息进行分割。该算法主要利用了密度信息，同时还考虑了运动背景的情况。采用四阶矩累积量来检测密度变化区域，累积量图像从一系列连续的图像中得到。这里假设背景噪声具有高斯分布，因为高阶累积量在理论上可以完全抑制噪声的影响。通过累积量阈值化得到的模板包括运动区域和没有运动的区域两种标记。最后采用四级联开-闭形态算子来去除二值化图中的一些孤立的小区域，以得到精确的边界。

③ 利用时空亮度梯度信息进行分割。该算法首先用变换检测模板检测当前帧，假设每一个连通的变化区域对应于一个对象，则从变化最大的区域开始，首先直接从时空图像的亮度和梯度图中估计运动参数；然后利用最小二次方判定法将参数模型从前一帧到下一帧拟合到整个变化区域；最后，根据单一模型和每一个区域及其子域的拟合程度，把整个区域分割成连续的小区域。这种方法需要依赖于亮度梯度信息。

④ 用运动和亮度信息进行分割。通常情况下，利用单一信息不能得到满意的分割效果，因此，现在越来越多的研究开始利用信息融合技术将根据不同信息分割得到的结果进行融合，

以得到较好的效果。Pedersini 等人提出了同时利用运动场和亮度信息的分割方法，并通过聚类过程来分析运动场，以得到仿射模型，而无效区域则由基于思路马尔可夫场的区域估算获得。该方法的基本思路是由对象在三维场景中的运动来产生相应的二维图像序列的一致性运动场。因为图像序 列的某些区域在时间轴上的运动具有一致性，所以可以将图像分割成具有一致运动的区域。

二、关键函数

图像分割就是把图像分成若干特定的、具有独特性质的区域并提出感兴趣目标的技术和过程。它是由图像处理到图像分析的关键步骤。

金字塔分割算法是 OpenCV 提供的一种图像分割算法，图像分割时需要先建立一个图像金字塔，然后在 G_i 的像素和 G_{i+1} 的像素直接依照对应关系，建立起“父-子”关系，通过这种方式，快速初始分割可以先在金字塔高层的低分辨率图像上完成，然后逐层对分割加以优化。需要注意的是图像的尺寸及金字塔的层数，图像的宽度和高度必须能被 2 整除，能够被 2 整除的次数决定了金字塔的最大层数。

函数：PyrSegmentation()。

功能：用金字塔实现图像分割。

格式：void cvPyrSegmentation(IplImage* src, IplImage* dst,CvMemStorage* storage,
CvSeq** comp, int level, double threshold1, double threshold2);

说明：

src：输入图像。

dst：输出图像。

注意：图像 src 和 dst 应该是 8 bit、单通道或 3 通道图像，且大小一样。

storage：存储连通部件的序列结果。

comp：分割部件的输出序列指针。

level：建立金字塔的最大层数。

threshold1：建立连接的错误阈值。

threshold2：分割簇的错误阈值。

函数 cvPyrSegmentation()实现了金字塔方法的图像分割。金字塔建立到 level 指定的最大层数。如果 $p(c(A),c(B))$<threshold1，则在层 i 的像素点 A 和它相邻层的父亲像素 B 之间的连接被建立起来，定义好连接部件后，它们被加入到某些簇中。如果 $p(c(A),c(B))$<threshold2，则任何两个分割 A 和 B 属于同一簇。如果输入图像只有一个通道，那么 $p(c_1,c_2)=|c_1-c_2|$；如果输入图像有单个通道（红、绿、蓝），那么 $p(c_1,c_2)=0$，$3\cdot(c_1r-c_2r)+0$，$59\cdot(c_1g-c_2g)+0$，$11\cdot(c_1b-c_2b)$。

每一个簇可以有多个连接部件。

三、实验代码

```
#include "highgui.h"
#include "cv.h"
void  doPyrSegmentation(IplImage* src,IplImage* dst)
{   assert(src->width%2==0 && src->height%2==0);
    CvMemStorage* stoage=cvCreateMemStorage(0) ;
```

```
    CvSeq* comp=NULL;
    int level=2;                //进行n层采样
    double threshold1=150;
    double threshold2=30;
    cvPyrSegmentation(src,dst, stoage,&comp,level, threshold1,threshold2);
};
int main(int argc,char ** argv)
{   IplImage*src=cvLoadImage(argv[1]);
    IplImage*dst=cvCreateImage(cvGetSize(src), src->depth,src->nChannels);
    doPyrSegmentation(src,dst);
    cvNamedWindow("src");
    cvNamedWindow("dst");
    cvShowImage("src",src);
    cvShowImage("dst",dst);
    cvWaitKey(0);
    cvDestroyAllWindows();
    return 0;
}
```

原图与实验运行结果如图 1-2-10 所示。

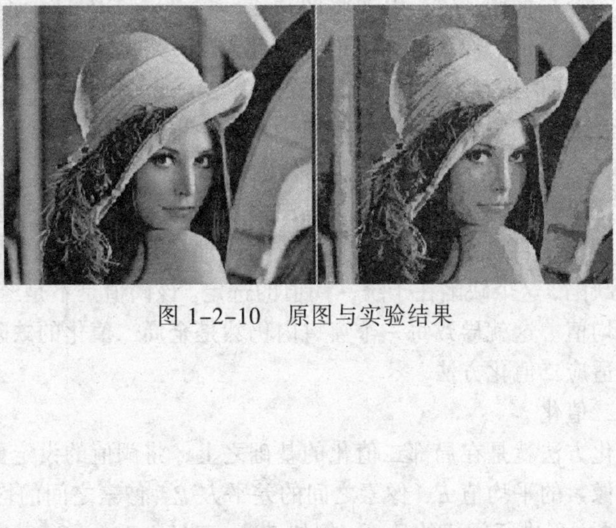

图 1-2-10　原图与实验结果

【实验 1-3】　图像二值化

一、基本原理

图像二值化就是将图像上像素点的灰度值设置为 0 或 255，也就是将整个图像呈现出明显的黑白效果。将 256 个亮度等级的灰度图像通过适当的阈值选取而获得仍然可以反映图像整体和局部特征的二值化图像。

所有灰度大于或等于阈值的像素被判定为属于特定物体，其灰度值用 255 表示，否则这些像素点被排除在物体区域以外，灰度值为 0，表示背景或者例外的物体区域。

图像二值化效果如图 1-3-1 所示。

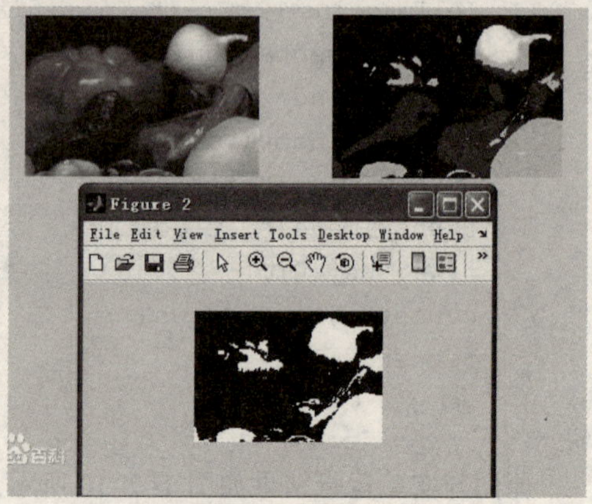

图 1-3-1　二值图像的效果

1. 二值化的方法

（1）全局二值化

一幅图像包括目标物体、背景及噪声，要想从多值的数字图像中直接提取出目标物体，最常用的方法就是设置一个全局的阈值 T，用 T 将图像的数据分成两部分：大于 T 的像素群和小于 T 的像素群。将大于 T 的像素群的像素值设置为白色（或者黑色），小于 T 的像素群的像素值设置为黑色（或者白色）。

全局二值化在表现图像细节方面存在很大缺陷。为了弥补这个缺陷，出现了局部二值化方法。

（2）局部二值化

局部二值化的方法是按照一定的规则将整幅图像划分为 N 个窗口，对这 N 个窗口中的每一个窗口再按照统一的阈值 T 将该窗口内的像素划分为两部分，进行二值化处理。

局部二值化也有缺陷，这个缺陷在于统一阈值的选定。该阈值是不是经过合理的运算得来，一般是取该窗口的平均值。这就导致每一个窗口内仍然是全局二值化的缺陷。为了解决这个问题，就出现了局部自适应二值化方法。

（3）局部自适应二值化

局部自适应二值化方法就是在局部二值化的基础之上，将阈值的设定更加合理化。该方法的阈值是根据该窗口像素的平均值 E、像素之间的差平方 P、像素之间的均方根值 Q 等各种局部特征，设置一个参数方程进行阈值的计算，例如 $T=a\times E+b\times P+c\times Q$，其中 a,b,c 是自由参数。这样得出来的二值化图像更能表现出图像中的细节。

2. 二值化的原理及意义

图像二值化是用灰度变换来研究灰度图像的一种常用方法，即设置某一阈值将灰度图像的像素分成大于阈值的像素群和小于阈值的像素群两部分。例如输入灰度图像函数为 $f(x,y)$，输出二值图像函数为 $g(x,y)$，则

$$g(x,y)=\begin{cases}0 & f(x,y)<\text{Threshold}\\ 255 & f(x,y)\geqslant \text{Threshold}\end{cases} \tag{1-3-1}$$

阈值（threshold）是把目标和背景区分开的标尺，选取适当的阈值就是既要尽可能保存图像信息，又要尽可能减少背景和噪声的干扰，这是选择阈值的原则。

图像的二值化处理就是将图像上点的灰度置为 0 或 255，也就是使整个图像呈现出明显的黑白效果，即将 256 个亮度等级的灰度图像通过适当的阈值选取而获得仍然可以反映图像整体和局部特征的二值化图像。

在数字图像处理中，二值图像占有非常重要的地位，特别是在实用的图像处理中，以二值图像处理实现而构成的系统是很多的。要进行二值图像的处理与分析，首先要把灰度图像二值化，得到二值化图像，这样在对图像做进一步处理时，图像的集合性质只与像素的值为 0 或 255 的点的位置有关，不再涉及像素的多级值，使处理变得简单，而且数据的处理和压缩量小。二值图像具有存储空间小，处理速度快，可以方便地对图像进行布尔逻辑运算等特点。更重要的是，在二值图像的基础上，还可以进一步对图像进行处理，获得该图像的一些几何特征或者其他更多特征。二值图像在图像分析中应用非常广泛。

3. 二值化算法

（1）简单阈值

通过直接对图像的灰度直方图曲线进行分析，判断极小值所在的灰度级，再对所有极小值点进行相应的分类合并来最终确定阈值的位置，避免出现过分割的现象。在预处理阶段，k 可以采用基于各向异性扩散的平滑方法对图像进行滤波，以消除噪声，同时还可以使图像的灰度直方图曲线更为连续，从而加速算法的执行效率。

简单阈值是指用灰度变换来研究灰度图像的一种常用方法，即设置某一阈值将灰度图像的像素分成大于阈值的像素群和小于阈值的像素群两部分。例如输入灰度图像函数为 $f(x,y)$，输出二值图像函数为 $g(x,y)$，则

Threshold=127

简单阈值效果图像如图 1-3-2 所示。

图 1-3-2　简单阈值效果图像

由于简单阈值法过于简单，会丢失部分信息。随着时代的发展，人们对图像的要求也越来越高，这种简单的方法已经不能够满足人们的要求。

（2）Bernsen 算法

Bernsen 算法把灰度阈值选取为随像素位置变化而变化的函数，它是一种动态选择阈值的自适应方法。

设图像在像素点 (i, j) 处的灰度值为 $f(i, j)$，考虑以像素点 (i, j) 为中心的 $(2\omega+1)\times(2\omega+1)$ 窗口，

（$2\omega+1$表示窗口的边长），则 Bernsen 算法可以描述如下：

计算图像中各个像素点(i,j)的阈值$T(i,j)$

$$T(i,j)=0.5\times(\max_{\substack{-\omega\leqslant m\leqslant\omega\\-\omega\leqslant n\leqslant\omega}} f(i+m,j+n)+\min_{\substack{-\omega\leqslant m\leqslant\omega\\-\omega\leqslant n\leqslant\omega}} f(i+m,j+n)) \tag{1-3-2}$$

对图像中各像素点(i,j)用$b(i,j)$值逐点进行二值化。

$$b(i,j)=\begin{cases}0 & f(i,j)<T(i,j)\\1 & f(i,j)\geqslant T(i,j)\end{cases} \tag{1-3-3}$$

用I存储灰度图像的值，设I为$N\times M$，把I边界扩展成$(N+2)\times(M+2)$的 extend 矩阵。

首先读取原图像I的大小为$N\times M$。由于I中的元素不是每个都是在3×3窗口的中心，所以需要对灰度图像I进行扩展。首先创建一个$(N+2)\times(M+2)$的矩阵 extend，令矩阵I中的像素$\text{extend}(i+1,j+1)=I(i,j)$，而第一行和最后一行、第一列和最后一列的填充依据是以它靠近的行或列为对称轴进行填充。遍历从$\text{extend}(2,2)$到$\text{extend}(N+1,M+1)$的像素，并取以当前像素为中心的3×3窗口的最大像素 max 和最小像素 min，依据公式$t=0.5\times(\max+\min)$求出阈值t。把灰度图像矩阵I赋值于另一矩阵B，以免改变当前得到的灰度图像矩阵。遍历矩阵B，将当前灰度值与t比较，如果大于t则赋予 1，判为目标像素类，否则赋予 0，作为背景像素类。显示得到的二值图像B。

Bernsen 算法流程图如图 1-3-3 所示。

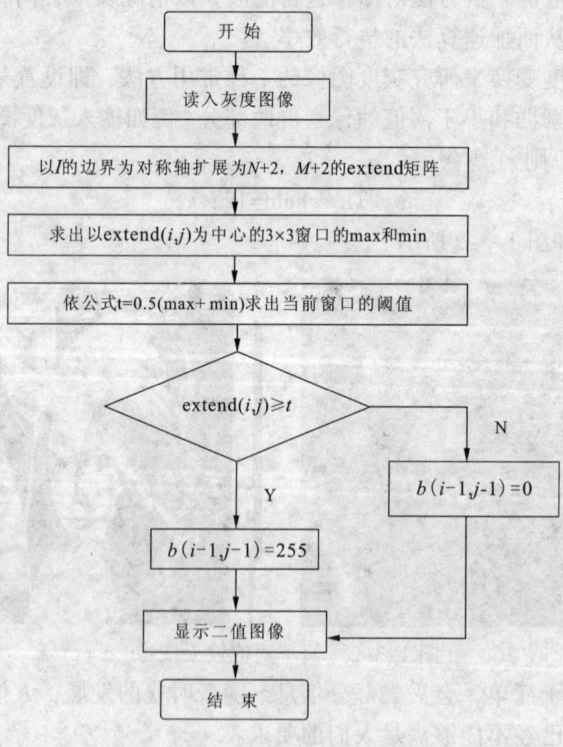

图 1-3-3 Bernsen 算法流程图

Bernsen 算法结果分析：Bernsen 方法对图像进行二值化处理，以下为研究对象的几张原始图像，如图 1-3-4 所示。

（a）lenna 原始图像（256×256）

（b）lenna 原始图像（512×512）

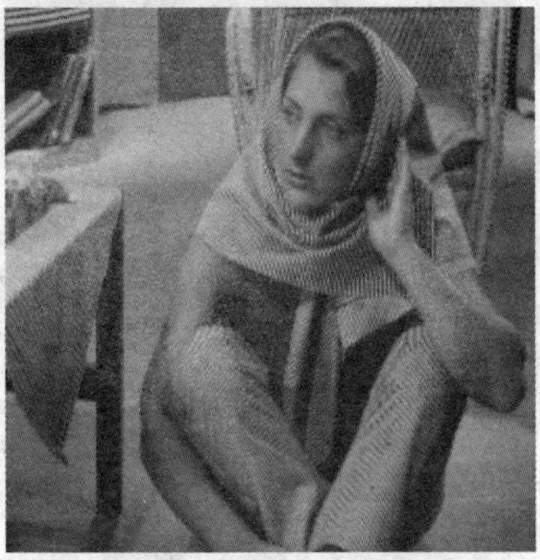

（c）barbara 原始图像（256×256）

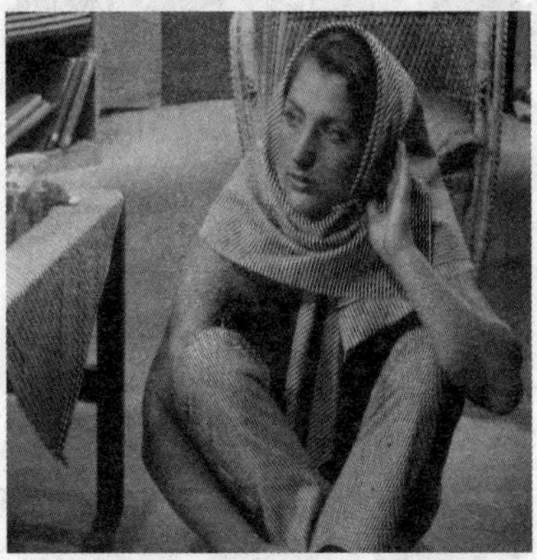

（d）barbara 原始图像（512×512）

（e）peppers 原始图像（256×256）

（f）peppers 原始图像（512×512）

图 1-3-4　原图

对图 1 3-4 这六幅图像都采用 Bernsen 算法进行二值化处理。lenna（256×256）、lenna（512×512）原始图像通过 Bernsen 方法二值化后所得到的二值图像如图 1-3-5 所示。barbara（256×256）、barbara（512×512）原始图像通过 Bernsen 方法二值化后的所得到的二值图像如图 1-3-6 所示。peppers（256×256）、peppers（512×512）原始图像通过 Bernsen 方法二值化后所得到的二值图像如图 1-3-7 所示。

（a）lenna 二值图像（256×256）　（b）lenna 二值图像（512×512）

图 1-3-5　Bernsen 方法二值化 lenna 图像

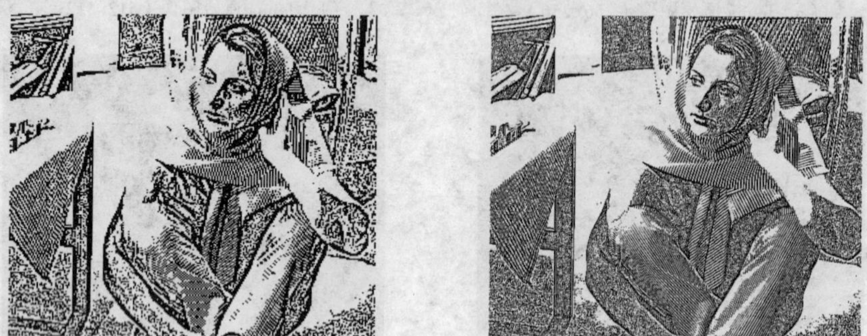

（a）barbara 二值图像（256×256）　（b）barbara 二值图像（512×512）

图 1-3-6　Bernsen 方法二值化 barbara 图像

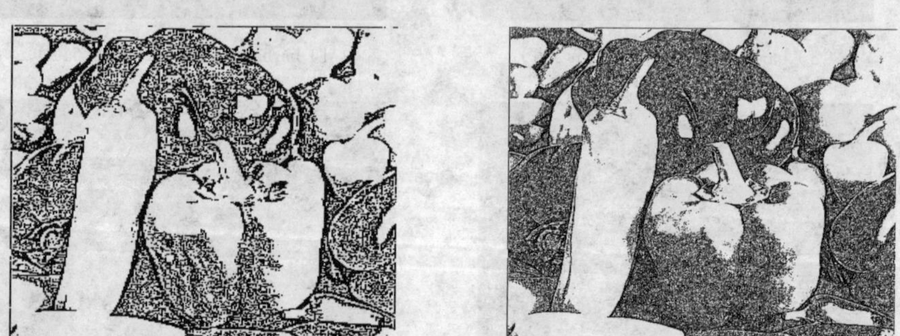

（a）peppers 二值图像（256×256）　（b）peppers 二值图像(512×512）

图 1-3-7　Bernsen 方法二值化 peppers 图像

实验结果分析如表 1-3-1 所示。

表 1-3-1　Bernsen 方法处理不同像素的不同图像

性能指标	图 1-3-5（a）	图 1-3-5（b）	图 1-3-6（a）	图 1-3-6（b）	图 1-3-7（a）	图 1-3-7（b）
时间/s	4.2032	8.7500	2.2970	8.5940	3.1870	8.8440
熵值 H	0.9131	0.8533	0.9339	0.9238	0.8715	0.8922

因为 Bernsen 方法不存在预取阈值，得到的都是局部阈值，随像素的变化而变化，所以没有固定的阈值。图像越大，用 Bernsen 算法对其进行二值化处理的时间越长。

二、关键函数

为了得到理想的二值图像，一般采用封闭、连通的边界定义不交叠的区域。所有灰度大于或等于阈值的像素被判定为属于特定物体，其灰度值为 255 表示，否则这些像素点被排除在物体区域以外，灰度值为 0，表示背景或者例外的物体区域。如果某特定物体在内部有均匀一致的灰度值，并且其处在一个具有其他等级灰度值的均匀背景下，使用阈值法就可以得到比较好的分割效果。如果物体同背景的差别表现不在灰度值上（如纹理不同），可以将这个差别特征转换为灰度的差别，然后利用阈值选取技术来分割该图像。动态调节阈值实现图像的二值化可动态观察其分割图像的具体结果。

OpenCV 中提供函数 cvThreshold()来实现图像二值化，其具体内容如下：

函数：cvThreshold()。

功能：采用 Canny 方法对图像进行边缘检测。

格式：void cvThreshold(const CvArr* src, CvArr* dst, double threshold, double max_value, int threshold_type);

说明：

src 参数表示输入图像，必须为单通道灰度图像。

dst 参数表示输出的边缘图像，为单通道黑白图像。

threshold 参数表示阈值

max_value 参数表示最大值。

threshold_type 参数表示运算方法。

函数 cvThreshold()对单通道数组应用固定阈值操作。该函数的典型应用是对灰度图像进行阈值操作得到二值图像（cvCmpS()也可以达到此目的）或者是去除噪声，例如过滤很小或很大像素值的图像点。本函数支持的对图像取阈值的方法由 threshold_type 确定。

三、实验代码

```
#include <OpenCV2/OpenCV.hpp>
using namespace std;
IplImage *g_pGrayImage=NULL;
IplImage *g_pBinaryImage=NULL;
const char *pstrWindowsBinaryTitle="二值图";
void on_trackbar(int pos)
{   //转为二值图
    cvThreshold(g_pGrayImage,g_pBinaryImage,pos,255,CV_THRESH_BINARY);
    //显示二值图
    cvShowImage(pstrWindowsBinaryTitle,g_pBinaryImage);
}
int main(int argc, char** argv)
{   const char *pstrWindowsSrcTitle="原图";
    const char *pstrWindowsToolBarName="二值图阈值";
    // 从文件中加载原图
    IplImage *pSrcImage=cvLoadImage("002.jpg",CV_LOAD_IMAGE_UNCHANGED);
    // 转为灰度图
    g_pGrayImage=cvCreateImage(cvGetSize(pSrcImage),IPL_DEPTH_8U,1);
    cvCvtColor(pSrcImage,g_pGrayImage,CV_BGR2GRAY);
```

```
    // 创建二值图
    g_pBinaryImage = cvCreateImage(cvGetSize(g_pGrayImage),IPL_DEPTH_8U, 1);
    // 显示原图
    cvNamedWindow(pstrWindowsSrcTitle,CV_WINDOW_AUTOSIZE);
    cvShowImage(pstrWindowsSrcTitle,pSrcImage);
    // 创建二值图窗口
    cvNamedWindow(pstrWindowsBinaryTitle,CV_WINDOW_AUTOSIZE);
    // 滑动条
    int nThreshold=0;
    cvCreateTrackbar(pstrWindowsToolBarName,pstrWindowsBinaryTitle,
                     &nThreshold,254,on_trackbar);

    on_trackbar(1);
    cvWaitKey(0);
    cvDestroyWindow(pstrWindowsSrcTitle);
    cvDestroyWindow(pstrWindowsBinaryTitle);
    cvReleaseImage(&pSrcImage);
    cvReleaseImage(&g_pGrayImage);
    cvReleaseImage(&g_pBinaryImage);
    return 0;
}
```

运行结果如图 1-3-8 所示。

图 1-3-8　二值化运行结果

【实验 1-4】　图像灰度化

一、基本原理

颜色可分为黑白色和彩色。黑白色指颜色中不包含任何的色彩成分，仅由黑色和白色组成。在 RGB 颜色模型中，如果 $R=G=B$，则颜色（R,G,B）表示一种黑白颜色；其中 $R=G=B$ 的值叫做灰度值，所以黑白色又叫做灰度颜色。彩色和灰度之间可以互相转化，由彩色转化为灰度的过程叫做灰度化处理；由灰度化转为彩色的过程称为伪彩色处理。

相应地，数字图像可分为灰度图像和彩色图像。通过灰度化处理和伪彩色处理，可以使伪彩色图像与灰度图像相互转化。

灰度化就是使彩色的 R,G,B 分量值相等的过程。由于 R,G,B 的取值范围是 0～255，所以灰度的级别只有 256 级，即灰度图像仅能表现 256 种颜色（灰度）。

1．灰度化处理方法

灰度化的处理方法主要有如下三种：

① 最大值法：使 R,G,B 的值等于三值中最大的一个，即

$$R=G=B=\max(R,G,B) \tag{1-4-1}$$

最大值法会形成亮度很高的灰度图像。

② 平均值法：使 R,G,B 的值求出平均值，即

$$R=G=B=(R+G+B)/3 \tag{1-4-2}$$

平均值法会形成比较柔和的灰度图像。

③ 加权平均值法：根据重要性或其他指标给 R,G,B 赋予不同的权值，并使 R,G,B 的值加权平均，即

$$R=G=B=(W_rR + W_gG + W_bB)/3 \tag{1-4-3}$$

其中 W_r,W_g,W_b 分别为 R,G,B 的权值。W_r,W_g,W_b 取不同的值，加权平均值法就形成不同的灰度图像。由于人眼对绿色的敏感度最高，红色次之，对蓝色最低，因此使 $W_g>W_r>W_b$ 将得到比较合理的灰度图像。实验和理论推导证明，当 $W_r = 0.30$，$W_g =0.59$，$W_b=0.11$ 时，即当

$$V_{gray}=0.30R + 0.59G + 0.11B \tag{1-4-4}$$

$$R=G=B= V_{gray}(2-6)$$

时，能得到最合理的灰度图像。

采用方法③实现灰度转化，会获得比较好的效果，结果如图 1-4-1 所示。

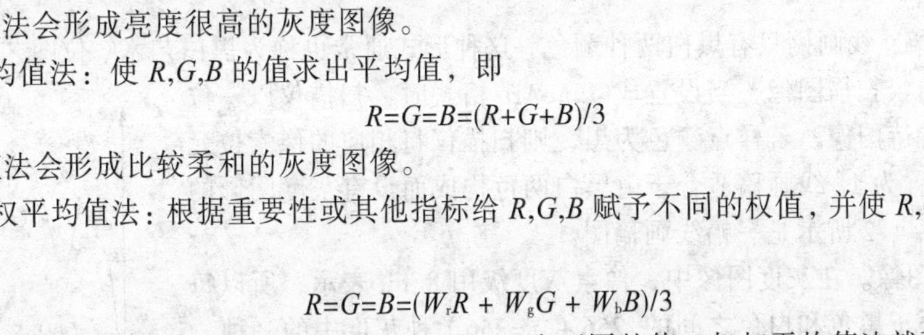

（a）原始图像　　（b）采用加权平均值法处理得到的灰度图像

图 1-4-1　基于加权平均值法的灰度图像

2. 数字图像类型

为了方便地处理数字图像，根据数字图像的特性将其分成不同的类型。静态图像可分为矢量（Vector）图和位图（Bitmap），位图也称为栅格图像。

矢量图是用一系列绘图指令来表示一幅图，如 AutoCAD 中的绘图语句。这种方法的本质是用数学（更准确地说是几何学）公式描述一幅图像。图像中每一个形状都是一个完整的公式，称为一个对象。对象是一个封闭的整体，所以定义图像上对象的变化和对象与其他对象的关系对计算机来说是简单的，所有这些变化都不会影响到图像中的其他对象。

公式化表示图像使得矢量图具有两个优点：一是它的文件数据量很小；二是图像质量与分辨率无关，这意味着无论将图像放大或缩小了多少次，图像总是以显示设备允许的最大清晰度显示。在计算机计算与显示一幅图像时，用户往往能看到画图的过程。但是，矢量图有一个明显的缺点，就是不易制作色调丰富或色彩变化太多的图像，而且绘出来的图像不是很逼真，同时也不易在不同的软件间交换文件。在 CorelDRAW 和 Adobe Illustrator 中生成的图像均为矢量图。

位图是通过许多像素点表示一幅图像，每个像素具有颜色属性和位置属性。位图可以从传统的相片、幻灯片上制作出来或使用数码照相机得到，也可以利用 Windows 的“画笔”用颜色点填充网格单元来创建位图。位图又可以分成如下四种：线画稿（LineArt）、灰度图像（Gray Scale）、索引颜色图像（Index Color）和真彩色图像（True Color）。

（1）位图

① 线画稿：线画稿只有黑白两种颜色，这种形式通常也称为黑白艺术、位图艺术、一位元艺术。用扫描仪扫描图像，当设置成 LineArt 格式时，扫描仪以一位颜色模式来看待图像。若样点颜色为黑，则扫描仪将相应的像素位元置为 0，否则置为 1。线画稿适合于由黑白两色构成而没有灰度阴影的图像。如图 1-4-2 所示是一幅线画稿图。

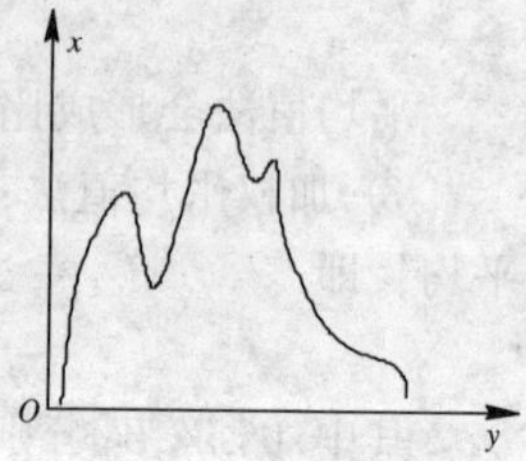

图 1-4-2　线画稿图

② 灰度图像。在灰度图像中，像素灰度级用 8 bit 表示，所以每个像素都是介于黑色和白色之间的 256（2^8=256）种灰度中的一种。灰度图像只有灰度颜色而没有彩色。通常所说的黑白照片，其实包含了黑白之间的所有灰度色调。从技术上来说，就是具有从黑到白的 256 种灰度色域（Gamut）的单色图像。

③ 索引图像。在介绍索引图像之前，首先了解 PC 是如何处理颜色的。大多数扫描仪都是以 24 位模式对图像进行采样，即可从图像中采样出 1 670 万种不同的颜色。用这种方式获得的颜色通常称为 RGB 颜色。颜色深度为 24 位的数字图像是目前所能获取、浏览和保存的颜色信息最丰富的彩色图像，由于它所表达的颜色远远超出了人眼所能辨别的范围，故将其称为“真彩色”。在真彩色出现之前，由于技术上的原因，计算机在处理时并没有达到每像素 24 位的真彩色水平，为此人们创造了索引颜色。索引颜色通常也称为映射颜色，在这种模式下，颜色都是预先定义的，并且可供选用的一组颜色也很有限，索引颜色的图像最多只能显示 256 种颜色。一幅索引颜色图像在图像文件里定义，当打开该文件时，构成该图像具体颜色的索引值就被读入程序中，然后根据索引值找到最终的颜色。

④ 真彩色图像。真彩色图像将像素的色彩能力推向了顶峰。“真彩色”是 RGB 颜色的另一种流行的叫法。从技术角度考虑，真彩色是指写到磁盘上的图像类型，而 RGB 颜色是指显示

器的显示模式。RGB 图像的颜色是非映射的，它可以从系统的颜色表中自由获取所需的颜色，这种图像文件里的颜色直接与 PC 上的显示颜色相对应。在真彩色图像中，每一个像素由红、绿和蓝三个字节组成，每个字节为 8 bit，表示 0～255 之间的不同的亮度值，这三个字节组合可以产生 1 670 万种不同的颜色。

（2）位图的有关术语

① 像素（Pixel）、点（Dot）和样点（Sample）。在计算机中，图像是由显示器上的许多光点组成的，将显示在显示器上的这些点（光的单元）称为像素。像素的分割有不同的方法，实际应用中常用正方形网格点阵分割方案，这是因为其像素网格点阵规范，易于在图像输入、输出设备上实现。在计算机图像处理中，还常用到点和样点这些术语。像素、点和样点是在计算机上对不同阶段的图像进行度量的称谓，这几个术语很容易混淆，故特做一一介绍。

首先说明样点和点的概念。扫描一幅图像时，需设置扫描仪的分辨率（Resolution），分辨率决定了扫描仪从源图像中每英寸读取多少个样点。扫描仪将源图像看成由大量的网格组成，然后在每一个网格中取出一点，用该点的颜色值来代表这一网格里所有点的颜色值，这些被选中的点就是样点。扫描仪的分辨率单位为 dpi（每英寸点数），但激光打印机的 dpi 与扫描仪的 dpi 是不同的。实际上，以 150 dpi 分辨率扫描的图像，效果相当于激光打印机的 1 200 dpi 的效果。

像素并不像“克”和“厘米”那样是绝对的度量单位，而是可大可小的。如果获取图像时的分辨率较低（如 50 dpi），则显示该图像时，每英寸所显示的像素个数也很少，这样就会使像素变得较大。

② 分辨率：

（a）图像分辨率：是指每英寸图像含有多少个点或像素，分辨率的单位为 dpi。例如，250 dpi 表示该图像每英寸含有 250 个点或像素。在数字图像中，分辨率的大小直接影响到图像的质量好坏。分辨率越高，图像细节越清晰，但产生的文件尺寸大，同时处理的时间也就越长，对设备的要求也就越高。所以在制作图像时要根据需要来选择分辨率。另外，图像的尺寸、图像的分辨率和图像文件的大小三者之间有着密切的联系。图像的尺寸越大，图像的分辨率越高，图像文件也就越大。所以，调整图像的大小和分辨率，即可改变图像文件的大小。

（b）屏幕分辨率：显示器上每单位长度显示的像素或点的数量称为屏幕分辨率。通常以每英寸点数来表示。屏幕分辨率取决于显示器的大小及其像素设置。屏幕分辨率由计算机的显示卡决定，标准的 VGA 显示卡分辨率是 640×480，即水平方向 640 点（像素），垂直方向 480 点（像素）。现在高性能的显示卡已支持 1 280×1 024 点以上的分辨率。

（c）打印机分辨率：又称输出分辨率，是指打印机输出图像时每英寸的点数。打印机分辨率也决定了输出图像的质量，打印机分辨率越高，可以减少打印的锯齿边缘，在灰度的半色调表现上也会较为平滑。打印机的分辨率可达 300 dpi，甚至 720 dpi（需用特殊纸张）；而较老机型的激光打印机分辨率通常在 300～360 dpi 之间，由于超微细碳粉技术的成熟，新的激光打印机分辨率可达 600～1 200 dpi，作为专业排版输出已经绰绰有余了。

（d）扫描仪分辨率：表示方法与打印机分辨率类似，一般也用 dpi 表示，不过这里的点是样点，与打印机的输出点是不同的。一般扫描仪提供的方式是水平分辨率要比垂直分辨率高。台式扫描仪的分辨率可以分为光学分辨率和输出分辨率。光学分辨率是指扫描仪硬件所真正扫描到的图像分辨率。目前市场上的产品，其光学分辨率可达 800～1 200 dpi。输出分辨率是通过软件强化以及内插补点之后产生的分辨率，大约为光学分辨率的 3～4 倍。所以市面上号称分辨率高达 4 800 dpi 或 6 400 dpi 的扫描仪，一定指的是输出分辨率。

二、关键函数

将彩色图像转化成为灰度图像的过程称为图像的灰度化处理。彩色图像中的每个像素的颜色由 R、G、B 三个分量决定，而每个分量有 255 个值可取，这样一个像素点可以有 1 600 多万（$255\times255\times255$）的颜色变化范围。而灰度图像是 R、G、B 三个分量值相同的一种特殊的彩色图像，其一个像素点的变化范围为 255 种，所以在数字图像处理中一般先将各种格式的图像，转变成灰度图像以使后续的图像的计算量变得少一些。灰度图像的描述与彩色图像一样仍然反映了图像整体和局部的色度和亮度等级的分布和特征。图像的灰度化处理可用以下两种方法来实现：

① 求出每个像素点的 R、G、B 三个分量的平均值，然后将这个平均值赋予这个像素的三个分量。

② 在 YUV 颜色空间中，Y 的分量的物理意义是点的亮度，由该值反映亮度等级，根据 RGB 和 YUV 颜色空间的变化关系可建立亮度 Y 与 R、G、B 三个颜色分量的对应：$Y=0.3R+0.59G+0.11B$，以这个亮度值表达图像的灰度值。

函数：cvCvtColor()。

功能：实现颜色空间的转换。

格式：void cvCvtColor(const CvArr* src, CvArr* dst, int code)。

说明：

参数 src 表示输入图像。

参数 dst 表示输出图像。

参数 code 表示颜色空间转化形式,主要有 CV_BGR2BGRA、CV_BGRA2BGR、CV_BGR2RGBA、CV_RGBA2BGR、CV_BGR2RGB 等 60 种颜色空间转换形式。

函数 cvCvtColor()根据 code 将图像 src 的颜色空间转换后保存到图像 dst 中。

三、实验代码

```
#include "stdafx.h"
#include <cv.h>
#include <cxcore.h>
#include <highgui.h>
#include <iostream>
using namespace std;
//声明图像 IplImage 指针
IplImage* pSrcImg=NULL;
IplImage* pGrayImg=NULL;
IplImage* pCannyImg=NULL;
int Thresh=50;
int main(int argc,char** argv)
{   if(argc!=2)
        argv[1]="lena.jpg";
    //载入图像，强制转化为 Gray
    if((pSrcImg=cvLoadImage(argv[1],1))!=0)
    {   cout<<"Press ESC to Quit"<<endl;
```

```
        //将颜色空间由RGB转化为Gray
        pGrayImg=cvCreateImage(cvGetSize(pSrcImg),8,1);
        cvCvtColor(pSrcImg,pGrayImg,CV_RGB2GRAY);
        //创建窗口
        cvNamedWindow("Source Image",CV_WINDOW_AUTOSIZE);
        cvNamedWindow("Gray Image",CV_WINDOW_AUTOSIZE);
        cvNamedWindow("Canny Image",CV_WINDOW_AUTOSIZE);
        //显示图像
        cvShowImage("Source Image",pSrcImg );
        cvShowImage("Gray Image",pGrayImg);
        //销毁窗口
        //cvWaitKey(0);
        cvDestroyWindow("Source Image");
        cvDestroyWindow("Canny Image");
        cvDestroyWindow("Gray Image");
        //释放图像
        cvReleaseImage(&pGrayImg);
        cvReleaseImage(&pCannyImg);
        cvReleaseImage(&pSrcImg);
        return 0;
    }
    return -1;
}
```

运行结果如图 1-4-3 所示。

图 1-4-3　灰度化运行结果

【实验 1–5】 轮 廓 检 测

一、基本原理

1．轮廓检测基本概念

亮度不同的区域之间有一个明显的变化，即明度级差突然变化，从而形成轮廓。轮廓是构成任何一个形状的边界或外形线。

根据轮廓是否有形，是否有可见的形，而把轮廓分为客观轮廓和主观轮廓。客观轮廓是指明度级差的比较突然的变化，它是有形的、显式的，如马赫带；主观轮廓是在没有明度级差的情况下，由于某种原因，人们也会看到的轮廓。

在一个二维图形中，轮廓上具有丰富的信息，轮廓变化最陡或曲率最大的部分是信息最集中的地方，而轮廓方向一致的地方，则是信息最多余的地方。

所谓“轮廓度”，是指被测实际轮廓相对于理想轮廓的变动情况。这一概念用于描述曲面或曲线形状的准确度。

轮廓线，又叫外部线条，指电影构图中个体、群体或景物的外边缘界线，是一个对象与另一个对象之间、对象与背景之间的分界线。

每个物体的外形轮廓都不同，即使是同一个物体，从不同角度看，也有不同的轮廓形状。一般来说，影响物体轮廓线的因素有：光线条件的选择和光源配置、光暗影调的配置、摄影机角度和摄影方向、曝光值的设置及洗印加工的方法等。

图像的轮廓检测就是对图像外部特征进行提取分析，图像的外部特征包括方向、形状、基础性质等。随着科技的不断发展，人们对事物的内在和外在了解程度不断加深，轮廓检测这门技术在图像处理领域显得格外重要。

轮廓检测常用的方法是轮廓跟踪、轮廓提取，以及边缘检测中的几种对轮廓进行处理的方法。图 1–5–1 所示为原图，经过图像的轮廓提取和跟踪得到图 1–5–2。

图 1–5–1　原图

图 1–5–2　经过处理之后的图像

图像的轮廓作为图像的一种基本特征，经常被应用到较高层次的图像应用中。它在图像识别、图像分割、图像增强及图像压缩等领域有广泛应用，也是图像处理的基础。图像的轮廓往往携带着一幅图像的大部分信息。而轮廓即存在于图像的不规则结构和不稳定上，也存在于信号的突变点处，这些点给出了图像轮廓的位置，这些轮廓常常是在图像边缘检测时所需的非常重要的特征条件。经典的轮廓提取技术大都基于微分运算。首先通过平滑来滤除图像中的噪声，然后进行一阶微分或二阶微分运算，求得梯度最大值或二阶导数的过零点，最后选取适当的阈值来提取边界。

2. 轮廓跟踪与提取

（1）轮廓跟踪

在识别图像中的目标时，往往需要对目标边缘进行跟踪处理，又称轮廓跟踪。顾名思义，轮廓跟踪就是通过顺序找出边缘点来跟踪边界的。若图像是二值图像，或图像中不同区域具有不同的像素值，但每个区域内的像素值是相同的，则如下算法可完成基于 4 连通或 8 连通区域的轮廓跟踪。

① 按从上到下、从左到右的顺序扫描图像，寻找没有标记跟踪结束记号的第一个边界起始点 A_0，A_0 是具有最小行和列值的边界点。定义一个扫描方向变量 dir，该变量用于记录上一步中沿着前一个边界点到当前边界点的移动方向，其初始化取值为：

a. 对 4 连通区域取 dir = 3，如图 1-5-3（a）所示。

b. 对 8 连通区域取 dir = 7，如图 1-5-3（b）所示。

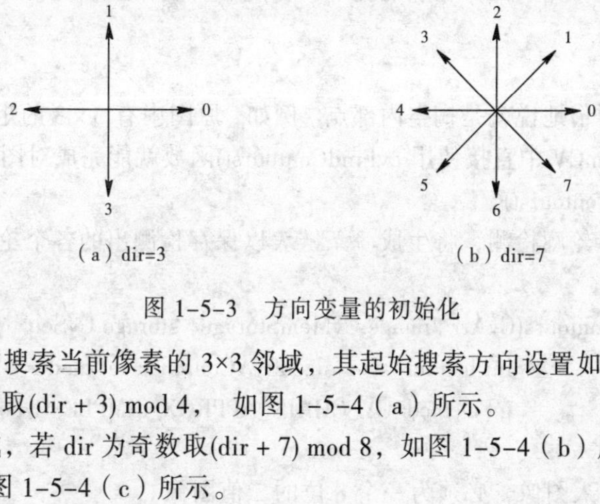

（a）dir=3　　（b）dir=7

图 1-5-3　方向变量的初始化

② 按逆时针方向搜索当前像素的 3×3 邻域，其起始搜索方向设置如下：

a. 对 4 连通区域取(dir + 3) mod 4，　如图 1-5-4（a）所示。

b. 对 8 连通区域，若 dir 为奇数取(dir + 7) mod 8，如图 1-5-4（b）所示；若 dir 为偶数，取(dir + 6) mod 8，如图 1-5-4（c）所示。

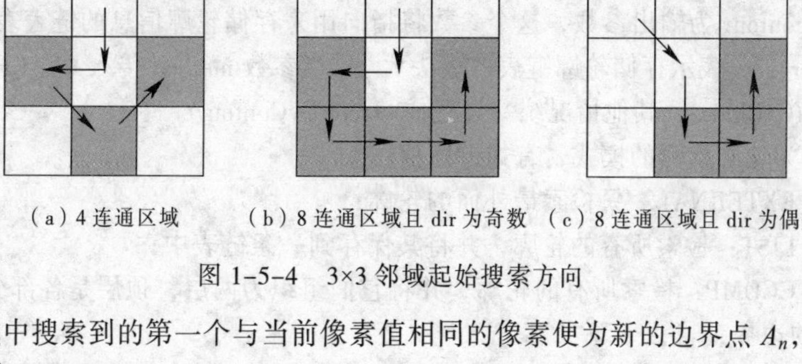

（a）4 连通区域　（b）8 连通区域且 dir 为奇数　（c）8 连通区域且 dir 为偶数

图 1-5-4　3×3 邻域起始搜索方向

在 3×3 邻域中搜索到的第一个与当前像素值相同的像素便为新的边界点 A_n，同时更新变量 dir 为新的方向值。

③ 如果 A_n 等于第二个边界点 A_1 且前一个边界点 A_{n-1} 等于第一个边界点 A_0，则停止搜索，结束跟踪，否则重复步骤②继续搜索。

④ 由边界点 A_0、A_1、A_2、…、A_{n-2} 构成的边界便为要跟踪的边界。

算法中步骤①所采用的准则称为探测准则，其作用是找出第一个边界点；步骤③中所采用的准则称为跟踪准则，其作用是找出所有边界点。

图 1-5-5 所示为轮廓跟踪示例。

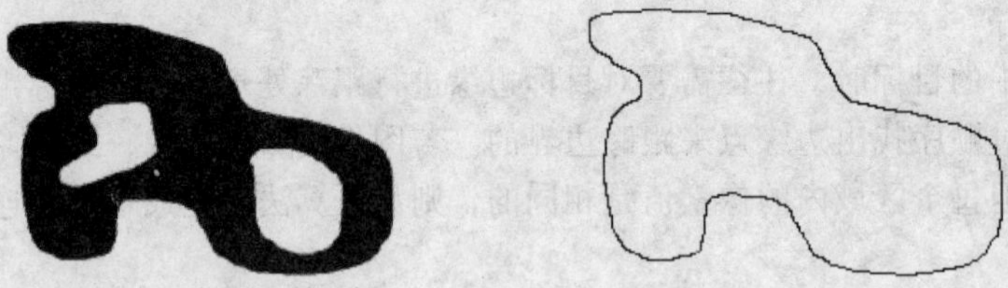

图 1-5-5　轮廓跟踪示例

（2）轮廓提取

二值图像轮廓提取的算法非常简单，就是掏空内部点：如果原图像中有一点为黑，且它的 8 个邻点都是黑色时，说明该点是内部点，将该点删除（置为白色像素值 255）。对图像中所有像素点执行该操作，便可完成图像轮廓的提取。在此不对其作过多说明。

二、关键函数

轮廓检测的原理通俗地说就是掏空内部点。例如，原图中有 3×3 的矩形点，就可以将中间的那一点去掉。在 OpenCV 中直接使用 cvFindContours()函数就能完成对图像轮廓的检测。

① 函数：cvFindContours()。

功能：对图像进行轮廓检测，将生成一条链表以保存检测出的各个轮廓信息，并传出指向这条链表表头的指针。

格式：
```
int cvFindContours(CvArr* image,CvMemStorage* storage,CvSeq** first_contour,
                   int header_size=sizeof(CvContour), int mode=CV_RETR_LIST,
                   int method=CV_CHAIN_APPROX_SIMPLE, CvPoint offset=cvPoint(0,0));
```

说明：

参数 image 表示输入图像，必须为一个 8 位的二值图像。

参数 storage 表示存储轮廓的容器。为 CvMemStorage 类型，定义在 OpenCV 的\core\types_c.h 中。

参数 first_contour 为输出参数，这个参数将指向用来存储轮廓信息的链表表头。

参数 header_size 表示存储轮廓链表的表头大小，当参数 method 传入 CV_CHAIN_CODE 时，要设置成 sizeof(CvChain)，其他情况统一设置成 sizeof(CvContour)。

参数 mode 为轮廓检测的模式，有如下取值：

CV_RETR_EXTERNAL：只检索最外面的轮廓；

CV_RETR_LIST：检索所有的轮廓，并将其保存到一条链表中；

CV_RETR_CCOMP：检索所有的轮廓，并将它们组织为两层，顶层是各部分的外部边界，第二层是空洞的边界；

CV_RETR_TREE：检索所有的轮廓，并重构嵌套轮廓的整个层次，如图 1-5-6 所示。

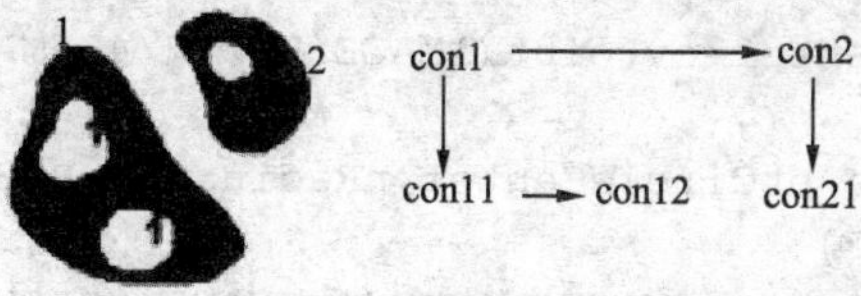

图 1-5-6　CV_RETR_TREE 参数示意图

参数 method 用来表示轮廓边缘的近似方法，常用值如下所示：

CV_CHAIN_CODE：以 Freeman 链码的方式输出轮廓，所有其他方法输出多边形（顶点的序列）。

CV_CHAIN_APPROX_SIMPLE：压缩水平的、垂直的和斜的部分，也就是说，函数只保留它们的终点部分。

参数 offset 表示偏移量，比如要从图像的(100, 0)开始进行轮廓检测，那么就传入(100, 0)。

② 函数：cvDrawContours()。

功能：在图像上绘制外部和内部轮廓

格式：void cvDrawContours(CvArr *img, CvSeq* contour, CvScalar external_color,
CvScalar hole_color, int max_level, int thickness=1, int line_type=8,
CvPoint offset=cvPoint(0,0));

说明：

参数 img 表示输入图像，函数将在这张图像上绘制轮廓。

参数 contour 表示指向轮廓链表的指针。

参数 external_color 和 hole_color 表示颜色，绘制时会根据轮廓的层次来交替使用这两种颜色。

参数 mex_level 表示绘制轮廓的最大层数，如果是 0，只绘制 contour；如果是 1，追加绘制和 contour 同层的所有轮廓；如果是 2，追加绘制比 contour 低一层的轮廓，以此类推；如果是负值，则函数并不绘制 contour 后的轮廓，但是将画出其子轮廓，一直到 abs(max_level) – 1 层。

参数 thinkness 表示轮廓线的宽度，如果为 CV_FILLED，则会填充轮廓内部。

参数 line_type 表示轮廓线的类型。

参数 offset 表示偏移量，如果传入(10,20)，那绘制将从图像的(10,20)处开始。

三、实验代码

```
#include <OpenCV2/OpenCV.hpp>
using namespace std;
int main(int argc,char** argv)
{   const char *pstrWindowsSrcTitle="原图";
    const char *pstrWindowsOutLineTitle="轮廓图";
    const int IMAGE_WIDTH=400;
    const int IMAGE_HEIGHT=200;
    //创建图像
    IplImage *pSrcImage=cvCreateImage(cvSize(IMAGE_WIDTH,IMAGE_HEIGHT),
                                      IPL_DEPTH_8U,3);
    //填充成白色
    cvRectangle(pSrcImage,cvPoint(0,0),cvPoint(pSrcImage->width,
            pSrcImage->height),CV_RGB(255,255,255),CV_FILLED);
```

```
//画圆
CvPoint ptCircleCenter=cvPoint(IMAGE_WIDTH/4,IMAGE_HEIGHT/2);
int nRadius=80;
cvCircle(pSrcImage,ptCircleCenter,nRadius,CV_RGB(255,255,0),
        CV_FILLED);
ptCircleCenter=cvPoint(IMAGE_WIDTH/4,IMAGE_HEIGHT/2);
nRadius=30;
cvCircle(pSrcImage,ptCircleCenter,nRadius,CV_RGB(255,255,255),
        CV_FILLED);
//画矩形
CvPoint ptLeftTop=cvPoint(IMAGE_WIDTH/2+20,20);
CvPoint ptRightBottom=cvPoint(IMAGE_WIDTH-20,IMAGE_HEIGHT-20);
cvRectangle(pSrcImage,ptLeftTop,ptRightBottom,CV_RGB(0,255,255),
          CV_FILLED);
ptLeftTop=cvPoint(IMAGE_WIDTH/2+60,40);
ptRightBottom=cvPoint(IMAGE_WIDTH-60,IMAGE_HEIGHT-40);
cvRectangle(pSrcImage,ptLeftTop,ptRightBottom,CV_RGB(255,255,255),
          CV_FILLED);
//显示原图
cvNamedWindow(pstrWindowsSrcTitle,CV_WINDOW_AUTOSIZE);
cvShowImage(pstrWindowsSrcTitle,pSrcImage);
//转为灰度图
IplImage *pGrayImage= cvCreateImage(cvGetSize(pSrcImage),IPL_DEPTH_8U,1);
cvCvtColor(pSrcImage,pGrayImage,CV_BGR2GRAY);
//转为二值图
IplImage *pBinaryImage=cvCreateImage(cvGetSize(pGrayImage),IPL_DEPTH_
                                      8U,1);
cvThreshold(pGrayImage,pBinaryImage,250,255,CV_THRESH_BINARY);
//检索轮廓并返回检测到的轮廓的个数
CvMemStorage *pcvMStorage=cvCreateMemStorage();
CvSeq *pcvSeq=NULL;
cvFindContours(pBinaryImage,pcvMStorage,&pcvSeq,sizeof(CvContour),
            CV_RETR_TREE,CV_CHAIN_APPROX_SIMPLE,cvPoint(0,0));
//画轮廓图
IplImage *pOutlineImage=cvCreateImage(cvGetSize(pSrcImage),
                                       IPL_DEPTH_ 8U,3);
int nLevels=5;
//填充成白色
cvRectangle(pOutlineImage, cvPoint(0,0), cvPoint(pOutlineImage->width,
        pOutlineImage->height),CV_RGB(255,255,255),CV_FILLED);
cvDrawContours(pOutlineImage, pcvSeq, CV_RGB(255,0,0), CV_RGB(0,255,0),
            nLevels,2);
//显示轮廓图
cvNamedWindow(pstrWindowsOutLineTitle,CV_WINDOW_AUTOSIZE);
cvShowImage(pstrWindowsOutLineTitle,pOutlineImage);
cvWaitKey(0);
cvReleaseMemStorage(&pcvMStorage);
cvDestroyWindow(pstrWindowsSrcTitle);
cvDestroyWindow(pstrWindowsOutLineTitle);
cvReleaseImage(&pSrcImage);
```

```
    cvReleaseImage(&pGrayImage);
    cvReleaseImage(&pBinaryImage);
    cvReleaseImage(&pOutlineImage);
    return 0;
}
```

运行结果如图 1-5-7 所示。

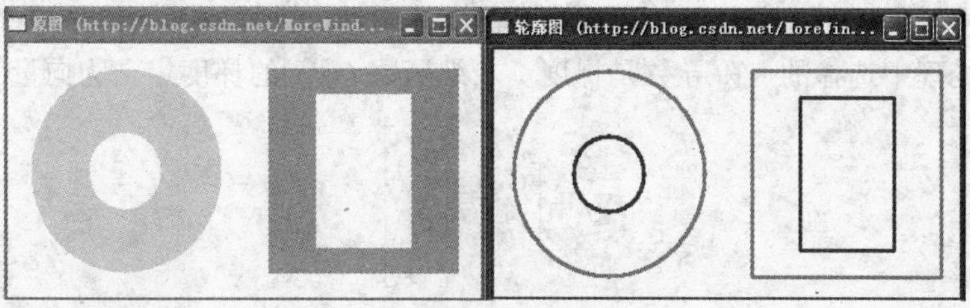

图 1-5-7　运行结果

【实验 1-6】 边缘检测

一、基本原理

目前边缘检测最通用的方法是检测亮度值的不连续性。这样的不连续是用一阶和二阶导数检测的。图像处理中选择的一阶导数是梯度。二维函数 $f(x,y)$的梯度定义为向量

$$\nabla f = \begin{bmatrix} G_x \\ G_y \end{bmatrix} = \begin{bmatrix} \dfrac{\partial f}{\partial x} \\ \dfrac{\partial f}{\partial y} \end{bmatrix} \tag{1-6-1}$$

该向量的幅值是

$$\nabla f = \mathrm{mag}(\nabla f) = \left[G_x^{\ 2} + G_y^{\ 2} \right]^{1/2} = \left[(\partial f / \partial x)^2 + (\partial f / \partial y)^2 \right]^{1/2} \tag{1-6-2}$$

为简化计算，该数值有时通过省略平方根的计算来近似，即

$$\nabla f \approx G_x^{\ 2} + G_y^{\ 2} \tag{1-6-3}$$

或取绝对值来近似，即

$$\nabla f \approx | G_x | + | G_y | \tag{1-6-4}$$

这些近似值仍然具有导数性质；换言之，它们在不变亮度区中的值为零，而且它们的值与像素值可变区域中的亮度变化的程度成比例。在实际中，通常将梯度的幅值或它的近似值称为“梯度”。

梯度向量的基本性质是它指向(x,y)坐标处的 f 最大变化率方向。最大变化率出现时的角度为

$$\alpha(\mathrm{x},\mathrm{y}) = \arctan\left(\frac{G_y}{G_x} \right) \tag{1-6-5}$$

关键问题之一是如何数字化地估计导数 G_x 和 G_y。

在图像处理中，二阶导数通常用拉普拉斯算子来计算。换言之，二维函数 $f(x,y)$的拉普拉斯算子由二阶导数形成，如下式所示：

$$\nabla^2 f(x,y) = \frac{\partial^2 f(x,y)}{\partial x^2} + \frac{\partial^2 f(x,y)}{\partial y^2} \tag{1-6-6}$$

拉普拉斯算子自身很少被直接用于边缘检测，因为二阶导数对噪声具有无法接受的敏感性，它的幅度会产生双边缘，而且它不能检测边缘的方向。然而，当与其他边缘检测技术组合使用时，拉普拉斯算子是一种有效的补充方法。例如，虽然双边缘使得它不适合直接用于边缘检测，但该性质可用于边缘定位。

边缘检测的基本意图是使用如下两个基本准则之一在图像中找到亮度快速变化的地方：

① 找到亮度的一阶导数在幅度上比指定的阈值大的地方。

② 找到亮度的二阶导数有零交叉的地方。

边缘检测是基于灰度剖面来分割图像的最常用的方法。首先介绍一些边缘建模的方法，然

后讨论一些边缘检测方法。

边缘模型根据灰度剖面来分类。台阶边缘是指在 1 像素的距离上发生两个灰度级间理想的过渡。图 1-6-1（a）显示了一个垂直台阶边缘的一部分和通过该边缘的一个水平剖面。例如，用于诸如固体建模和动画领域的出现在由计算机生成的图像中的台阶边缘。这些清晰、理想的边缘可出现在 1 像素的距离上，不需要进行何附加处理（如平滑）。在算法开发中，数字台阶边缘常用做边缘模型。

（a）台阶模型　　（b）斜坡模型　　（c）屋顶边缘模型

图 1-6-1　边缘模型及其灰度剖面

实际中，数字图像都存在被模糊且带有噪声的边缘，模糊的程度主要取决于聚焦原理（如光学成像中的镜头）中的限制，而噪声水平主要取决于成像系统的电子元件。在这种情况下，边缘被建模为一个更接近灰度斜坡的剖面，如图 1-6-1（b）中的边缘。斜坡的斜度与边缘的模糊程度成反比。在这一模型中，不再存在一条细的（1 像素宽）轨迹。相反，一个边缘点现在是斜坡中包含的任何点，而一条边缘线段将是一组已连接起来的这样的点。

边缘的第三种模型是所谓的“屋顶”边缘，这种边缘具有图 1-6-1（c）所示的特性。屋顶边缘是通过一个区域的线的模型，屋顶边缘的基底（宽度）由该线的宽度和尖锐度决定。在极限情形下，当其基底为 1 像素宽时，屋顶边缘只不过是一条穿过图像中一个区域的一条 1 像素宽的线。例如，在深度成像中，当细物体（如管子）比它的等距离的背景（如墙）更接近传感器时，出现屋顶边缘。管道更亮，因而产生了一幅类似于图 1-6-1（c）中模型的图像。如前所述，经常出现屋顶边缘的其他领域是数字化的线条图和卫星图像，此时如道路这样的较细特征可由这种类型的边缘建模。

经典的边缘检测方法是对原始像素的某个小领域来构造边缘检测算子。常用的边缘检测方法有 Robert 算子、Prewitt 算子、Laplace 算子、LoG 算子、Canny 算子、Sobel 算子等。下面分别对它们进行详细介绍。

1. Robert 算子

Robert 边缘检测算子根据任意一对互相垂直的差分可用来计算梯度的原理，采用对角线方向相邻两像素之差，即

$$\Delta_x f=f(i,j)-f(i+1,j+1) \qquad \Delta_y f=f(i,j)-f(i+1,j+1) \tag{1-6-7}$$

$$R(i,j)=\sqrt{\Delta_x^2 f+\Delta_y^2 f} \qquad \text{或} \qquad R(i,j)=\left|\Delta_x f\right|+\left|\Delta_y f\right|$$

它们的卷积算子为：

$$\Delta_x f:\begin{bmatrix}1 & 0\\ 0 & -1\end{bmatrix}\qquad \Delta_y f:\begin{bmatrix}0 & 1\\ -1 & 1\end{bmatrix}\tag{1-6-8}$$

有了$\Delta_x f$，$\Delta_y f$之后，很容易计算出 Robert 的梯度幅值$R(i,j)$，适当取门限 T，作如下判断：$R(i,j)>T$，(i,j)为阶跃状边缘点，$\{R(i,j)\}$为边缘图像。

其优点是适合于得到方向不同的边缘，对不同方向的边缘都比较敏感，检测水平和垂直边缘的效果好于斜向边缘，定位精度高。但缺点是在进行差分计算的过程中对噪声敏感，即有噪声影响的像素点可能被检测为边缘点。

2．Prewitt 算子

Prewitt 提出了类似计算偏微分估计值的方法。

$$P_x=\{f(x+1,y-1)+f(x+1,y)+f(x+1,y+1)\}-\{f(x-1,y-1)+f(x-1,y)+f(x-1,y+1)\}$$
$$P_y=\{f(x-1,y+1)+f(x,y+1)+f(x+1,y-1)\}-\{f(x-1,y-1)+f(x,y-1)+f(x+1,y-1)\}\tag{1-6-9}$$

其梯度大小为

$$g(x,y)=|P_x|+|P_y|\tag{1-6-10}$$

它的卷积算子为

$$\begin{bmatrix}-1 & 0 & 1\\ -1 & 0 & 1\\ -1 & 0 & 1\end{bmatrix}\quad\begin{bmatrix}-1 & -1 & -1\\ 0 & 0 & 0\\ 1 & 1 & 1\end{bmatrix}\tag{1-6-11}$$

另一种方法是，可以将 Prewitt 算子扩展到八个方向，即边缘样板算子。定义 Prewitt 边缘算子模板如下：

$$\begin{bmatrix}1 & 1 & 1\\ 1 & -2 & 1\\ -1 & -1 & -1\end{bmatrix}\begin{bmatrix}1 & 1 & 1\\ 1 & -2 & -1\\ 1 & -1 & -1\end{bmatrix}\begin{bmatrix}1 & 1 & -1\\ 1 & -2 & -1\\ 1 & 1 & -1\end{bmatrix}\begin{bmatrix}1 & -1 & -1\\ 1 & -2 & -1\\ 1 & 1 & 1\end{bmatrix}\tag{1-6-12}$$

$$\begin{bmatrix}-1 & -1 & -1\\ 1 & -2 & 1\\ 1 & 1 & 1\end{bmatrix}\begin{bmatrix}-1 & -1 & 1\\ -1 & -2 & 1\\ 1 & 1 & 1\end{bmatrix}\begin{bmatrix}-1 & 1 & 1\\ -1 & -2 & 1\\ -1 & 1 & 1\end{bmatrix}\begin{bmatrix}1 & 1 & 1\\ -1 & -2 & 1\\ -1 & -1 & 1\end{bmatrix}\tag{1-6-13}$$

3．Laplace 算子

Laplace 算子是二阶微分算子，是一个标量，属于各向同性的运算，对灰度突变敏感。在数字图像中，可用差分来近似微分运算，$f(x,y)$的 Laplace 算子为

$$\nabla^2 f(i,j)=\nabla^2 f(i,j)+\Delta_y^2\ f(i,j)=$$
$$f(i+1,j)+f(i-1,j)+f(i,j-1)+f(i,j+1)-4f(i,j)\tag{1-6-14}$$

Laplace 算子对不同的边缘类型有两种估算模板。

$$\begin{bmatrix}1 & 0 & 1\\ 0 & -4 & 0\\ 1 & 0 & 1\end{bmatrix}\begin{bmatrix}1 & 1 & 1\\ 1 & -8 & 1\\ 1 & 1 & 1\end{bmatrix}\begin{bmatrix}-1 & 0 & -1\\ 0 & 4 & 0\\ -1 & 0 & -1\end{bmatrix}\begin{bmatrix}-1 & -1 & -1\\ -1 & 8 & -1\\ -1 & -1 & -1\end{bmatrix}\tag{1-6-15}$$

前两种模板适用于阶跃状边缘，后两种模板适用于屋顶边缘。

其优点是各向同性，即具有旋转不变性，定位精度高，可以检测出绝大部分边缘，同时基本上不会出现伪边缘。但也存在缺点，其一是边缘的方向信息丢失，其二是 Laplace 算子为二阶差分，双倍加强了图像中的噪声影响。

4. LoG 算子

设原图像为 $f(x,y)$，由卷积运算可以得到 LoG 算子的输出 $h(x,y)$：

$$h(x,y)=\nabla^2\left[G(x,y)\cdot f(x,y)\right] \tag{1-6-16}$$

利用卷积定理，上式变成

$$h(x,y)=\left[\nabla^2 G(x,y)\right]\cdot f(x,y) \tag{1-6-17}$$

式中：∇^2为拉普拉斯运算。

$$G(x,y)=\frac{1}{2\pi\delta^2}\mathrm{e}^{-\frac{x^2+y^2}{2\delta^2}}$$

$$\nabla^2 G(x,y)=\frac{\delta^2 G(x,y)}{\delta x^2}+\frac{\delta^2 G(x,y)}{\delta y^2}=\frac{1}{\pi\delta^4}\left(\frac{x^2+y^2}{2\delta^2}-1\right)\mathrm{e}^{-\frac{x^2+y^2}{2\delta^2}} \tag{1-6-18}$$

实现 LoG 算法的典型模板如下：

$$\begin{bmatrix} 0 & 0 & -1 & 0 & 0 \\ 0 & -1 & -2 & -1 & 0 \\ -1 & -2 & 16 & -2 & -1 \\ 0 & -1 & -2 & -1 & 0 \\ 0 & 0 & -1 & 0 & 0 \end{bmatrix} \tag{1-6-19}$$

其优点是图像首先与高斯滤波器进行卷积运算，这一步既平滑了图像又降低了噪声，孤立的噪声点和较小的结构组织将被滤除。其缺点是平滑会导致边缘的延展，因此边缘检测器只考虑将那些具有局部梯度最大值的点确定为边缘点。

5. Canny 算子

设二维高斯函数为

$$G(x,y)\frac{1}{2\pi\sigma}\exp\left(-\frac{1}{2\sigma^2}\left(x^2+y^2\right)\right) \tag{1-6-20}$$

在某一方向上，$\vec{n}$上 $G(x,y)$一阶方向导数为

$$G_n=\frac{\partial G}{\partial n}=\vec{n}\nabla G \tag{1-6-21}$$

$$\vec{n}=\begin{bmatrix}\cos\theta\\ \sin\theta\end{bmatrix}\qquad \nabla G=\begin{bmatrix}\partial G/\partial x\\ \partial G/\partial y\end{bmatrix} \tag{1-6-22}$$

式中：$\vec{n}$是方向矢量，∇G是梯度矢量，将图像 $f(x,y)$ 和 G_n 做卷积运算，同时改变 $\vec{n}$的方向，

$G_n \cdot f(x,y)$取得最大值时的$\vec{n}$就是正交于检测边缘的方向。由

$$\frac{\partial\left(G_n \cdot f(x,y)\right)}{\partial \vec{n}} = \frac{\partial\left[\left(\cos\theta \cdot \frac{\partial G}{\partial x}\right) \cdot f(x,y) + \left(\sin\theta \cdot \frac{\partial G}{\partial y}\right) \cdot f(x,y)\right]}{\partial \theta} = 0 \tag{1-6-23}$$

得

$$\tan\theta = \frac{\frac{\partial G}{\partial y} \cdot f(x,y)}{\frac{\partial G}{\partial x} \cdot f(x,y)} \quad \cos\theta = \frac{\frac{\partial G}{\partial x} \cdot f(x,y)}{\left|\nabla G \cdot f(x,y)\right|} \quad \sin\theta = \frac{\frac{\partial G}{\partial y} \cdot f(x,y)}{\left|\nabla G \cdot f(x,y)\right|} \tag{1-6-24}$$

因此，对于极值的方向$\vec{n}$：

$$\vec{n} = \nabla G \cdot f(x,y) / \left|\nabla G \cdot f(x,y)\right| \tag{1-6-25}$$

在该方向上$\nabla G \cdot f(x,y)$有最大输出响应，此时为

$$\left|G_n \cdot I\right| = \left|\cos\theta \cdot \frac{\partial G}{\partial x} \cdot f(x,y) + \sin\theta \cdot \frac{\partial G}{\partial y} \cdot f(x,y)\right| = \left|\nabla G \cdot f(x,y)\right| \tag{1-6-26}$$

二维最优化阶跃边缘算子是以卷积$G \cdot (x,y)$为基础的，边缘强度由$\left|G_n \cdot I\right| \left|\nabla G \cdot f(x,y)\right|$，而边缘方向为式（1-6-24）。

其缺点是使用高斯滤波，容易检测出虚假边缘或丢失一些真实边缘的细节部分；在双阈值的选择过程中需要人工干预。

6. Sobel 算子

Sobel 算子是图像处理中的算子之一，主要用于边缘检测。在技术上，它是一离散性差分算子，用来运算图像亮度函数的梯度近似值。在图像的任何一点使用此算子，将会产生对应的梯度矢量或法矢量。

二维图像 $f(x,y)$的梯度向量 G：

$$G = \begin{bmatrix} G_x \\ G_y \end{bmatrix} = \begin{bmatrix} \partial G / \partial x \\ \partial G / \partial y \end{bmatrix} \tag{1-6-27}$$

Sobel 算子包含两组 3×3 的矩阵，分别为横向及纵向，将之与图像做平面卷积运算，即可分别得出横向及纵向的亮度差分近似值。如果以 A 代表原始图像，G_x 及 G_y 分别代表经横向及纵向边缘检测的图像，其公式如下：

$$G_x = \begin{bmatrix} -1 & 0 & +1 \\ -2 & 0 & +2 \\ -1 & 0 & +1 \end{bmatrix} \cdot A, G_y = \begin{bmatrix} +1 & +2 & +1 \\ 0 & 0 & 0 \\ -1 & -2 & -1 \end{bmatrix} \cdot A \tag{1-6-28}$$

图像的每一个像素的横向及纵向梯度近似值可用以下的公式结合，可得梯度的大小 G。

$$G = \sqrt{G_x^{\ 2} + G_y^{\ 2}} = \sqrt{(\partial f / \partial x)^2 + (\partial f / \partial y)^2} \tag{1-6-29}$$

最大变化率出现时的角度为$\alpha(x,y)$

$$\alpha(x,y)=\arctan\left(\frac{G_x}{G_y}\right) \tag{1-6-30}$$

取适当门限 T，作如下判断：若$S(i,j)>T$，即(i,j)为阶跃状边缘点，$\{S(i,j)\}$为边缘图像。

Sobel 算子很容易在空间上实现，Sobel 边缘检测器不但可产生较好的边缘检测效果，而且受噪声的影响也比较少。当使用大的领域时，抗噪声特性会更好，但这样做会增加计算量，并且得出的边缘也较粗。

Sobel 算子的一个核对垂直边缘影响最大，而另一个核对水平边缘影响最大。两个卷积的最大值作为像素点的输出值，运算结果是一幅边缘幅度图像。Sobel 算子利用像素点上下、左右邻点的灰度加权算法，根据在边缘点处达到极值这一现象进行边缘的检测。

其优点是对噪声具有平滑作用，提供较为精确的边缘方向信息。当对精度要求不是很高时，是一种较为常用的边缘检测方法。其缺点是，由于局部平均的影响，同时会检测出许多伪边缘点，且边缘定位精度不够高。

图 1-6-2 是运用不同边缘检测器进行边缘检测后的结果。

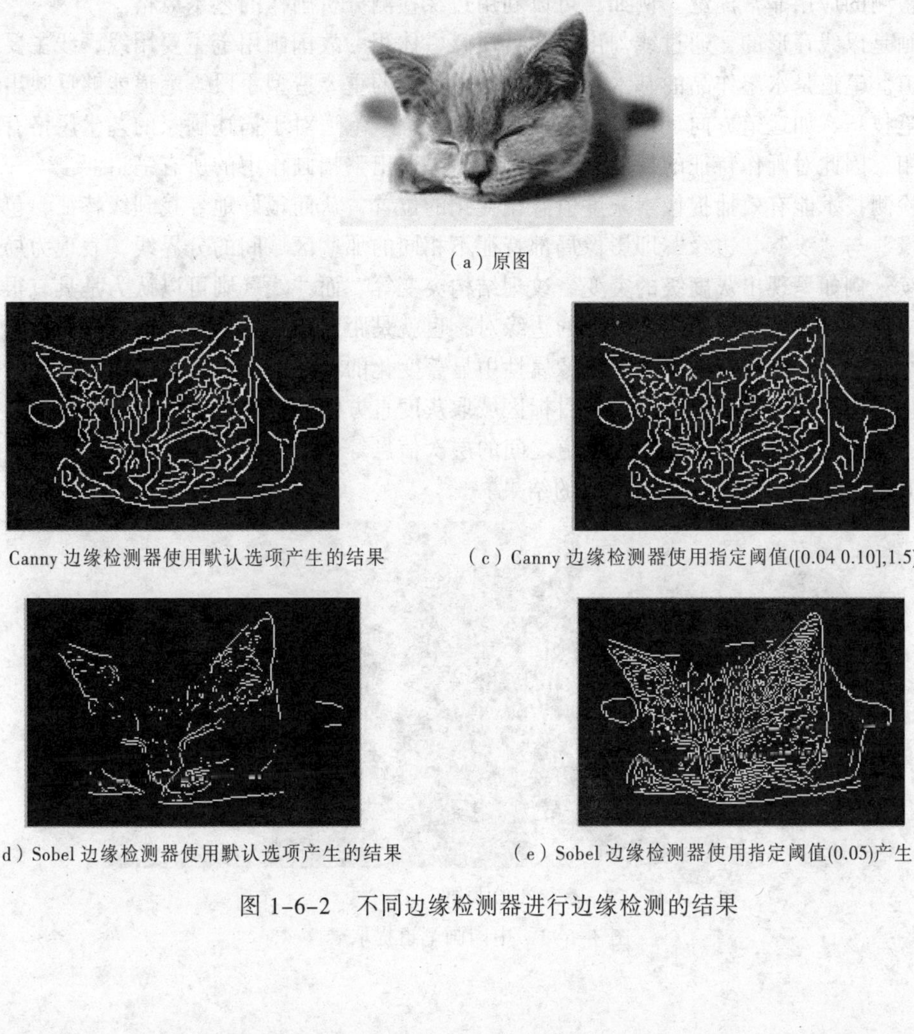

（a）原图

（b）Canny 边缘检测器使用默认选项产生的结果

（c）Canny 边缘检测器使用指定阈值([0.04 0.10],1.5)产生的结果

（d）Sobel 边缘检测器使用默认选项产生的结果

（e）Sobel 边缘检测器使用指定阈值(0.05)产生的结果

图 1-6-2 不同边缘检测器进行边缘检测的结果

（f）LoG 边缘检测器使用默认选项产生的结果

（g）LoG 边缘检测器使用指定阈值(0.003,2.25)产生的结果

（h）Prewitt 边缘检测器使用默认选项产生的结果

（i）Robert 边缘检测器使用默认选项产生的结果

图 1-6-2　不同边缘检测器进行边缘检测的结果（续）

边缘检测的应用非常广泛。例如，可以利用边缘检测分析画作的艺术风格。

中国画是以线存形的，通过线勾出轮廓、质感、体积。故国画用笔主要用线，线主要表现为细长笔道。笔道是水墨作品的基本元素，也是水墨画的重要造型手段。笔道能够反映出不同画家的运笔技巧，如运笔方向、运笔力度及运笔速度等。笔道对于描述画家的艺术风格有着决定性的作用，因此对画作特征的提取，首要任务是提取出整幅画作中的所有笔道。

边缘检测技术能有效捕捉像素灰度值急剧变化的位置，从而很好地寻找到线特征，包括影像的“边缘”与“线”。“边缘”即影像局部特征不相同的那些区域间的分界线，表现为局部影像的不连续，例如呈现出灰度级的突变、纹理结构突变等。而“线”则可以认为是具有很小宽度的，其中间区域具有相同的影像特征的边缘对，也就是距离很小的一对边缘构成一条线。对国画进行边缘检测，能够帮助寻找到图像属性中显著变化的特征区域，从而反映出属性的重要事件、变化和图像的重要结构属性。在目标区域取灰度直方图以描述笔道的细节风格信息：如下笔力度、笔道的形状、笔道分布及笔道之间的层次信息等笔法特征。

图 1-6-3 是中国国画进行笔道提取的结果。

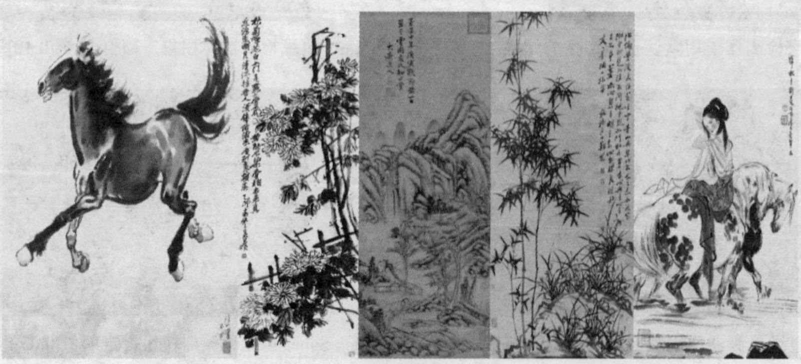

（a）原图

图 1-6-3　中国画笔道提取

（b）经 Canny 边缘检测器提取边缘的结果

图 1-6-3　中国画笔道提取（续）

二、关键函数

1. cvCreateTrackbar()函数

函数：cvCreateTrackbar()。

功能：该函数为 OpenCV 库库函数，创建 trackbar 并将它添加到指定的窗口。

格式：
```
CV_EXTERN_C_FUNCPTR( void (*CvTrackbarCallback)(int pos));
int cvCreateTrackbar(const char* trackbar_name, const char* window_name, int* value,
                     int count, CvTrackbarCallback on_change);
```

说明：

参数 trackbar_name 为被创建的 trackbar 名称。

参数 window_name 为窗口名称，这个窗口将为被创建 trackbar 的父对象。

参数 value 为整数指针，它的值将反映滑块的位置。这个变量指定创建时的滑块位置。

参数 count 为滑块位置的最大值，最小值一直是 0。

参数 on_change 为每次滑块位置被改变的时候，被调用函数的指针。这个函数应该被声明为 void Foo(int);。如果没有回调函数，这个值可以设为 NULL。

函数 cvCreateTrackbar()用指定的名称和范围来创建 trackbar（滑块或者范围控制），指定与 trackbar 位置同步的变量，并且指定当 trackbar 位置被改变的时候调用的回调函数。

被创建的 trackbar 默认显示在指定窗口的顶端，可以通过函数 cvGetTrackbarPos()来获取 trackbar 显示的位置信息，以及通过函数 cvSetTrackbarPos()来重新设置 trackbar 的显示位置。

2. cvSobel()函数

函数：cvSobel()。

功能：用来计算图像的 Sobel 变换。

格式：void cvSobel(const CvArr* src, CvArr* dst, int xorder, int yorder, int aperture_size=3);

说明：

参数 src 为输入图像。

参数 dst 为输出图像。

参数 xorder 为 x 方向上的差分阶数。

参数 yorder 为 y 方向上的差分阶数。

参数 aperture_size 为扩展 Sobel 核的大小（即窗口阶数），必须是 1（注意，这是一个 3×1 或 1×3 向量，而不是一个方阵）、3、5 或 7。除了尺寸为 1，其他情况下，aperture_size × aperture_size 可分离内核将用来计算差分。对 aperture_size=1 的情况， 使用 3×1 或 1×3 内核（不进行高斯平滑操作）。这里有一个特殊变量 CV_SCHARR (=-1)，对应 3×3 Scharr 滤波器，可以给出比 3×3 Sobel 滤波更精确的结果。

3. cvLaplace()函数

函数：cvLaplace()。

功能：cvLaplace 是计算图像的 Laplacian 变换，是 Intel 开源项目 OpenCV 中的函数。

格式：void cvLaplace(const CvArr* src, CvArr* dst, int aperture_size=3);

说明：

参数 src 为输入图像。

参数 dst 为输出图像。

参数 aperture_size 为核大小（与 cvSobel()中定义一样）。

函数 cvLaplace()计算输入图像的 Laplacian 变换，方法是先用 Sobel 算子计算二阶 x–和 y–差分，再求和。

4. cvCanny()函数

函数：cvCanny()。

功能：开放计算机视觉（OpenCV）库库函数之一，用于图像的边缘检测（采用 Canny 算法）。

格式：void cvCanny(const CvArr* image,CvArr* edges,double threshold1,double threshold2,
int aperture_size=3);

说明：

参数 image 为输入图像。

参数 edges 为输出的边缘图像。

参数 threshold1 为第一个阈值。

参数 threshold2 为第二个阈值。

参数 aperture_size 为 Sobel 算子内核大小（与 cvSobel 中定义一样）。

函数 cvCanny()采用 Canny 算法发现输入图像的边缘，并在输出图像中标识这些边缘。threshold1 和 threshold2 中的小阈值用来控制边缘连接，大阈值用来控制强边缘的初始分割。

三、实验代码

下面为简单的利用 Canny 算子进行边缘检测的代码和注释。

```
#include "cv.h"
#include "cxcore.h"
#include "highgui.h"
int main(int argc,char** argv)
{  //声明 IplImage 指针
   IplImage* pImg=NULL;
```

```
    IplImage* pCannyImg = NULL;
    //载入图像，强制转化为灰度图
    if(argc==2&&(pImg=cvLoadImage(argv[1],0))!=0)
    {  //为 canny 边缘图申请空间
       pCannyImg=cvCreateImage(cvGetSize(pImg),IPL_DEPTH_8U,1);
       //canny 边缘检测
       cvCanny(pImg,pCannyImg,50,150,3);
       //创建窗口
       cvNamedWindow("src",1);
       cvNamedWindow("canny",1);
       //显示图像
       cvShowImage("src",pImg );
       cvShowImage("canny", pCannyImg);
       cvWaitKey(0); //等待按键
       //销毁窗口
       cvDestroyWindow("src");
       cvDestroyWindow("canny");
       //释放图像
       cvReleaseImage(&pImg);
       cvReleaseImage(&pCannyImg);
       return 0;
    }
    return -1;
}
```

图 1-6-4 是对徐悲鸿的国画作品进行 Canny 算子边缘检测的结果。

（a）徐悲鸿作品灰度图

（b）Canny 算子边缘检测后的结果图

图 1-6-4　以徐悲鸿作品为例进行 Canny 算子边缘检测

以下代码更复杂一些，通过滚动条实现不同阈值下利用 Canny 算子进行边缘检测，能够得到不同的边缘检测结果。

```
#ifdef _CH_
#pragma package <opencv>
#endif
#ifndef _EiC
#include "cv.h"
#include "cxcore.h"
#include "highgui.h"
#endif
char wndname[]="Edge";
char tbarname[]="Threshold";
IplImage *image=0,*cedge=0,*gray=0,*edge=0;
```

```
//定义一个跟踪条的响应函数
void on_trackbar(int h)
{   cvSmooth(gray,edge,CV_BLUR,3,3,0,0);
    cvNot(gray,edge);
    //边缘检测
    cvCanny(gray,edge,(float)h,(float)h*3,3);
    cvZero(cedge);
    //复制边缘点
    cvCopy(image,cedge,edge );
    cvShowImage(wndname,cedge);
}
int main(int argc,char** argv )
{   char* filename=argc==2 ?argv[1]:(char*)"Tulips.jpg";
    int edge_thresh=1;
    if((image=cvLoadImage(filename,1))==0)
        return -1;
     //创建图像
    cedge = cvCreateImage(cvSize(image->width,image->height), IPL_DEPTH_8U, 3);
     //转为灰度图
    gray = cvCreateImage(cvSize(image->width,image->height), IPL_DEPTH_8U, 1);
    edge = cvCreateImage(cvSize(image->width,image->height), IPL_DEPTH_8U, 1);
    cvCvtColor(image,gray,CV_BGR2GRAY);
     //创建一个窗口
    cvNamedWindow(wndname,1);
     //创建一个工具栏
    cvCreateTrackbar(tbarname,wndname,&edge_thresh,100,on_trackbar);
    //显示图像
    on_trackbar(0);
    //等待击键
    cvWaitKey(0);
    cvReleaseImage(&image);
    cvReleaseImage(&gray);
    cvReleaseImage(&edge);
    cvDestroyWindow(wndname);
    return 0;
}
#ifdef _EiC
main(1,"edge.c");
#endif
```

图 1-6-5 所示为不同阈值下，进行 Canny 算子边缘检测的结果对比。

（a）原彩色图

图 1-6-5　在不同阈值下，原彩图进行 Canny 算子边缘检测结果对比

（b）阈值为 0

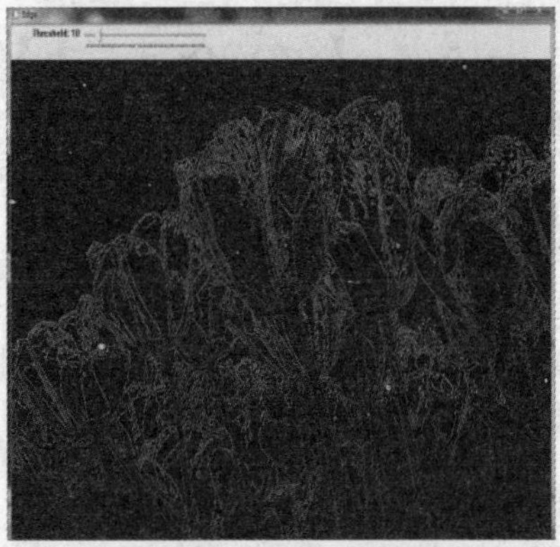

（c）阈值为 10

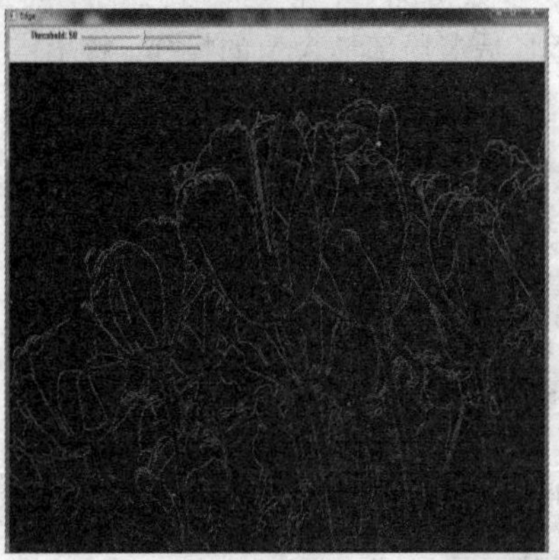

（d）阈值为 50

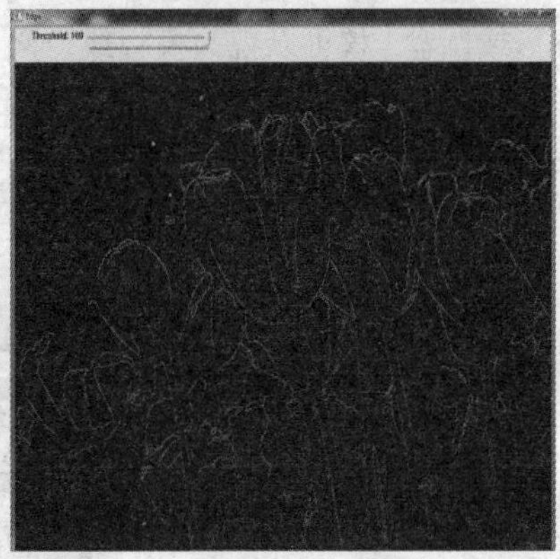

（e）阈值为 100

图 1-6-5 在不同阈值下，原彩图进行 Canny 算子边缘检测结果对比（续）

【实验 1-7】 图像形态学

一、基本原理

OpenCV 为进行图像的形态学变换提供了快速方便的函数。基本的形态转换是膨胀与腐蚀，它们能实现多种功能，如消除噪声、分割出独立的图像元素，以及在图像中连接相邻的元素。形态学也经常被用于寻找图像中明显的极大值区域或极小值区域，以及求出图像的梯度。

1. 膨胀与腐蚀

膨胀是指将一些图像（或图像中的一部分区域 A）与核 B 进行卷积运算。核可以是任何的形状或大小，它拥有一个单独定义出来的参考点。多数情况下，核是一个小的中间带有参考点的实心正方形或圆盘。核可以视为模板或掩码。膨胀是求局部最大值的操作。核 B 与图像卷积，即计算核 B 覆盖的区域的像素点最大值，并把这个最大值赋值给参考点指定的像素。这样就会使图像中的高亮区域逐渐增长。

图 1-7-1 所示为与不同核 B 进行卷积运算得到形态学膨胀的结果。

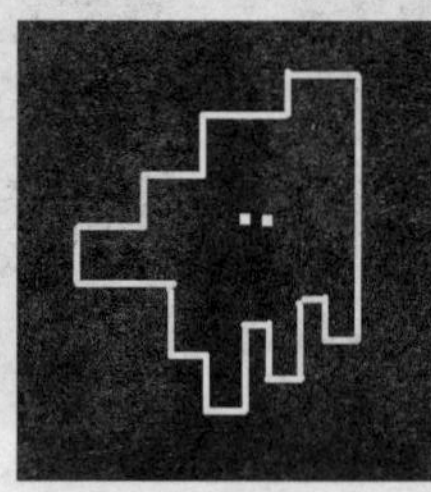

（a）原图

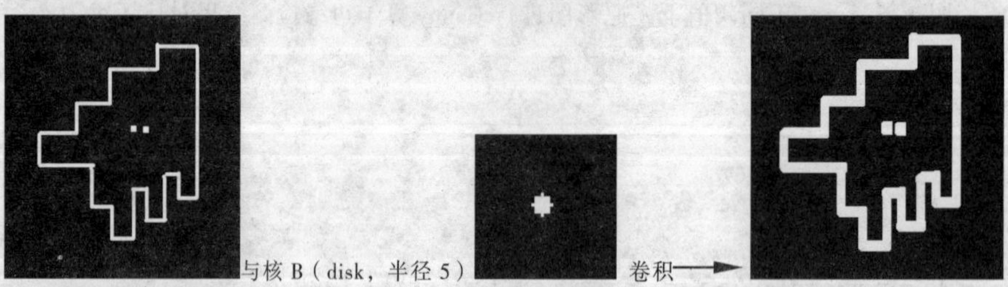

（b）用半径为 5 的圆盘形结构元素膨胀

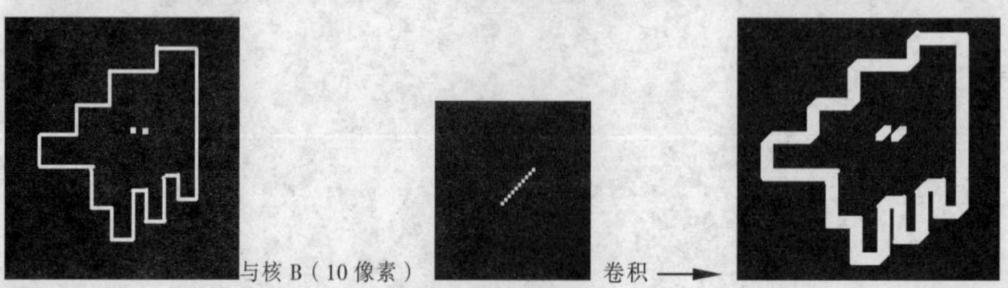

（c）用斜对角线结构元素膨胀

图 1-7-1　形态学膨胀：在不同核 B 下取最大像素值

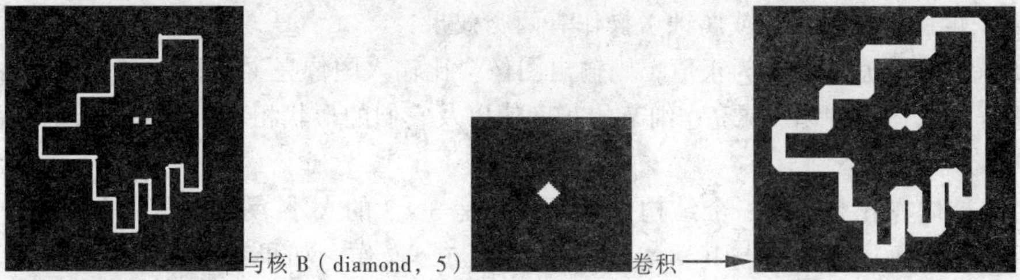

（d）用菱形结构元素膨胀

（e）用矩形结构元素膨胀

图 1-7-1　形态学膨胀：在不同核 B 下取最大像素值（续）

腐蚀是膨胀的反操作。腐蚀操作要计算核区域像素的最小值。腐蚀可以通过下面的算法生成一个新的图像：当核 B 与图像卷积时，计算被 B 覆盖区域的最小像素值，并把这个值放到参考点上。腐蚀前后的图像如图 1-7-2 所示。

一般来说，膨胀扩展了区域 A，而腐蚀缩小了区域 A。此外，膨胀可以填补凹洞，腐蚀能够消除细的凸起。当然，准确的效果将取决于核，但当使用凸核时前面说的方法一般是对的。

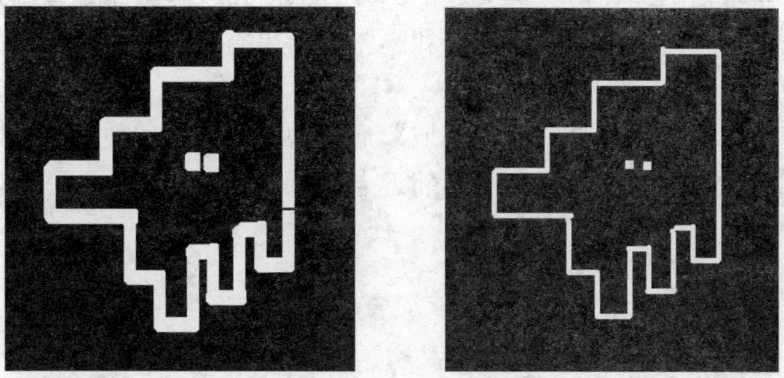

（a）原图　　（b）核 B 为 disk 的腐蚀结果

图 1-7-2　形态腐蚀：在核 B 之下取最小像素值

注意：图像形态学经常在通过阈值化获得的二进制图像中完成。因为膨胀是求最大值操作，腐蚀是求最小值的操作，所以形态学也可以用于灰度图像。

图像处理分为多种，对于不同的图像，腐蚀和膨胀的定义不同。

① 形态学图像处理是在图像中移动一个结构元素，然后将结构元素与下面的二值图像进行交、并等集合运算。先腐蚀后膨胀的过程称为开运算，它具有消除细小物体、在纤细处分离物体和平滑较大物体边界的作用；先膨胀后腐蚀的过程称为闭运算，它具有填充物体内细小空洞、连接邻近物体和平滑边界的作用。

② 对灰度图像的膨胀（或腐蚀）操作有两类效果：

a. 如果结构元素的值都为正值，则输出图像会比输入图像亮（或暗）。

b. 根据输入图像中暗（或亮）细节的灰度值以及它们的形状相对于结构元素的关系，它们在运算中或被消减或去除。

腐蚀的具体操作是：用一个结构元素（一般是 3×3 的大小）扫描图像中的每一个像素，用结构元素中的每一个像素与其覆盖的像素做“与”操作，如果都为 1，则该像素为 1，否则为 0。

膨胀的具体操作是：用一个结构元素（般是 3×3 的大小）扫描图像中的每一个像素，用结构元素中的每一个像素与其覆盖的像素做“与”操作，如果都为 0，则该像素为 0，否则为 1。

腐蚀的作用是消除物体边界点，使目标缩小，可以消除小于结构元素的噪声点。膨胀的作用是将与物体接触的所有背景点合并到物体中，使目标增大，可填补目标中的空洞。

开运算是先腐蚀后膨胀的过程，可以消除图像上细小的噪声，并平滑物体边界。

闭运算是先膨胀后腐蚀的过程，可以填充物体内细小的空洞，并平滑物体边界。

2. 开运算与闭运算

开运算和闭运算包含腐蚀和膨胀操作。在开运算的情况下，首先将图像腐蚀然后膨胀，如图 1-7-3 所示。开运算通常可以用来统计二值图像中的区域数。若已将显微镜载玻片上观察到的细胞图像做了阈值化处理，可以使用开运算将相邻的细胞分离开来，然后再计算图像中的区域（细胞）数目。在闭运算的情况下，首先将图像膨胀然后腐蚀，如图 1-7-4 所示。在大多数好的连通区域分析算法中，都会用到闭运算来去除噪声引起的区域。对于连通区域分析，通常先采用腐蚀或闭运算来消除纯粹由噪声引起的部分，然后用开运算来连接临近的区域。注意，虽然使用开运算或闭运算的结果与使用腐蚀和膨胀的结果类似，但这两个新的操作能更精确地保存源图像连接的区域。

开运算和闭运算操作几乎都是“保留区域”形式的，最显著的效果是，闭运算消除了低于其邻近点的孤立点，而开运算是消除高于其邻近点的孤立点。

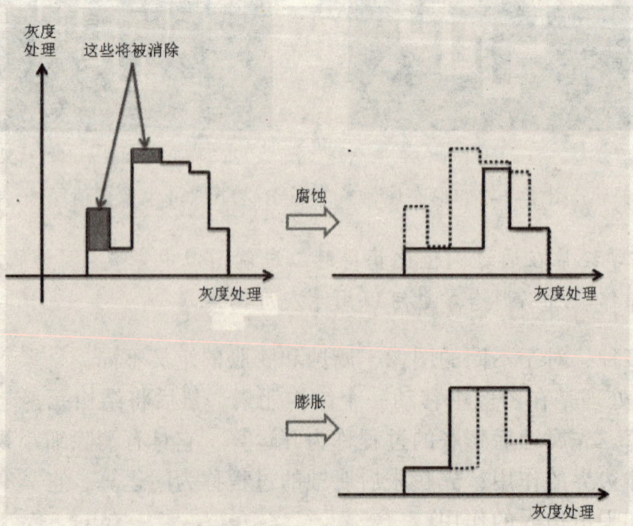

图 1-7-3　形态的开运算（向上的孤立点被消除）

关于开运算和闭运算，需要说明的是 iterations 参数的意思。有人可能会认为闭操作执行两次，相当于执行膨胀—腐蚀—膨胀—腐蚀。但事实上，这并不是必要的。真正需要的（并且所能得到的）是膨胀—膨胀—腐蚀—腐蚀这样的过程。通过这种方式，不仅是单一的孤立点会消失，邻近的孤立点群也会消失。

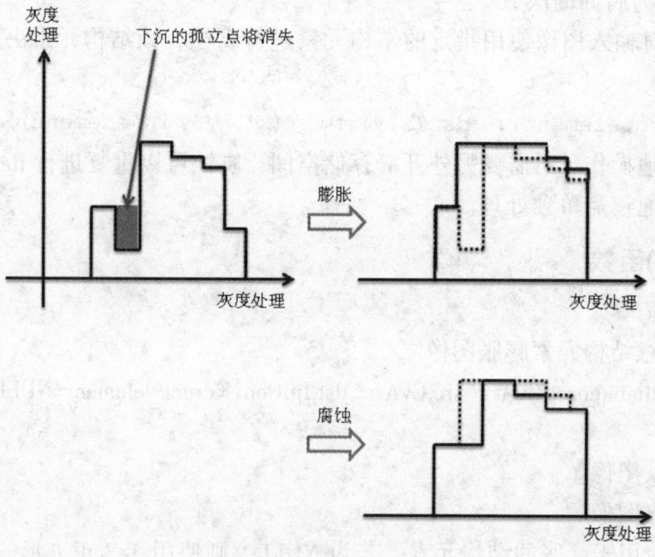

图 1-7-4　形态闭运算的操作（消除低亮度值的孤立点）

图 1-7-5 通过对一幅存在杂散点的指纹图像应用这些运算，进一步说明开运算和闭运算的用处。

（a）带有杂散点的指纹图像　（b）经开运算后的图像　（c）经开运算后再闭运算所得到的图像

图 1-7-5　对指纹图像进行开运算和闭运算

二、关键函数

1. cvErode()函数

函数：cvErode()。

功能：使用任意结构元素腐蚀图像。

格式：void cvErode(const CvArr* src,CvArr* dst,IplConvKernel*element=NULL,int iterations=1);

说明：

参数 src 为输入图像。

参数 dst 为输出图像。

参数 element 为用于腐蚀的结构元素。若为 NULL，则使用 3×3 正方形的结构元素。

参数 iterations 为腐蚀的次数。

函数 cvErod()对输入图像使用指定的结构元素进行腐蚀，该结构元素决定每个具有最小值像素点的邻域形状：

```
dst=erode(src,element): dst(x,y)=min((x',y') in element))src(x+x',y+y')
```

函数可能是本地操作，不需要另外开辟存储空间。腐蚀可以重复进行 iterations 次。对于彩色图像，每个彩色通道需单独处理。

2. cvDilate()函数

函数：cvDilate()。

功能：使用任意结构元素膨胀图像。

格式：void cvDilate(const CvArr* src,CvArr* dst,IplConvKernel* element=NULL,int iterations=1);

说明：

参数 src 为输入图像。

参数 dst 为输出图像。

参数 element 为用于膨胀的结构元素。若为 NULL，则使用 3×3 正方形的结构元素。

参数 iterations 为膨胀的次数；如果未将它设置为默认值（1），将在一次函数的调用中执行多次操作。

函数 cvDilate()对输入图像使用指定的结构元进行膨胀，该结构决定每个具有最小值像素点的邻域形状：

```
dst=dilate(src,element):dst(x,y)=max((x',y') in ellement))src(x+x',y+y');
```

函数支持 in-place 模式。膨胀可以重复进行 iterations 次。对于彩色图像，每个彩色通道单独处理。

腐蚀操作通常用来消除图像中的“斑点”噪声。腐蚀操作可以将斑点腐蚀掉，且能确保图像内的较大区域依然存在。在试图找到连通分支（即具有相似颜色或强度的像素点的大块相互分离的区域）时通常使用膨胀操作。因为在大多数情况下一个大区域可能被噪声、阴影等分割成多个部分，而一次轻微的膨胀又将使这些部分“融合”在一起。

综上所述：当 OpenCV 执行 cvErode()函数时，将某点 p 的像素值设为与 p 对应的核覆盖下所有点中的最小值；同样的，执行膨胀操作时，将取最小值换为取最大值。

3. cvReleaseStructuringElement()函数

函数：cvCreateStructuringElementEx()。

功能：不必局限于选择 3×3 方形的核，可以创建自定义的 IplConvKernel 核（即之前提到的“核 B”）。这样的核由 cvCreateStructuringElementEx()函数创建，由 cvReleaseStructuringElement (IplConvKernel** element)函数释放。

格式：IplConvKernel* cvCreateStructuringElementEx()(int cols,int rows,int anchor_x,int anchor_y, int shape,int* values = NULL);

说明：

参数 cols 确定所构造矩形的列。

参数 rows 确定所构造矩形的行。形态核与卷积核不同，不需要任何的数值填充核。当核在图像上移动时，核的元素只需简单标明应该在哪个范围计算最大值或最小值。参考点指定核与源图像的位置关系，同时也锁定了计算结果在目标图像中的设置。当构造核时，行与列确定了所构造的矩形大小（矩形内含有结构元素）。

参数 anchor_x 是核的封闭矩形内参考点的横坐标 x。

参数 anchor_y 是核的封闭矩形内参考点的纵坐标 y。

参数 shape 是核的形状。核的形状可以是矩形、十字交叉形、椭圆形或者用户自定义的值。

三、实验代码

以下是一段在 OpenCV 中实现的 C 语言程序，分别是图像腐蚀和膨胀函数。通过这两个函数的组合使用（开闭运算），可以对图像进行有效减噪。

```
#include "opencv2/imgproc/imgproc.hpp"
#include "opencv2/highgui/highgui.hpp"
#include "highgui.h"
#include <stdlib.h>
#include <stdio.h>
#include <cv.h>
IplImage * src;
IplImage *erosion_dst;
IplImage *dilation_dst;
int erosion_size=0;
int dilation_size=0;
int const max_elem=2;
int const max_kernel_size=21;
void  Erosion(int e_switch);
void Dilation(int d_switch);
/* @function main */
int main(int argc,char** argv)
{   ///加载图像
    src=cvLoadImage("Vincent Van Gohn.jpg",1);
    ///创建一个窗口
    cvNamedWindow("Erosion Demo",CV_WINDOW_AUTOSIZE);
    cvNamedWindow("Dilation Demo",CV_WINDOW AUTOSIZE);
    ///创建腐蚀跟踪条
    cvCreateTrackbar("Kernel size:\n 2n+1","Erosion Demo",&erosion_size,
                    max_kernel_size,Erosion);
    ///创建膨胀跟踪条
    cvCreateTrackbar("Kernel size:\n 2n+1","Dilation Demo",&dilation_size,
                    max_kernel_size,Dilation);
```

```
    //默认值
    Erosion(0);
    Dilation(0);
    cvWaitKey(0);
    return 0;
}
/*@function Erosion*/
void  Erosion(int e_switch)
{   //核是矩形
    int erosion_type=CV_SHAPE_RECT;
    IplConvKernel* element;
    element=cvCreateStructuringElementEx(2*erosion_size+1,2*erosion_size+1,
erosion_size,erosion_size,erosion_type,NULL);
    erosion_dst=cvCreateImage(cvSize(src->width,src->height),src->depth,3);
    ///应用腐蚀操作
    cvErode(src,erosion_dst,element,1);
    cvShowImage("Erosion Demo",erosion_dst);
}
/*@function Dilation*/
void Dilation( int d_switch)
{  int dilation_type=CV_SHAPE_RECT;
   IplConvKernel* element;
   element=cvCreateStructuringElementEx(2*dilation_size+1,2*dilation_
size+1,dilation_size,dilation_size,dilation_type,NULL);
   dilation_dst= vCreateImage(cvSize(src->width, src->height),src->depth,3);
   ///应用膨胀操作
   cvDilate(src,dilation_dst,element,1);
   cvShowImage("Dilation Demo",dilation_dst);
}
```

图 1-7-6 是同一作品在不同 Kernel 下的腐蚀与膨胀的结果。

（a）原图

图 1-7-6　对同一作品在不同 Kernel 下的腐蚀与膨胀结果对比

（b）Kernel=3 时的膨胀结果

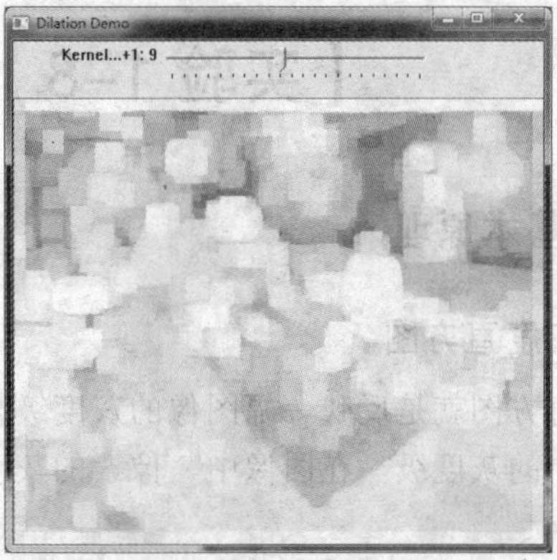

（c）Kernel=9 时的膨胀结果

（d）Kernel=3 时的腐蚀结果

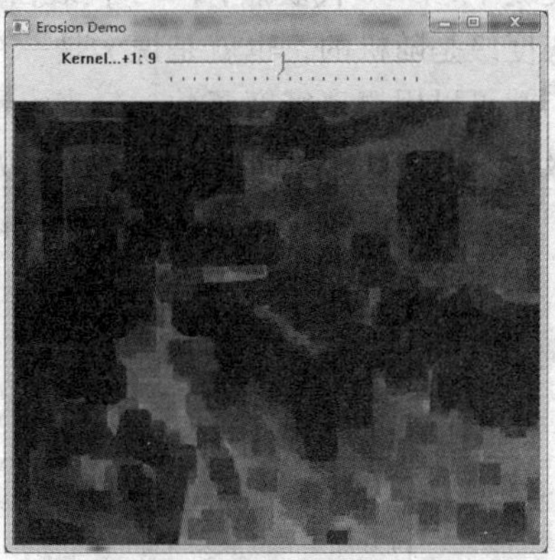

（e）Kernel=9 时的腐蚀结果

图 1-7-6　对同一作品在不同 Kernel 下的腐蚀与膨胀结果对比（续）

【实验 1-8】 直　方　图

一、基本原理

1. 灰度直方图

灰度直方图就是反映一幅图像的灰度级与出现这种灰度的概率之间关系的图形。设变量 r 代表图像中的灰度级。在图像中，像素的灰度级可作归一化处理，这样，r 的值将限定在下述范围之内：

$$0 \leqslant r \leqslant 1 \tag{1-8-1}$$

在灰度级中，$r=0$ 代表黑，$r=1$ 代表白。对于一幅给定的图像来说，每一个像素取得[0,1]区间内的灰度级是随机的，也就是说 r 是一个随机变量。假定对每一瞬间它们是连续的随机变量，那么，就可以用概率密度函数 $p_r(r)$来表示原始图像的灰度分布，如果用直角坐标系的横轴代表灰度级 r，用用直角坐标系的纵轴代表灰度级的概率密度 $p_r(r)$，就可以针对一幅图像在这个坐标系中作出一条曲线。这条曲线在概率论中就是分布密度曲线，如图 1-8-1 所示。

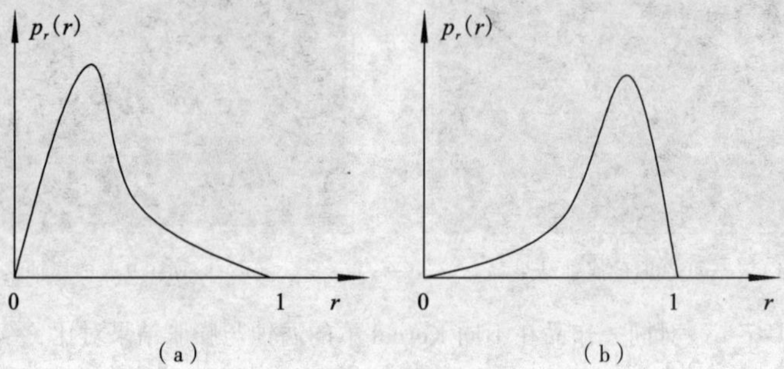

图 1-8-1　图像灰度分布概率密度曲线

从图像灰度级的分布可以看出一幅图像的灰度分布特性。例如，从图 1-8-1 可以看出，图（a）的大多数像素的灰度值在较暗的区域，所以这幅图像肯定较暗，一般在摄影过程中曝光过强就会造成这种结果；而图（b）的像素灰度值集中在亮区，因此图像偏亮，一般在摄影中曝光不足将导致这样的结果。当然，从两幅图像的灰度分布来看图像的质量均不理想。

为了有利于数字图像处理，必须引入离散形式。在离散形式下，用 r_k 代表离散灰度级。用 $P_r(r_k)$代替 $p_r(r)$，并有下式成立

$$P_r(r_k) = \frac{n_k}{n} \qquad (0 \leqslant r_k \leqslant 1) \tag{1-8-2}$$

$$k = 0,1,2\cdots,l-1$$

式中，n_k 为图像中出现 r_k 这种灰度的像素数，n 是图像中像素总数，而 $\frac{n_k}{n}$ 就是概率论中所说的频数，l 是灰度级总数。在直角坐标系中作出 r_k 与 $P_r(r_k)$的关系图形。

灰度直方图应用非常广泛，能够反映出图像的灰度分布情况。以下以水墨画为例介绍灰度直方图的应用。

水墨画非常讲究留白和物体的“气势”，既用焦点透视法，也用散点透视法；既有严守真实的画面空间和留白，也有打破真实按构图需要而平列的空间和留白。这些留白的特点和独特的“气势”都是通过整幅画卷的笔墨分布情况来体现出来的，因此，研究水墨画的整体笔墨力度分布特征可以很好地捕捉和分析不同画家的整体水墨画艺术风格。

中国画家主要依靠不同的线条力度，或者以轻重缓急笔触所表现出的层次丰富的布局，在作品中表达不同的外观和情感。笔触的力度、宽度、分布密度等信息能够用来辨别艺术风格，比如一件艺术作品的笔触是细腻、粗犷还是整齐划一。因此，在判别艺术家风格时笔触信息起着决定性作用，不同艺术家用墨方式的不同决定了他们的笔触力度等信息千差万别。

图 1-8-2（a）～（e）分别是徐悲鸿、刘旦宅、黄公望、郑板桥、吴昌硕的作品灰度图，图 1-8-3 是五位画家作品整体风格的灰度直方图。

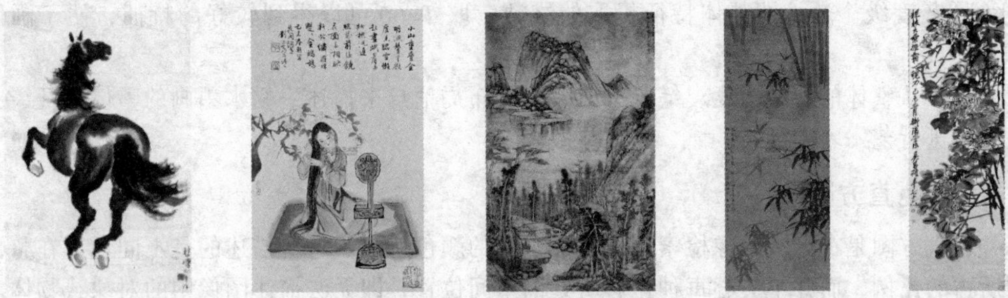

（a）徐悲鸿作品　（b）刘旦宅作品　（c）黄公望作品　（d）郑板桥作品　（e）吴昌硕作品

图 1-8-2　五位画家作品灰度图

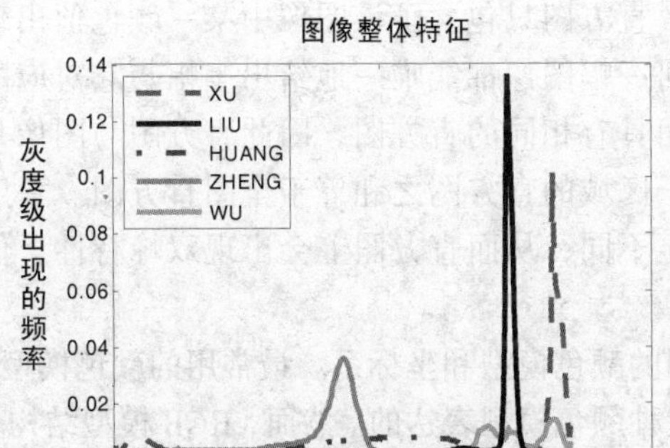

图 1-8-3　五位画家作品整体风格的灰度直方图

通过提取简单的灰度直方图代表整体的特征，发现灰度直方图能有效描述笔画的基本信息，在中国画的自动分类方面有很好的应用潜力，图 1-8-3 显示出不同艺术家整体风格有明显差异。

徐悲鸿和刘旦宅的画作在灰度级 230～250 附近出现明显的波峰值，验证了他们的构图风格是习惯使用大块的留白，如图 1-8 2（a）、（b）所示。另外，徐悲鸿作画最具代表性的特点是擅用手画曲线的技术在马的头、颈、腹部、腿、蹄部用厚重浓密的笔触进行勾勒，力透纸背。这一点与图 1-8-3 中灰度级为 10 附近徐悲鸿画作的曲线中有明显的小波峰相吻合，印证了徐悲鸿擅用着墨力度大、粗线条的笔触勾勒出精确的轮廓。

相比之下，黄公望作画基本不留白，如图 1-8-2（c）所示，黄公望用墨呈现出一种精细分散的均匀分布态势，这恰恰与他的用墨风格相吻合。黄公望作画喜好用平滑的线条、大范围的泼墨，书法风格写意，岩石形状竖直、平行，水面纹理细腻。

综上分析，灰度直方图能够很好地反映出不同艺术家在整体留白、画面布局、气势上的艺术风格差异，在画作艺术风格分析方面具有很好的应用前景。

基于直方图的水墨画整体风格特征提取的。具体算法如下：

令$\{R_1, R_2, \cdots, R_i, \cdots R_T\}$表示在图像亮度标度范围[0,255]内的 T 个灰度级，水墨画整体特征提取如下：

$$H_{\text{image}} = \frac{\{C_1, C_2, \cdots C_i, \cdots, C_T\}}{W \times H} \quad (1\text{-}8\text{-}3)$$

其中，C_i是灰度级为R_i亮度标度范围内的图像中的像素数，$W \times H$代表图像尺寸。T控制直方图灰度级个数，即整体特征提取的维数，取 T=60 可以得到较好的特征，便于画作分类和识别。

此算法从整体的着墨力度、笔画分布、画面布局信息来描述一幅水墨画的整体特征，并依据此特征进行艺术家的分类。

2. 颜色直方图

颜色直方图是在许多图像检索系统广泛采用的颜色特征。它所描述的是不同色彩在整幅图像中所占的比例，而并不关心每种色彩所处的空间位置，即无法描述图像中的对象或物体。颜色直方图特别适于描述那些难以进行自动分割的图像。

颜色直方图中的数值都是统计而来，描述了该图像中关于颜色的数量特征，可以反映图像颜色的统计分布和基本色调。直方图只包含了该图像中某一颜色值出现的频数，而丢失了某像素所在的空间位置信息。任何一幅图像都能唯一地给出一幅与它对应的直方图，但不同的图像可能有相同的颜色分布，从而具有相同的直方图，因此直方图与图像是一对多的关系。如将图像划分为若干子区域，所有子区域的直方图之和等于全图直方图。一般情况下，由于图像上的背景和前景物体颜色分布明显不同，从而直方图上会出现双峰特性，但背景和前景颜色较为接近的图像不具有这个特性。

颜色直方图可以基于不同的颜色模型和坐标系。最常用的颜色模型是 RGB 颜色模型，原因在于大部分数字图像都是用这种颜色模型表达的。然而，RGB 模型结构并不符合人们对颜色相似性的主观判断。因此，有人提出了基于 HSV 模型、LUV 模型和 Lab 模型的颜色直方图，因为它们更接近于人们对颜色的主观认识。其中 HSV 模型是直方图最常用的颜色模型。它的三个分量分别代表色彩（Hue）、饱和度（Saturation）和值（Value）。下面对常用的颜色模型进行介绍。

（1）RGB 颜色模型

RGB（red,green,blue）颜色模型最常见的用途就是显示器系统，彩色阴极射线管、彩色光栅图形的显示器都使用 R、G、B 数值来驱动 R、G、B 电子枪发射电子，并分别激发荧光屏上的 R、G、B 三种颜色的荧光粉，发出不同亮度的光线，并通过相加混合产生各种颜色；扫描仪也是通过吸收原稿经反射或透射而发送来的光线中的 R、G、B 成分，并用它来表示原稿的颜色。RGB 色彩模型称为与设备相关的色彩模型，因为不同的扫描仪扫描同一幅图像，会得到不同色彩的图像数据；不同型号的显示器显示同一幅图像，也会有不同的色彩显示结果。显示器和扫描仪使用的 RGB 模型与 CIE 1931 RGB 真实三原色表色系统模型是不同的，后者是与设备无关的颜色模型。

（2）HSV 颜色模型

HSV（hue,saturation,value）颜色模型对应于圆柱坐标系中的一个圆锥形子集，圆锥的顶面对应于 V=1。它包含 RGB 模型中的 R=1，G=1，B=1 三个面，所代表的颜色较亮。色彩 H 由绕 V 轴的旋转角给定。红色对应于角度 0°，绿色对应于角度 120°，蓝色对应于角度 240°。在 HSV 颜色模型中，每一种颜色和它的补色相差 180°。饱和度 S 取值从 0 到 1，所以圆锥顶面的半径为 1。HSV 颜色模型所代表的颜色域是 CIE 色度图的一个子集，这个模型中饱和度为 100%，其纯度一般小于 100%。在圆锥的顶点（即原点）处，V=0，H 和 S 无定义，代表黑色。圆锥的顶面中心处 S=0，V=1，H 无定义，代表白色。从该点到原点代表亮度渐暗的灰色，即具有不同灰度的灰色。对于这些点，S=0，H 的值无定义。可以说，HSV 模型中的 V 轴对应于 RGB 颜色空间中的主对角线。在圆锥顶面的圆周上的颜色，V=1，S=1，这种颜色是纯色。HSV 模型对应于画家配色的方法。画家用改变色浓和色深的方法从某种纯色获得不同色调的颜色，在一种纯色中加入白色以改变色浓，加入黑色以改变色深，同时加入不同比例的白色、黑色，即可获得各种不同的色调。

（3）CMYK 颜色空间

CMYK（cyan,magenta,yellow,black）颜色模型应用于印刷工业，印刷业通过青（C）、品红（M）、黄（Y）三原色油墨的不同网点面积率的叠印来表现丰富多彩的颜色和阶调，这便是三原色的 CMY 颜色空间。实际印刷中，一般采用青（C）、品红（M）、黄（Y）、黑（K）四色印刷，在印刷的中间调至暗调增加黑版。CMYK 颜色模型是和设备或印刷过程相关的，如工艺方法、油墨的特性、纸张的特性等，不同的条件有不同的印刷结果。所以 CMYK 颜色模型称为与设备有关的表色模型。而且，CMYK 具有多值性，也就是说对同一种具有相同绝对色度的颜色，在相同的印刷过程中，可以用多种 CMYK 数字组合来表示和印刷出来。这种特性给颜色管理带来了很多麻烦，同样也给控制带来了很多的灵活性。在印刷过程中，必然要经过一个分色的过程，所谓分色就是将计算机中使用的 RGB 颜色转换成印刷使用的 CMYK 颜色。在转换过程中存在着两个复杂的问题，其一是这两个颜色空间在表现颜色的范围上不完全一样，RGB 的色域较大而 CMYK 则较小，因此就要进行色域压缩；其二是这两个颜色都是和具体的设备相关的，颜色本身没有绝对性。因此就需要通过一个与设备无关的颜色空间来进行转换，即可以通过后面将要介绍的 XYZ 或 Lab 色彩模型来进行转换。

（4）HSL 颜色模型

HSL（hue,saturation,lightness）颜色模型用色相（hue）、饱和度（saturation）和亮度（lightness/luminance）来描述颜色，又称 HLS 或 HSI（I 指 intensity）与 HSV 非常相似，仅用亮度（lightness）替代了明度（brightness）。两者区别在于，纯色的明度等于白色的明度，而纯色的亮度等于中度灰的亮度。

（5）HSB 颜色模型

HSB（hue,saturation,brightness）颜色模型是用户台式机图形程序的颜色表示，用六角形锥体表示颜色模型。

（6）HSI 颜色模型

HSI（hue,saturation,intensity）颜色模型是从人的视觉系统出发，用色调（hue）、色饱和度（saturation 或 chroma）和亮度（intensity 或 brightness）来描述色彩。HSI 色彩模型可以用一个圆锥空间模型来描述。用圆锥模型描述 HSI 色彩相当复杂，但能把色调、亮度和色饱和度的变化情形表现得很清楚。通常把色调和饱和度统称为色度，用来表示颜色的类别与深浅程度。由于人的视觉对亮度的敏感程度远强于对颜色浓淡的敏感程度。为了便于色彩处理和识别，人的视觉系统经常采用 HSI 色彩模型，它比 RGB 色彩模型更符合人的视觉特性。在图像处理和计算机视觉中大量算法都可在 HSI 色彩模型中方便地使用，它们可以分开处理而且是相互独立的。因此，使用 HSI 色彩模型可以大大简化图像分析和处理的工作量。HSI 色彩模型和 RGB 色彩模型只是同一物理量的不同表示法，因而它们之间存在着转换关系。

（7）Ycc 颜色模型

Ycc 是柯达发明的颜色模型，由于 PhotoCd 在存储图像的时候要经过一种模式压缩，所以 PhotoCd 采用了 Ycc 颜色模型。Ycc 模型将亮度作为主要组件，具有两个单独的颜色通道。采用 Ycc 颜色模型来保存图像，可以节约存储空间。

（8）XYZ 颜色模型

国际照明委员会（CIE）在进行了大量正常人视觉测量和统计，1931 年建立了“标准色度观察者”，从而奠定了现代 CIE 标准色度学的定量基础。由于“标准色度观察者”用来标定光谱色时出现负刺激值，计算不便，也不易理解，因此 1931 年 CIE 在 RGB 系统基础上，改用三个假想的原色 X、Y、Z 建立了一个新的色度系统。将它匹配等能光谱的三刺激值，定名为“CIE1931 标准色度观察者 光谱三刺激值”，简称“CIE1931 标准色度观察者”。这一系统称为“CIE1931 标准色度系统”或称为“2° 视场 XYZ 色度系统”。CIEXYZ 颜色模型稍加变换就可得到 Yxy 色彩空间，其中 Y 取三刺激值中 Y 的值，表示亮度，x、y 反映颜色的色度特性。定义如下：在色彩管理中，选择与设备无关的颜色模型是十分重要的，与设备无关的颜色模型由国际照明委员会（CIE）制定，包括 CIEXYZ 和 CIELab 两个标准。它们包含了人眼所能辨别的全部颜色。而且，CIEYxy 测色制的建立给定量的确定颜色创造了条件。但是，在这一空间中，两种不同颜色之间的距离值并不能正确反映人们色彩感觉差别的大小，也就是说在 CIEYxy 色差图中，在不同的位置不同方向上颜色的宽容量是不同的，这就是 Yxy 颜色空间的不均匀性。这一缺陷的存在，使得在 Yxy 及 XYZ 空间不能直观地评价颜色。

（9）Lab 颜色模型

Lab 颜色模型是由 CIE 制定的一种色彩模型。自然界中任何一点的颜色都可以在 Lab 模型中表达出来，它的色彩空间比 RGB 空间还要大。另外，这种模型是以数字化方式来描述人的视觉感应，与设备无关，所以它弥补了 RGB 和 CMYK 模型必须依赖于设备色彩特性的不足。由于 Lab 的色彩空间要比 RGB 模型和 CMYK 模型的色彩空间大，这就意味着 RGB 及 CMYK 所能描述的色彩信息在 Lab 模型中都能得以映射。Lab 颜色模型取坐标 Lab，其中 L 亮度；a 的正值代表红色，负值代表绿色；b 的正值代表黄色，负值代表蓝色。

（10）YUV 颜色模型

在现代彩色电视系统中，通常采用三管彩色摄像机或彩色 CCD（点耦合器件）摄像机，它把摄得的彩色图像信号，经分色，分别放大校正得到 RGB，再经过矩阵变换电路得到亮度信号 Y 和两个色差信号 R－Y、B－Y，最后发送端将亮度和色差三个信号分别进行编码，用同一信道发送出去。这就是常用的 YUV 色彩模型。采用 YUV 色彩模型的重要性是它的亮度信号 Y 和色度信号 U、V 是分离的。如果只有 Y 信号分量而没有 U、V 分量， 那么这样表示的图就是黑白灰度图。彩色电视采用 YUV 模型正是为了用亮度信号 Y 解决彩色电视机与黑白电视机的兼容问题，使黑白电视机也能接收彩色信号。根据美国国家电视标准委员会（NTSC）制式的标准，当白光的亮度用 Y 来表示时，它和红、绿、蓝三色光的关系可用如方程描述：$Y=0.3R+0.59G+0.11B$，这就是常用的亮度公式。色差 U、V 是由 B－Y、R－Y 按不同比例压缩而成的。如果要由 YUV 模型转化成 RGB 模型，只要进行逆运算即可。与 YUV 色彩模型类似的还有 Lab 色彩模型，它也是用亮度和色差来描述色彩分量，其中 L 为亮度、a 和 b 分别为各色差分量。

以下挑取了四位知名画家的作品，并以他们的作品分别做出颜色直方图。这四位作家分别是：徐悲鸿、吴昌硕、黄公望和刘旦宅。其中徐悲鸿是现代画家，强调国画改革融入西画作法，所作国画彩墨浑成，尤以奔马享名于世；吴昌硕是近代画家，擅长写意花卉，以书法入画，把书法、篆刻的行笔、运刀、章法融入绘画，形成富有金石味的独特画风；黄公望是元代画家，擅画山水，所作水墨画笔力老道，简淡深厚；刘旦宅是当代画家，擅长中国古典著作人物画。可以说这四位画家贯穿了各个时代，涵盖了不同的风格特点，具有很强的代表性。

四位画家画作颜色特征提取的具体流程如图 1-8-4 所示。

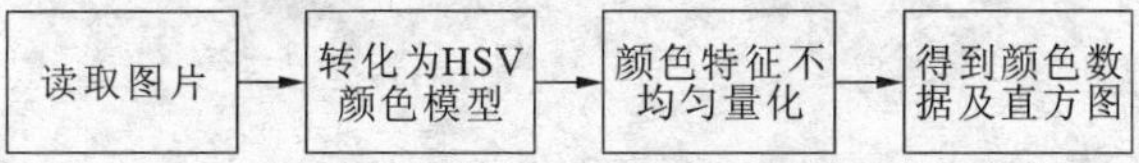

图 1-8-4　颜色特征提取流程图

按照此流程图，对四位画家作品的颜色特征进行了提取，其结果如图 1-8-5～图 1-8-8 所示。

（a）　（b）　（c）　（d）

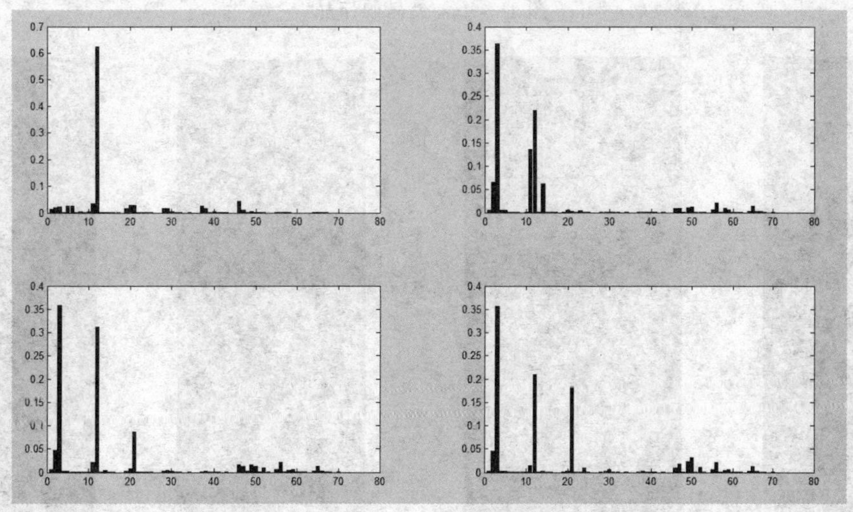

（e）（a）（b）（c）（d）对应的颜色特征直方图（从左到右，从上到下，后同）

图 1-8-5　徐悲鸿作品

(a) (b) (c) (d)

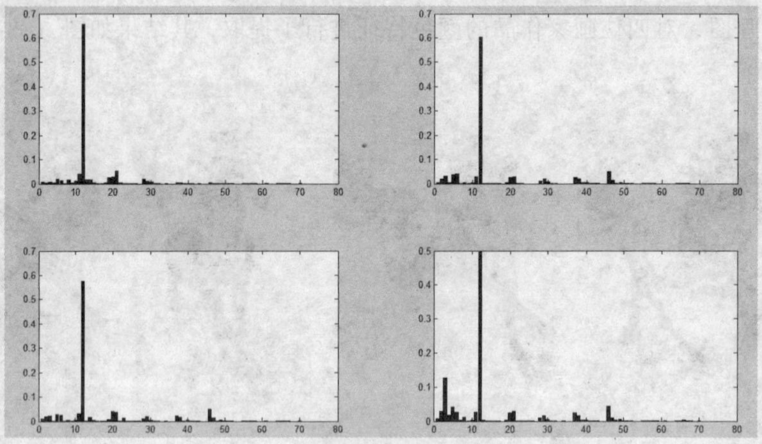

(e) 颜色特征直方图

图 1-8-6 吴昌硕作品

(a) (b) (c) (d)

图 1-8-7 黄公望作品

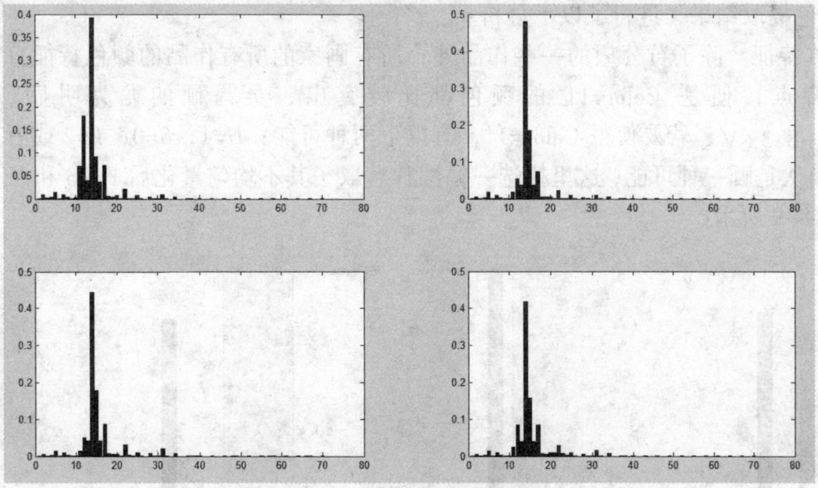

（e）颜色特征直方图

图 1-8-7　黄公望作品（续）

（a）　（b）　（c）　（d）

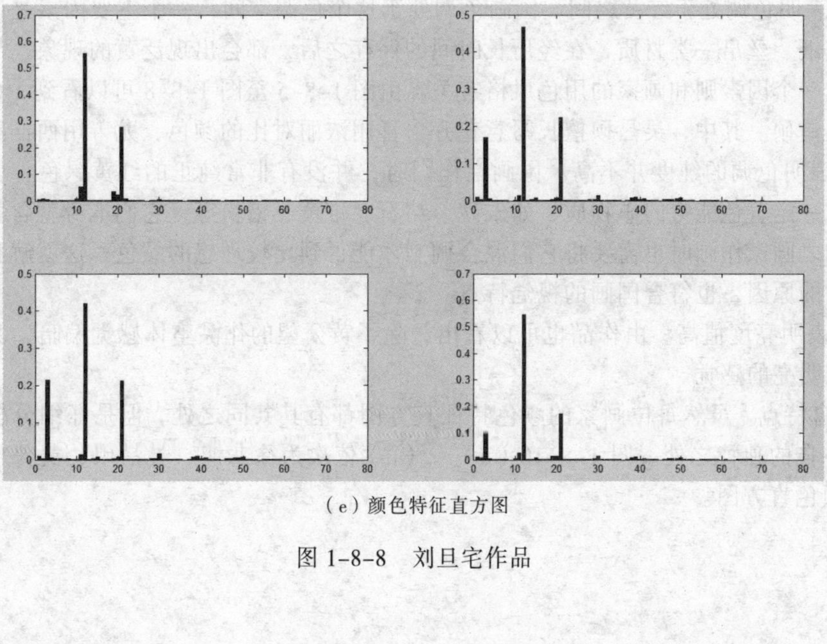

（e）颜色特征直方图

图 1-8-8　刘旦宅作品

对于颜色提取结果，进行了以下分析：

① 总体特征。除了黄公望的一些作品外，所有画家的所有作品的颜色特征直方图都有一个明显的特点，便是 Color=11 的颜色都比较突出，吴昌硕的尤为明显。根据公式 Color＝H·9＋S·3＋V，若要使得 Color=11，有以下两种可能：H=1，S=0，V=2 或者 H=0，S=3，V=2。为了确认是哪一种可能，这里挑选一幅图片获取了其不均匀量化后 H、S 和 V 分量的直方图，如图 1-8-9 所示。

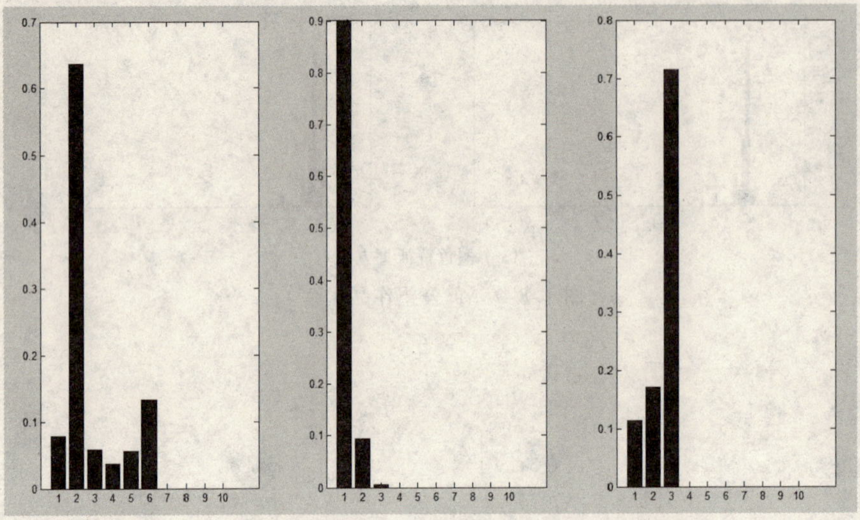

图 1-8-9　从左至右依次为 HSV 量化后 H、S、V 分量的直方图

在直方图中，第 n 个数据条代表了第 n 个数据的分布概率。由于不均匀量化后，H 范围是 [0,7]，所以 H=n 时所对应的数据条是 n+1。由上图可以看到，H 向量直方图中第 2 个数据条最高，此时 H=1，代表着 H=1 的分布概率最大。依此类推，S=0，V=2 时概率最大。这就验证了 Color=11 之所以分布概率大是由于 H=1，S=0，V=2 的分布概率都比较大。

H=1，表明色调处于红黄之间。国画色调处于这个色调空间，一个主要因素是国画大多作品材料是宣纸、丝帛一类材质，在经历长时间的保存之后，都会出现泛黄的现象，导致这一色调增多。另一个因素则和画家的用色风格有关。由图 1-8-5 至图 1-8-8 可以看到，Color=11 最突出的是吴昌硕。其中，吴昌硕擅长写意花卉，喜用浓丽对比的颜色，尤善用西洋红。

S=0，表明色调的纯度并不高。国画在作画时，并没有非常纯正的红黄绿色。中国国画的颜料多是有一定着色能力的矿物质，如朱砂、赭石、雄黄、铅粉等，它们本身就含有比较丰富的杂质，加之画家作画时也需要将它们混合调制才能得到比较理想的颜色。这就解释了色调纯度普遍为 0 的原因，也符合国画的视觉特点。

V=2，表明亮度值高。由作品也可以看出，除了黄公望的作品整体感觉偏暗，其他作品都带给人比较明亮的感觉。

② 各自特点。虽然每位画家的颜色特征直方图都有其共同之处，但是仔细分析还是可以发现他们各自的独特之处。图 1-8-10（a）～（d）依次为徐悲鸿、吴昌硕、黄公望、刘旦宅某一作品颜色直方图。

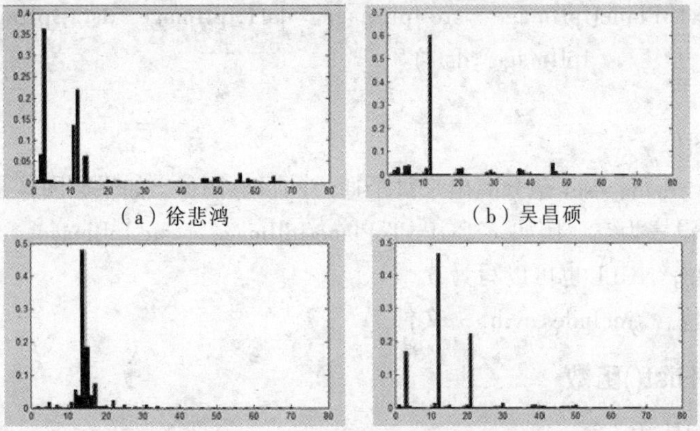

（a）徐悲鸿 （b）吴昌硕

（c）黄公望 （d）刘旦宅

图 1-8-10 四位画家作品颜色直方图

可以看到，比较容易辨认的是吴昌硕的直方图，其特点是其颜色集中在 Color=11 处，而其他颜色的分布很少；其次便是黄公望，其特点是颜色在大部分集中在 Color=15 处，而且在这个颜色附近也有比较均匀的分布，使得整个直方图呈现一种“A”字形；徐悲鸿和黄公望的作品颜色直方图分布基本上都呈现“山”字形。不同的是徐悲鸿的峰值往往出现在 Color=2 处；刘旦宅的“山”形比较规则。

经过以上分析，可以初步断定基于 HSV 颜色模型的不均匀量化方法是可以提取国画的颜色特征。这些作品的颜色直方图既有一些共性，显示了国画的普遍特点；也存在各自的特点，可以帮助我们进行初步的判断。这就为用计算机识别并分类奠定了基础。

二、关键函数

1．cvCvtColor()函数

函数：cvCvtColor()。

功能：是 OpenCV 里的颜色模型转换函数，可以实现 RGB 颜色向 HSV、HSI 等颜色模型的转换，也可以转换为灰度图像。

格式：void cvCvtColor(const CvArr* src, CvArr* dst, int code);

说明：

参数 src 为输入的 8 bit、16 bit 或 32 bit 单倍精度浮点数影像。

参数 dst 为输出的 8 bit、16 bit 或 32 bit 单倍精度浮点数影像。

参数 code 为色彩模型转换的模式，实现不同类型的颜色模型转换。例如 CV_BGR2GRAY 表示转换为灰度图，CV_BGR2HSV 将图片从 RGB 模型转换为 HSV 模型。其中当 code 选用 CV_BGR2GRAY 时，dst 需要是单通道图片；当 code 选用 CV_BGR2HSV 时，对于 8 位图，需要将 RGB 值归一化到 0～1 之间，这样得到 HSV 图中的 H 范围才是 0～360，S 和 V 的范围是 0～1。

2．cvCvtPixToPlane()函数

函数：cvCvtPixToPlane()。

功能：分割多通道数组成几个单通道数组或者从数组中提取一个通道

格式：cvCvtPixToPlane(IplImage * src,IplImage * dst1,IplImage *dst2,IplImage * dst3,
IplImage *dst4)。

说明：

参数 src 是源图像。

参数 dst1、dst2、dst3、dst4 是分离出来每个通道的目标图像。如果原图像是 3 通道的，可以把最后一个参数 dst4 设置为空。例如 cvCvtPixToPlane(IplImage * src,IplImage * dst1,IplImage *dst2,IplImage * dst3,NULL)，NULL 也可以写为 0。

使用该函数须包含#include<cv.h>头文件。

3．cvCreateHist()函数

函数：cvCreateHist()。

功能：创建一个指定尺寸的直方图，并且返回创建的直方图的指针。如果数组的 ranges 是 0，则直方块的范围必须由函数 cvSetHistBinRanges()稍后指定。虽然 cvCalcHist()和 cvCalcBackProject()可以处理 8 bit 图像而无须设置任何直方块的范围，但它们都被假设等分 0～255 之间的空间。

格式：cvCreateHist(int dims, int* sizes, int type, float** ranges=NULL, int uniform=1);

说明：

参数 dims 为直方图维数的数目。

参数 sizes 是直方图维数尺寸的数组。

参数 type 为直方图的表示格式: CV_HIST_ARRAY 表示直方图数据表示为多维密集数组 CvMatND；CV_HIST_TREE 表示直方图数据表示为多维稀疏数组 CvSparseMat。

参数 ranges 为图中方块范围的数组，它的内容取决于参数 uniform 的值。这个范围的用处是确定何时计算直方图或决定反向映射（backprojected），每个方块对应于输入图像的哪个/哪组值。

参数 uniform 为归一化标识。如果不为 0，则 ranges[*i*]（0≤*i*<cDims，cDims 为直方图的维数，灰度图为 1，彩色图为 3）是包含两个元素的范围数组，包括直方图第 *i* 维的上界和下界。在第 *i* 维上的整个区域 [lower,upper]被分割成 dims[*i*] 个相等的块（dims[i]表示直方图第 i 维的块数），这些块用来确定输入像素的第 *i* 个值（对于彩色图像，*i* 确定 R、G 或 B）对应的块；如果为 0，则 ranges[*i*]是包含 dims[*i*]+1 个元素的范围数组，包括 lower0, upper0, lower1, upper1 == lower2,⋯, upperdims[*i*]-1，其中 lower*j* 和 upper*j* 分别是直方图第 *i* 维上第 *j* 个方块的上下界(针对输入像素的第 *i* 个值)。任何情况下，输入值如果超出了一个直方块所指定的范围，都不会被 cvCalcHist()计数，而且会被函数 cvCalcBackProject()置零。

4．cvCalcHist()函数

函数：cvCalcHist()。

功能：计算一张或多张单通道图像的直方图。用来增加直方块的数组元素可从相应输入图像的同样位置提取。

格式：void cvCalcHist(IplImage** image, CvHistogram* hist, int accumulate=0,
const CvArr* mask=NULL);

说明：

参数 image 为输入图像（也可以使用 CvMat** ）。

参数 hist 为直方图指针。

参数 accumulate 为累计标识。如果设置，则直方图在开始时不被清零。这个特征保证可以为多个图像计算一个单独的直方图，或者在线更新直方图。

参数 mask 为操作标志，确定输入图像的哪个像素被计数。

5. cvGetMinMaxHistValue()函数

函数：cvGetMinMaxHistValue()。

功能：获取直方图统计的最小值和最大值。

格式：cvGetMinMaxHistValue(const CvHistogram* hist, float* minvalue, float* maxvalue, int* min_idx = (int*)0, int* max_idx = (int*)0);

说明：

参数 hist 为直方图指针。

参数 minvalue 为获取的最小值。

参数 maxvalue 为获取的最大值。

三、实验代码

```
//颜色直方图
#include <cv.h>
#include <highgui.h>
#include <stdio.h>
int main(int argc,char** argv)
{    /* H 分量划分为 16 个等级，S 分量划分为 8 个等级*/
     int h_bins=16,s_bins=8;
     int hist_size[]={h_bins,s_bins};
     /* H 分量的变化范围 */
     float h_ranges[]={0,180};
    /* S 分量的变化范围*/
     float s_ranges[]={0,255};
     float* ranges[]={h_ranges,s_ranges};
    /* 获取直方图统计的最大值，用于动态显示直方图*/
     float max_value;
    /* 设置直方图显示图像*/
     int height=240;
     int width;
     int bin_w;
     int h,s,i;
     float bin_val;
     int intensity;
     CvHistogram * hist;
     IplImage* hist_img;
     IplImage * hsv_color;
     IplImage * rgb_color;
     CvScalar color;
```

```
    //载入图像
    IplImage * src=cvLoadImage("PIC.jpg",1);
    IplImage* hsv=cvCreateImage(cvGetSize(src),8,3);
    IplImage* h_plane=cvCreateImage(cvGetSize(src),8,1);
    IplImage* s_plane=cvCreateImage(cvGetSize(src),8,1);
    IplImage* v_plane=cvCreateImage(cvGetSize(src),8,1);
    IplImage* planes[]={h_plane,s_plane};
    /* 输入图像转换到 HSV 颜色模型 */
    cvCvtColor(src,hsv,CV_BGR2HSV);
    cvCvtPixToPlane(hsv,h_plane,s_plane,v_plane,0);
    /* 创建直方图，二维，每个维度上均分 */
    hist=cvCreateHist(2,hist_size,CV_HIST_ARRAY,ranges,1);
    /* 根据 H,S 两个平面数据统计直方图*/
    cvCalcHist(planes,hist,0,0);
    cvGetMinMaxHistValue(hist,0,&max_value,0,0);
    width=(h_bins*s_bins*6);
    /* 设置直方图显示图像*/
    hist_img=cvCreateImage(cvSize(width,height),8,3);
    cvZero(hist_img);
    /* 用来进行 HSV 到 RGB 颜色转换的临时单位图像 */
    hsv_color=cvCreateImage(cvSize(1,1),8,3);
    rgb_color=cvCreateImage(cvSize(1,1),8,3);
    bin_w=width/(h_bins * s_bins);
    for(h=0;h<h_bins;h++)
    {   for(s=0;s<s_bins;s++)
        {   i=h*s_bins+s;
            /* 获得直方图中的统计次数，计算显示在图像中的高度*/
            bin_val=cvQueryHistValue_2D( hist,h,s );
            intensity=cvRound(bin_val*height/max_value);
            /* 获得当前直方图代表的颜色，转换成 RGB 用于绘制 */
            cvSet2D(hsv_color,0,0,cvScalar(h*180.f/h_bins,
                    s*255.f/s_bins,255,0));
            cvCvtColor(hsv_color,rgb_color,CV_HSV2BGR);
            color=cvGet2D(rgb_color,0,0);
            cvRectangle(hist_img, cvPoint(i*bin_w,height),
                        cvPoint((i+1)*bin_w,height-intensity),
                        color,-1,8,0);
        }
    }
    cvNamedWindow("源图像",1);
    cvShowImage("源图像",src);
    cvNamedWindow("H-S 直方图",1);
    cvShowImage("H-S 直方图",hist_img);
    cvWaitKey(0);
}
```

图 1-8-11 为运行结果。

（a）原图像

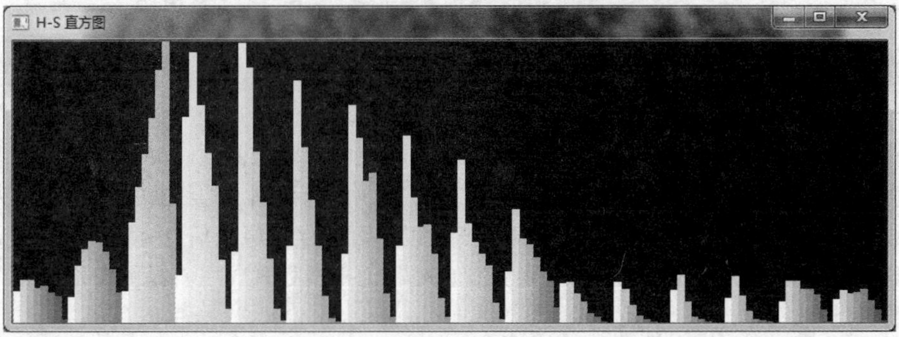

（b）颜色直方图

图 1-8-11　程序运行结果

第二篇　中级实验

【实验 2-1】　图像去噪

一、基本原理

1. 图像噪声

随着各种数字仪器和数码产品的普及，图像和视频已成为人类活动中最常用的信息载体，它们包含着物体的大量信息，成为人们获取外界原始信息的主要途径。然而在图像的获取、传输和存储过程中常常会受到各种噪声的干扰和影响而使图像降低品质，并且图像预处理算法的好坏又直接关系到后续图像处理的效果，如图像分割、目标识别、边缘提取等，所以为了获取高质量数字图像，很有必要对图像进行降噪处理，以尽可能保持原始信息完整性（即主要特征），同时去除信号中无用的信息。所以，去噪处理也被称为平滑处理，一直是图像处理和计算机视觉研究的热点。

图像去噪的最终目的是改善给定的图像，解决实际图像由于噪声干扰而导致质量下降的问题。通过去噪技术可以有效地提高图像质量，增大信噪比，更好地体现原来图像所携带的信息。作为一种重要的预处理手段，人们对图像去噪算法进行了广泛的研究。

噪声可以理解为“妨碍人们感觉器官对所接收的信源信息理解的因素”。例如一幅黑白图片，其平面亮度分布假定为 $f(x,y)$，那么对其接收起干扰作用的亮度分布 $R(x,y)$，即可称为图像噪声。但是，噪声在理论上可以定义为“不可预测，只能用概率统计方法来认识的随机误差”。因此可以将图像噪声看成是多维随机过程，可借用随机过程的概率分布函数和概率密度分布函数来描述噪声。但在很多情况下，这样的描述方法是很复杂的，甚至是不可能的，而实际应用往往也不必要。通常是用其数字特征，即均值方差、相关函数等，因为这些数字特征都可以从某些方面反映出噪声的特征。

2. 图像噪声的特点

图像去噪也称为图像平滑。一般数字图像系统中的常见噪声主要有高斯噪声、椒盐噪声等。

① 高斯噪声的幅度分布形状成高斯分布，主要由阻性元器件内部产生。

② 椒盐（Salt and pepper）噪声：主要是图像切割引起的黑图像上的白点噪声或光电转换过程中产生泊松噪声。

图 2-1-1 所示分别为选用的原图像、经过灰度变换后得到的图像、添加椒盐噪声和高斯噪声后的图像。

图 2-1-1 图像的噪声

图像噪声使得图像模糊，甚至淹没图像特征，给分析带来困难。

图像噪声一般具有以下特点：

① 噪声在图像中的分布和大小不规则，即具有随机性。

② 噪声与图像之间一般具有相关性。例如，摄像机的信号和噪声相关，黑暗部分噪声大，明亮部分噪声小。又如，数字图像中的量化噪声与图像相位相关，图像内容接近平坦时，量化噪声呈现伪轮廓，但图像中的随机噪声会因为颤噪效应反而使量化噪声变得不很明显。

③ 噪声具有叠加性。在串联图像传输系统中，各个串联部件引起的噪声叠加起来，造成信噪比下降。

3. 图像去噪原理

先举个例子说明什么是去噪，如图 2-1-2、图 2-1-3 所示。可以看到，图 2-1-2 比图 2-1-3 柔和一些，即模糊了一些。将原图中的每一点的灰度和它周围 8 个点的灰度相加，然后除以 9，作为新图中对应点的灰度，就能实现上面的效果。

图 2-1-2 原图

图 2-1-3 经过平滑处理后的图像

这种方法用信号处理的理论来解释实现的是一种简单的低通滤波器（low pass filter）。在灰度连续变化的图像中，如果出现了与相邻像素的灰度相差很大的点，例如一片暗区中突然出现了一个亮点，人眼能很容易觉察到。就好像看老电影时，由于胶片太旧，屏幕上经常会出现一些亮斑。这种情况被认为是一种噪声。灰度突变在频域中代表了一种高频分量，低通滤波器的作用就是滤掉高频分量，从而达到减少图像噪声的目的。

为了方便地叙述前面所说的“将原图中的每一点的灰度和它周围 8 个点的灰度相加，然后除以 9，作为新图中对应点的灰度”这一操作，可采用如下表示方法：

$$\frac{1}{9}\begin{bmatrix}1 & 1 & 1\\1 & 1^* & 1\\1 & 1 & 1\end{bmatrix} \tag{2-1-1}$$

这种表示方法有点像矩阵，称其为模板（template）。*表示中心元素，即用哪个元素作为处理后的元素。通常，模板不允许移出边界，所以结果图像会比原图小，例如模板是$\begin{bmatrix}1^* & 0\\0 & 1\end{bmatrix}$，原图是$\begin{bmatrix}1 & 1 & 1 & 1 & 1\\2 & 2 & 2 & 2 & 2\\3 & 3 & 3 & 3 & 3\\4 & 4 & 4 & 4 & 4\end{bmatrix}$，经过模板操作后的图像为$\begin{bmatrix}3 & 3 & 3 & 3 & x\\5 & 5 & 5 & 5 & x\\7 & 7 & 7 & 7 & x\\x & x & x & x & x\end{bmatrix}$，数字代表灰度，$x$ 表示边界上无法进行模板操作的点，通常的做法是复制原图的灰度，不进行任何处理。

模板操作实现了一种邻域运算（Neighborhood Operation），即某个像素点的结果不仅和本像素灰度有关，而且和其邻域点的值有关。在以后介绍的细化算法中，我们还将接触到邻域运算。模板运算的数学涵义是一种卷积（或互相关）运算。

模板运算在图像处理中经常要用到，它是一项非常耗时的运算。以$\frac{1}{16}\begin{bmatrix}1 & 2 & 1\\2 & 4^* & 2\\1 & 2 & 1\end{bmatrix}$为例，每个像素完成一次模板操作要用 9 次乘法、8 次加法、1 次除法。对于一幅 $n \times n$（宽度×高度）的图像，就是 $9n^2$ 次乘法，$8n^2$ 次加法和 n^2 次除法，算法复杂度为 $O(n^2)$，这对于大图像来说，是非常可怕的。所以，一般常用的模板并不大，如 3×3、4×4。有很多专用的图像处理系统用硬件来完成模板运算，大大提高了速度。另外，可以设法将二维模板运算转换成一维模板运算，对速度的提高也是非常可观的。

平滑模板的思想是通过一点和周围 8 个点的平均来去除突然变化的点，从而滤掉一定的噪声，其代价是图像有一定程度的模糊。上面提到的模板（2-1-1），就是一种平滑模板，称之为 Box 模板。Box 模板虽然考虑了邻域点的作用，但并没有考虑各点位置的影响，对于所有的 9 个点都一视同仁，所以平滑的效果并不理想。实际上可以想象，离某点越近的点对该点的影响应该越大，为此，引入加权系数，将原来的模板改造成

$$\frac{1}{16}\begin{bmatrix}1 & 2 & 1\\2 & 4^* & 2\\1 & 2 & 1\end{bmatrix} \tag{2-1-2}$$

可以看出，距离越近的点，加权系数越大。新的模板其实也是一个常用的平滑模板，称为高斯（Gauss）模板。这个模板是通过采样二维高斯函数得到的。

设图像为$\begin{bmatrix}2 & 2 & 2 & 2\\3 & 2 & 3 & 3\\4 & 6 & 4 & 5\\5 & 6 & 6 & 6\end{bmatrix}$，分别用两种平滑模板处理(周围一圈元素直接从原图复制)，采用 Box 模板的结果为

$$\begin{bmatrix} 2 & 2 & 2 & 2 \\ 3 & 3.11 & 3.22 & 3 \\ 4 & 4.33 & 4.56 & 5 \\ 5 & 6 & 6 & 6 \end{bmatrix} \quad (2\text{-}1\text{-}3)$$

采用高斯模板的结果为

$$\begin{bmatrix} 2 & 2 & 2 & 2 \\ 3 & 3 & 3.06 & 3 \\ 4 & 4.56 & 4.56 & 5 \\ 5 & 6 & 6 & 6 \end{bmatrix} \quad (2\text{-}1\text{-}4)$$

可以看到，原图中出现噪声的区域是第 2 行第 2 列和第 3 行第 2 列，灰度从 2 一下子跳到了 6，用 Box 模板处理后，灰度从 3.11 跳到 4.33；用高斯模板处理后，灰度从 3 跳到 4.56，都缓和了跳变的幅度，从这一点上看，两者都达到了平滑的目的。但是，原图中的第 3、第 4 行灰度值是比较高的，经模板 1 处理后，第 3 行第 2 列元素的灰度变成了 4.33，与第 3、第 4 行的总体灰度相比偏小。另外，原图中第 3 行第 2 列元素的灰度为 6，第 3 行第 3 列元素的灰度为 4，变换后，后者 4.56 反而比前者 4.33 大了。而采用高斯模板没有出现这些问题，究其原因，就是因为它考虑了位置的影响。

举个实际的例子：图 2-1-4 中，从左到右分别是原图、用高斯模板处理的图、用 Box 模板处理的图，可以看出采用高斯模板，在实现平滑效果的同时，要比 Box 模板清晰一些。

（a）原图　　（b）高斯模板处理的图　　（c）Box 模板处理的图

图 2-1-4　高斯模板和 Box 模板的对比图

现有的经典图像去噪方法大致可以划分为两类：一类是空间域方法，主要采用各种图像平滑模板对图像进行卷积处理，以达到压抑或去除噪声的目的；另一类是频域方法，主要通过对图像进行变换以后，选用适当的频率低通滤波器进行滤波处理，经反变换后获得去噪声图像。常见的空间域滤波有均值滤波、中值滤波和维纳滤波等方法。它们的基本特点都是让图像在傅里叶空间的某个范围内的分量受到抑制，同时保持其他分量不变，从而改变输出图像的频率分布，达到增强图像的目的。常见的频域滤波则有高通滤波和低通滤波等方法。本书的实验介绍空间域方法中的均值滤波和中值滤波。

4. 均值滤波

均值滤波器是一种消除图像噪声的线性处理方法。这种方法的基本思想是用几个像素灰度的平均值来代替每个像素的灰度。

均值滤波是典型的线性滤波算法，它是指在图像上对目标像素给一个模板，该模板包括其周围的临近像素（以目标像素为中心的周围 8 个像素，构成一个滤波模板，即去掉目标像素本身）。再用模板中的全体像素的平均值来代替原来像素值。

均值滤波采用的主要方法为领域平均法。线性滤波的基本原理是用均值代替原图像中的各个像素值，即对待处理的当前像素点(x,y)，选择一个模板，该模板由其近邻的若干像素组成，求模板中所有像素的均值，再把该均值赋予当前像素点(x,y)，作为处理后图像在该点上的灰度值 $g(x,y)$，即 $g(x,y)=(1/m)\sum f(x,y)$，m 为该模板中包含当前像素在内的像素总个数。

采用邻域平均法的均值滤波器非常适用于去除通过扫描得到的图像中的颗粒噪声。邻域平均法有力地抑制了噪声，同时也由于平均而引起了模糊现象，模糊程度与领域半径成正比。

均值滤波器是一种典型的线性去噪方法。因为其运算简单快速，同时能够较为有效地去除高斯噪声，因而适用面较广，至今仍是一种常用的去噪方法，许多滤除噪声方法都是在此基础上发展而来。其缺点是比较严重地破坏了图像的边缘，模糊了图像。

5. 中值滤波

中值滤波是常用的非线性滤波方法，也是图像处理技术中最常用的预处理技术。它在平滑脉冲噪声方面非常有效，同时它可以保护图像尖锐的边缘。

标准中值滤波算法是将窗口内所有像素值比较其大小后，依次排列，然后取其中值置换窗口中心像素值。

中值滤波的主要特性如下：

① 滤除噪声的性能：中值滤波是非线性运算，因此对随机性质的噪声输入，数学分析是相当复杂的。对于零均值正态分布的噪声输入，中值滤波输出与输入噪声的分布密度有关，输出噪声方差与输入噪声密度函数的平方成反比。对随机噪声的抑制能力，中值滤波比均值滤波要差些。但对于脉冲干扰来讲，特别是脉冲宽度小于滤波窗口长度的二分之一，相距较远的窄脉冲，中值滤波是很有效的。

② 对某些信号的不变性：对于某些特定的输入信号，中值滤波输出信号保持与输入信号相同，所以相对于一般的线性滤波器，如均值滤波，中值滤波能更好地保护图像细节。

③ 中值滤波的频谱特性：由于中值滤波是非线性运算，在输入与输出之间的频率上不存在一一对应的关系，故不能用一般线性滤波器频率特性分析方法。采用总体实验观察法，经大量实验表明，中值滤波器的频率响应与输入信号的频谱有关，呈现不规则波动不大的曲线。中值滤波频谱特性起伏不大，可以认为信号经中值滤波后，频谱基本不变。

中值滤波优缺点：中值滤波去除脉冲噪声的效果很好，然而抑制噪声和保持图像中的细节往往是一对矛盾，也是图像处理中尚未很好解决的问题。所以保护细节的中值滤波的研究成为非线性滤波器研究的一个重要方面。

中值滤波器在算法设计上使与周围像素灰度值相差较大的点经过处理后能与周围的像素灰度值比较接近，因此可以衰减随机噪声，尤其是脉冲噪声等，并且在处理时不是简单的取均值，产生的模糊要少得多，即中值滤波既能消除噪声，还能保持图像中的细节部分，防止边缘模糊。但是，中值滤波中的模板形状单一，只能处理受到噪声污染的特征简单的图像，而对于包含点、线、尖角比较多的复杂图像来说，中值滤波的效果比较差，更重要的一点是中值滤波会改变未受噪声污染的像素的灰度值，在一定程度上破坏了图像细节。

中值滤波法对消除椒盐噪声非常有效，在光学测量条纹图像的相位分析处理方法中有特殊作用，但在条纹中心分析方法中作用不大。中值滤波在图像处理中，常用于用来保护边缘信息，是经典的平滑噪声的方法。中值滤波的输出与输入噪声的密度分布有关。对随机噪声的抑制能力，中值滤波比平均滤波要差一些，但对脉冲的干扰，特别是脉冲宽度小于 $m/2$，相距较远的窄脉冲的干扰，中值滤波的效果要好。

二、关键函数

1. cvSmooth()函数

函数：cvSmooth()。

功能：各种方法的图像平滑。

格式：
```
void cvSmooth( const CvArr* src, CvArr* dst, int smoothtype=CV_GAUSSIAN,
               int param1=3, int param2=0, double param3=0, double param4=0 );
```

说明：

参数 src 为输入图像。

参数 dst 为输出图像。

参数 smoothtype 表示平滑方法。

平滑方法如下:

CV_BLUR_NO_SCALE（简单无缩放变换的模糊）：对每个像素的 param1×param2 邻域求和。如果邻域大小是变化的，可以事先利用函数 cvIntegral()计算积分图像。

CV_BLUR（简单模糊）：对每个像素的 param1×param2 邻域求和并做尺度变换 1/(param1•param2)。

CV_GAUSSIAN（高斯模糊）：对图像进行核大小为 param1×param2 的高斯卷积运算。

CV_MEDIAN（中值模糊）：对图像进行核大小为 param1×param1 的中值滤波。

CV_BILATERAL（双向滤波）:应用双向 3×3 滤波,彩色 sigma=param1,空间 sigma=param2。

函数 cvSmooth()可使用简单模糊、简单无缩放变换的模糊、中值模糊、高斯模糊、双向滤波中的任何一种方法平滑图像。每一种方法都有自己的特点及局限。无缩放的图像平滑仅支持单通道图像，并且支持 8 位到 16 位的转换（与 cvSobel()和 cvAplace()相似）和 32 位浮点数到 32 位浮点数的变换格式。简单模糊和高斯模糊支持 1 或 3 通道，8 bit 和 32 bit 浮点图像。这两种方法可以 in-place 方式处理图像。中值模糊和双向滤波方法工作于 1 或 3 通道、8 bit 图像，但是不能以 in-place 方式处理图像。

2. cvFilter2D()函数

函数：cvFilter2D()。

功能：对图像做卷积。

格式：
```
void cvFilter2D( const CvArr* src, CvArr* dst, const CvMat* kernel,
                 CvPoint anchor=cvPoint(-1,-1));
```

说明：

参数 src 表示输入图像。

参数 dst 表示输出图像。

参数 kernel 表示卷积核，单通道浮点矩阵。如果想要应用不同的核于不同的通道，则先用 cvSplit()函数分解图像到单个色彩通道上，然后单独处理。

参数 anchor 是核的锚点，表示一个被滤波的点在核内的位置。锚点应该处于核内部。默认值(-1,-1)表示锚点在核中心。

函数 cvFilter2D()对图像进行线性滤波，支持 in-place 操作。当核运算部分超出输入图像时，函数从最近邻的图像内部像素插值得到边界外面的像素值。

三、实验代码

1. 均值滤波代码

```
#include "stdafx.h"
#include "highgui.h"
#include "cv.h"
int main(int argc,char *chargv[]){
    IplImage *img=cvLoadImage("D:\\fruits.jpg");
    cvNamedWindow("picturein",CV_WINDOW_AUTOSIZE);
    cvNamedWindow("pictureout",CV_WINDOW_AUTOSIZE);
    cvShowImage("picturein",img);
    IplImage *out=cvCreateImage(cvGetSize(img),IPL_DEPTH_8U,3);
    cvSmooth(img,out,CV_BLUR,3,3,0,0);//均值滤波 模板为 3*3
    cvShowImage("pictureout",out);
    cvWaitKey(0);
    cvReleaseImage(&img);
    cvReleaseImage(&img);
    cvDestroyWindow("picturein");
    cvDestroyWindow("pictureout");
    return(0);
}
```

程序的运行结果如图 2-1-5 和图 2-1-6 所示。

图 2-1-5　原图

图 2-1-6　均值滤波后的效果图

2. 中值滤波代码

```
#include "stdafx.h"
#include "highgui.h"
#include "cv.h"
int main(int argc,char *chargv[]){
    IplImage *img=cvLoadImage("fruits.jpg");
    cvNamedWindow("picturein",CV_WINDOW_AUTOSIZE);
```

```
    cvNamedWindow("pictureout",CV_WINDOW_AUTOSIZE);
    cvShowImage("picturein",img);
    IplImage *out=cvCreateImage(cvGetSize(img),IPL_DEPTH_8U,3);
    cvSmooth(img,out,CV_MEDIAN, 3,3,0,0);//中值滤波模板为 3*3
    cvShowImage("pictureout",out);
    cvWaitKey(0);
    cvReleaseImage(&img);
    cvReleaseImage(&img);
    cvDestroyWindow("picturein");
   cvDestroyWindow("pictureout");
    return(0);
}
```

程序的运行结果如图 2-1-7 和图 2-1-8 所示。

图 2-1-7 原图

图 2-1-8 中值滤波后的效果图

3. 二维滤波代码

用不同的核进行二维滤波，应用卷积函数 cvFilter2D()。以下列出了二维滤波的代码。

```
int main(int argc,char** argv)
{  IplImage *src =0,*dst=0,*dst2=0;
   float k[9]={1.f/16, 2.f/16, 1.f/16,
               2.f/16, 4.f/16, 2.f/16,
               1.f/16, 2.f/16, 1.f/16};   //这里高斯核滤波器归一化
   CvMat Km;
   //cvInitMatHeader(&Km,3,3,CV_32FC1,k,CV_AUTOSTEP);
   Km=cvMat(3,3,CV_32F,k);
   //0:force to gray image
   src=cvLoadImage("lena.jpg",0);
   dst=cvCloneImage(src);
   cvNamedWindow("src",0);
   cvShowImage("src",src);
   cvNamedWindow("filtering",0);
   cvFilter2D(src,dst,&Km,cvPoint(-1,-1));
   cvShowImage("filtering",dst);
   cvWaitKey(0);
   cvReleaseImage(&src);
```

```
    cvReleaseImage(&dst);
    return 0;
}
```

程序的运行结果如图 2-1-9 和图 2-1-10 所示。

图 2-1-9　原图

图 2-1-10　二维滤波的效果图

【实验 2-2】 角 点 检 测

一、基本原理

1. 角点和角点检测

在计算机视觉中，特征点又称角点。角点是指图像的极值点，线段的终点，曲线曲率最大的点，或水平、竖直方向上属性最大的点，这些特征点是图像很重要的特征，对图像图形的理解和分析有很重要的作用。特征点在保留图像图形重要特征的同时，可以代替整幅图像的处理，有效地减少信息的数据量，提高了计算的速度，有利于图像的可靠匹配，使得实时处理成为可能，对图像图形的理解和分析有很重要的作用。角点检测（corner detection）是计算机视觉系统中用来获得图像特征的一种方法，广泛应用于运动检测、图像匹配、视频跟踪、三维建模和目标识别等领域。

角点通常被定义为两条边的交点，更严格地说，角点局部邻域应该具有两个不同区域的不同方向的边界。而实际应用中，大多数角点检测方法检测的是拥有特定特征的图像点，而不仅仅是"角点"。这些特征点在图像中有具体的坐标，并具有某些数学特征，如局部最大或最小灰度、某些梯度特征等。

角点的特征有：

① 局部窗口沿各方向移动，均产生明显变化的点。

② 图像局部曲率突变的点。

不同类型的角点如图 2-2-1 所示。

图 2-2-1　角点

2. 角点检测评价

总结现有的角点检测的评价方法，总体上有以下几个标准：

① 稳定性：即同一场景图像在亮度、对比度等因素变化的情况下，检测出的角点数目及

位置应当稳定。

② 可靠性：即在算子的可变参数改变情况下，不影响生成角点的质量，只改变检测出角点的数目；检测到的角点具有平移、旋转、伸缩不变性。

③ 健壮性：即算法的抗噪性能，在一定的噪声干扰下，算子仍然具有很强的角点检测能力。

④ 准确性：主要指不发生误检测及角点位置定位准确。

⑤ 高效性：是指算法的计算速度快慢，算法速度必须足够快以满足图像处理系统的要求。

经过几十年的研究与探索，产生了许多检测角点的方法，但大致可以分为四类：基于灰度图像的角点检测算法、基于二值图像的角点检测算法、基于边缘特征的角点检测算法以及支持矢量的角点检测算法。本书中仅讨论基于灰度图像的角点检测算法中的 Harris 角点检测和 SUSAN 角点检测。

3. Harris 角点检测算法

Harris 角点检测算法是基于灰度的角点检测方式之一。

Harris 角点检测算法是 C.Harris 和 M.J.Stephens 于 1988 年提出的一种基于信号特征提取算子，它是对 Moravec 角点检测算法的改进。Harris 算子利用角点与自相关函数的曲率特性有关这一特点，定义自相关函数。自相关函数描述了局部图像灰度的变化程度，可表示为：

$$E(x,y)=\sum_{u,v} w_{u,v}\left|f(x+u,y+v)-f(u,v)\right|^2 \qquad (2\text{-}2\text{-}1)$$

利用泰勒公式将上式展开，并化简可得：

$$E(X,Y)\approx\sum_{\mathrm{u,v}} w_{u,v}[uX+vY] \qquad (2\text{-}2\text{-}2)$$

$$=\sum_{u,v} w_{u,v}(u,v)\begin{bmatrix} X^2 & XY \\ XY & Y^2 \end{bmatrix}(u,v)^T$$

其中，$w_{u,v}$为高斯窗口在(u,v)处的系数，$X=\dfrac{\partial f}{\partial x}$，$Y=\dfrac{\partial f}{\partial x}$，$X$、$Y$ 是一阶方向微分，反映了图像中每个像素点的灰度变化方向。定义 $\boldsymbol{M}$ 为像素点(x,y)的自相关矩阵，则$\boldsymbol{M}=\begin{bmatrix} X^2 & XY \\ XY & Y^2 \end{bmatrix}$，为了避免矩阵 M 进行特征值分解，方便运算，则将角点响应函数表示为

$$R(x,y)=\det\left[\boldsymbol{M}(x,y)\right]-k\cdot tr^2\left[\boldsymbol{M}(x,y)\right] \qquad (2\text{-}2\text{-}3)$$

其中λ_1、λ_2为矩阵 $\boldsymbol{M}$ 的特征值，k 为经验值，一般在 0.04～0.06 之间取值。只要在某一点(x,y)处，$R(x,y)$超过某一设定的阈值，即认为该点为角点。

阈值的设置是 Harris 角点检测算法的关键，阈值设置过大会产生伪角点，阈值过小则会漏掉角点。如图 2-2-2 所示，一般需要考虑如下三种情况：

① 假如窗口内的图像块的亮度值是恒定的，那么所有不同方向的偏移仅导致一个小的变化。

② 假如窗口跨越一条边，那么沿着边的偏移将导致一个小的变化，但是与边垂直的偏移将导致一个大的变化。

③ 假如窗口块包含角点或者是一个孤立点，那么所有不同方向的偏移将导致一个大的变化。因此，定义由任意方向的偏移而引起的最小变换大于某一个特定值的那个点是角点。

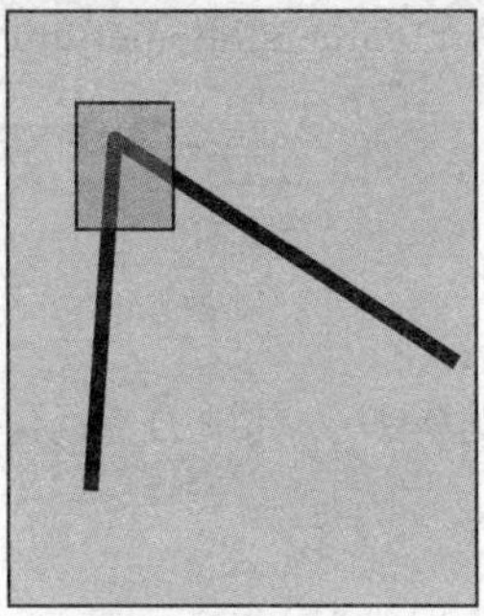

（a）原图

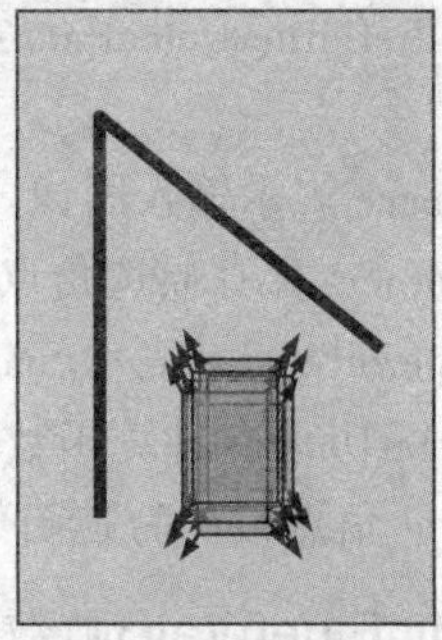

（b）平坦区域：任意方向移动，无灰度变化

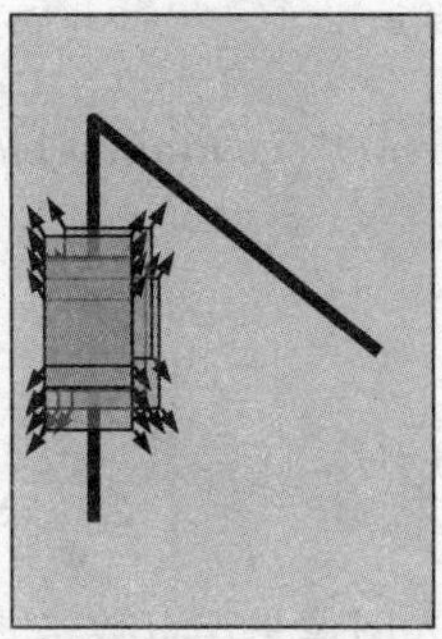

（c）边缘：沿着边缘方向移动，无灰度变化

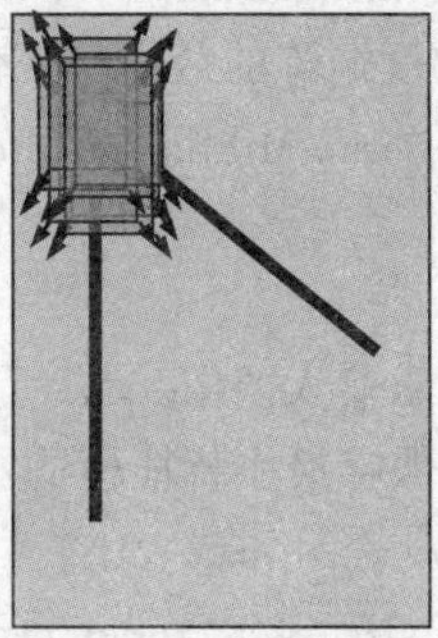

（d）角点：沿任意方向移动，明显灰度变化

图 2-2-2　角点检测

实践证明，Harris 角点检测是有效的角点检测方法之一。它是从图像局部的小窗口观察图像特征。角点的水平和竖直方向梯度都比较大（经过数学推导，两个特征值即代表水平和垂直方向的强度），边缘点是水平或竖直梯度有一个比较大，平坦点是水平和竖直梯度都比较小。因此主要是计算方向梯度，然后根据特定门限判断是否是最大，以确定角点。

4．SUSAN 角点检测算法

SUSAN 角点检测算法是 1997 年由英国牛津大学的 S.M.Smith 和 J.M.Brady 提出的一种低层次图像处理小核值相似区的方法。该方法的原理是定义一个圆形模板对图像中的像素进行覆盖，将圆形模板的中心像素（定义其为“核”）与同一模板中的其他像素分别进行灰度值的比较，当灰度值之差少于某一设定阈值 t 时，认为该像素与核具有相同或相似的灰度值，并把由这些像素组成的区域定义为核值相似区（univalue segment assimilating nucleus，USAN）。当圆形模板处于图像背景或图像内部时，USAN 区域的面积最大；当模板开始与图像边缘重叠时，USAN 区域的面积变小，当模板的中心像素位于角点处时，USAN 区域面积达到最小。

二、关键函数

OpenCV 中常用的角点检测相关的函数如下：

1．PreCornerDetect()函数

函数：PreCornerDetect()。

功能：计算用于角点检测的特征图。

格式：void cvPreCornerDetect(const CvArr*image,CvArr*corners,int aperture_size=3);

说明：

第一个参数 image 表示输入图像。

第二个参数 corners 保存候选角点的特征图。

第三个参数 aperture_size 表示 Sobel 算子的核大小。

函数 cvPreCornerDetect()计算函数 $D_x^2 D_{yy} + D_y^2 D_{xx} - 2D_x D_y D_{xy}$，其中 D_x 表示一阶图像差分，D_y 表示二阶图像差分。角点被认为是函数的局部最大值。

2. CornerMinEigenVal()函数

函数：CornerMinEigenVal()。

功能：计算梯度矩阵的最小特征值，用于角点检测。

格式：void cvCornerMinEigenVal(const CvArr*image,CvArr*eigenval,int block_size,
int aperture_size=3);

说明：

参数 image 表示输入图像。

参数 eigenval 保存最小特征值的图像，与输入图像大小一致。

参数 block_size 表示邻域大小。

参数 aperture_size 表示 Sobel 算子的核大小，当输入图像是浮点数格式时，该参数用来计算差分固定的浮点滤波器的个数。

3. CornerHarris()函数

函数：CornerHarris()。

功能：应用 Harris 方法对图形进行角点检测。

格式：void cvCornerHarris(const CvArr*image,CvArr*harris_responce,int block_size,
int aperture_size=3,double k=0.04);

说明：

参数 image：输入图像。

参数 harris_response：存储 Harris 检测 response 的图像，与输入图像一样大。

参数 block_size：邻域大小。

参数 aperture_size：Sobel 算子的核大小。当输入图像是浮点数格式时，该参示用来计算差分固定的浮点滤波器的个数。

参数 k：harris 检测器的自由参数。

函数 cvCornerHarris()对输入图像进行 Harris 边界检测，类似于 cvCornerMinEigenVal()对每个像素，在 block_size × block_size 大小的邻域上，计算其 2 × 2 梯度共变矩阵（或相关异变矩阵）M。然后，将 $\det(M) - k \cdot \mathrm{trace}(M)^2$ 保存到输出图像中。输入图像中的角点在输出图像中由局部最大值表示。

4. FindCornerSubPix()函数

函数：FindCornerSubPix()。

功能：精确角点位置。

格式：void cvFindCornerSubPix(const CvArr* image, CvPoint2D32f* corners,

```
int count, CvSize win, CvSize zero_zone,
CvTermCriteria criteria);
```

说明：

参数 image：输入图像。

参数 corners：输入角点的初始坐标，也存储精确的输出坐标。

参数 count：角点数目。

参数 win：搜索窗口的一半尺寸。如果 win=(5,5)，那么使用(5×2+1)×(5×2+1)=11×11 大小的搜索窗口。

参数 zero_zone：死区的一半尺寸，死区为不对搜索区的中央位置做求和运算的区域。它是用来避免自相关矩阵出现的某些可能的奇异性。当值为(–1,–1)时，表示没有死区。

参数 criteria：求角点的迭代过程的终止条件，即角点位置的确定，要么迭代数大于某个设定值，或者是精确度达到某个设定值。criteria 可以是最大迭代数目，或者是设置的精确度，也可以是它们的组合。

函数 cvFindCornerSubPix()通过迭代来发现具有子像素精度的角点位置，或如图 2–2–3 所示的放射鞍点（radial saddle points）。

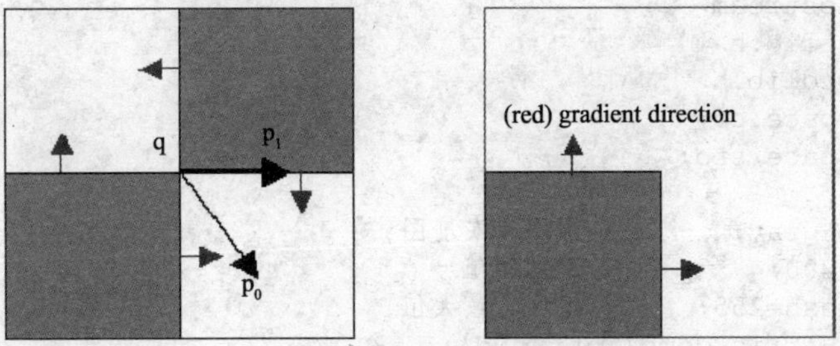

图 2–2–3　放射鞍点

子像素级角点定位是基于对向量正交性的观测而实现的，即从中央点 q 到其邻域点 p 的向量和 p 点处的图像梯度正交。

5．GoodFeaturesToTrack()函数

函数：GoodFeaturesToTrack()。

功能：确定图像的强角点。

```
void cvGoodFeaturesToTrack(const CvArr*image,CvArr*eig_image,CvArr*temp_image,
                           CvPoint2D32f*corners,int*corner_count,
                           double quality_level,double min_distance,
                           const CvArr*mask=NULL);
```

说明：

参数 image：输入图像，8 bit 或浮点 32 bit，单通道。

参数 oig_image：临时浮点 32 bit 图像，尺寸与输入图像一致。

参数 temp_image：另外一个临时图像，格式与尺寸与 eig_image 一致。

参数 corners：输出参数，检测到的角点。

参数 corner_count：输出参数，表示检测到的角点数目。

参数 quality_level：最大最小特征值的乘法因子。定义可接受图像角点的最小质量因子。

参数 min_distance：限制因子，表示得到的角点的最小距离，使用 Euclidian 距离。

参数 mask：函数在 ROI（感兴趣区域）中计算角点，如果 mask 为 NULL，则选择整个图像。必须为单通道的灰度图，大小与输入图像相同。mask 对应的点不为 0，表示计算该点。

函数 cvGoodFeaturesToTrack()在图像中寻找具有大特征值的角点。该函数首先用 cvCornerMinEigenVal()计算输入图像的每一个像素点的最小特征值，并将结果存储到变量 eig_image 中。然后进行非最大值抑制（仅保留 3×3 邻域中的局部最大值）。下一步将最小特征值小于 quality_level?max(eig_image(x,y))排除。最后，函数确保所有发现的角点之间具有足够的距离，第一个最强的角点保留，然后检查新的角点与已有角点之间的距离是否大于 min_distance。

三、实验代码

1. Harris 角点检测

基于 OpenCV 2.4.4 实现 Harris 角点检测。

```
#include "opencv2/highgui/highgui.hpp"
#include "opencv2/imgproc/imgproc.hpp"
#include <iostream>
#include <stdio.h>
#include <stdlib.h>
using namespace cv;
using namespace std;
//全局变量
Mat src,src_gray;          //原图和灰度图
int thresh=200;            //默认阈值
int max_thresh=255;        //滑块条最大值
void cornerHarris_demo(int,void*)
{   Mat dst,dst_norm,dst_norm_scaled;
    dst=Mat::zeros(src.size(),CV_32FC1);
    //参数
    int blockSize=2;
    int apertureSize=3;
    double k=0.04;
    //Harris 角点检测
    cornerHarris(src_gray,dst,blockSize,apertureSize,k,BORDER_DEFAULT);
    //像素归一化到[0,255]
    normalize(dst,dst_norm,0,255,NORM_MINMAX,CV_32FC1,Mat());
    convertScaleAbs(dst_norm, dst_norm_scaled);
    //去绝对值后变换为 8 位无符号类型
    Mat src_copy=src.clone();
    //在角点上画圈
    for(intj=0;j<dst_norm.rows;j++)
    {   for(int i=0;i<dst_norm.cols;i++)
        {   if((int) dst_norm.at<float>(j,i)>thresh)
            {   circle(dst_norm_scaled,Point(i,j),3,Scalar(0));
                circle(src_copy,Point(i,j),3,Scalar(0,255,0));
            }
        }
    }
    namedWindow("Corners",CV_WINDOW_AUTOSIZE);
    imshow("Corners",dst_norm_scaled);
```

```
    imshow("Src",src_copy);
}
int main()
{   //加载源图像并转换为灰度图
    src=imread("pic3.png");
    cvtColor(src,src_gray,CV_BGR2GRAY);
    //显示源图
    namedWindow("Src",CV_WINDOW_AUTOSIZE);
    imshow("Src",src);
    //创建滑块条，指定回调函数为 cornerHarris_demo()，每次滑块位置改变都会调用此函数
    createTrackbar( "阈值: ", "Src", &thresh, max_thresh, cornerHarris_demo );
    //调用函数，计算角点
    cornerHarris_demo(0,0);
    waitKey(0);
    return(0);
}
```

程序运行的结果如图 2-2-4 和图 2-2-5 所示。

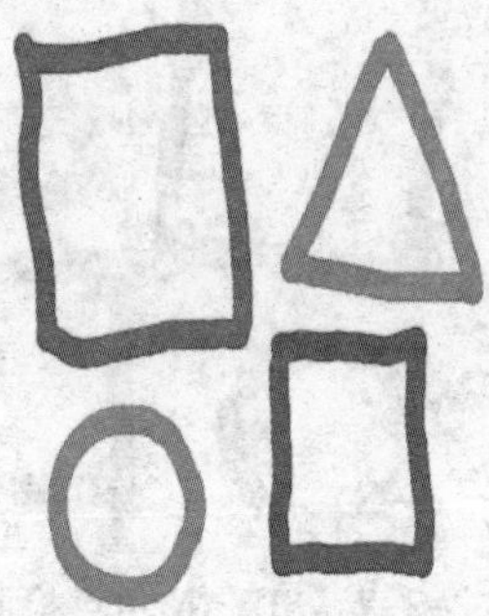

图 2-2-4　原图

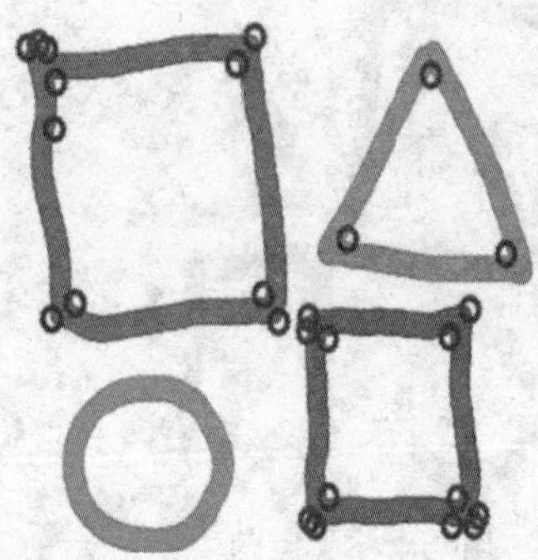

图 2-2-5　Harris 角点检测的结果

2. SUSAN 角点检测

应用 OpenCV 中的 cvGoodFeaturesToTrack()函数完成 SUSAN 角点检测。

```
int main(int argc,char** argv)
{   int cornerCount=max_corners;
    CvPoint2D32f corners[max_corners];
    double qualityLevel=0.05;
    double minDistance=5;
    IplImage *srcImage=0,*grayImage=0,*corners1=0,*corners2=0;
    int i;
    CvScalar color=CV_RGB(255,0,0);
    cvNamedWindow("image",2); //创建显示窗口
    //加载一幅图片
    srcImage=cvLoadImage("pic3.png",1);
    grayImage=cvCreateImage(cvGetSize(srcImage),IPL DEPTH_8U,1);
    //将原图灰度化
    cvCvtColor(srcImage,grayImage,CV_BGR2GRAY);
    corners1=cvCreateImage(cvGetSize(srcImage),IPL_DEPTH_32F,1);
    corners2=cvCreateImage(cvGetSize(srcImage),IPL_DEPTH_32F,1);
    cvGoodFeaturesToTrack(grayImage,corners1,corners2,corners,&cornerCount,
                          qualityLevel,minDistance,0);
    printf("num corners found: %d\n",cornerCount);
```

```
    if(cornerCount>0)
    {   for(i=0;i<cornerCount;++i)
        {   cvCircle(srcImage,cvPoint((int)(corners[i].x),(int)(corners[i].y)),
                    6,color,2,CV_AA,0);
        }
    }
    cvShowImage("image",srcImage);
    cvWaitKey(0);
    cvReleaseImage(&srcImage);
    cvReleaseImage(&grayImage);
    cvReleaseImage(&corners1);
    cvReleaseImage(&corners2);
    return 0;
}
```

程序运行的结果如图 2-2-6 和图 2-2-7 所示。

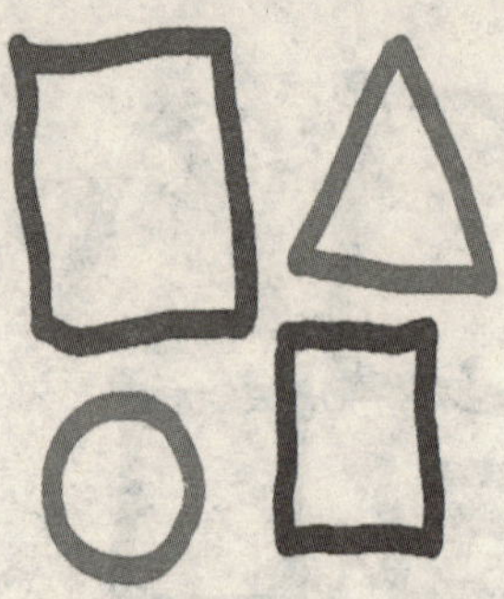

图 2-2-6　原图

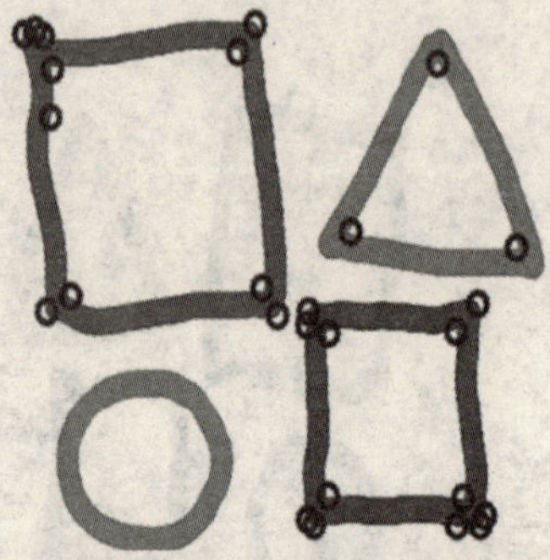

图 2-2-7　SUSAN 角点检测的结果图

【实验 2-3】　连通区域标记

一、基本原理

连通区域一般是指图像中具有相同像素值且位置相邻的前景像素点组成的图像区域。连通区域分析是指将图像中的各个连通区域找出并标记。连通区域标记是一种在图像分析处理的众多应用领域中较为常用和基本的方法。例如：OCR 识别中字符分割提取（车牌识别、文本识别、字幕识别等）、视觉跟踪中的运动前景目标分割与提取（行人入侵检测、遗留物体检测、基于视觉的车辆检测与跟踪等）、医学图像处理（感兴趣目标区域提取）等。也就是说，在需要将前景目标提取出来以便后续处理的应用场景中都能够用到连通区域分析方法。通常连通区域分析处理的对象是一张二值化后的图像。

从连通区域的定义可知，一个连通区域是由具有相同像素值的相邻像素组成的像素集合。因此，可以通过这两个条件在图像中寻找连通区域，对于找到的每个连通区域，赋予其唯一的标识，以区别于其他连通区域。可以将一幅图像中独立的物体理解为连通区域。而连通区域标记的目的就是标记这些连通区域并进行标号，也可以借助连通区域的面积和重心来描述其内部特征。连通区域标记算法可以用来处理彩色图像与灰度图像，但是通常情况下用来处理灰度图像。

二值图像的连通区域标记过程：从仅由“1”像素（前景点）和“0”像素（背景点）组成的一幅点阵图像中，将相互邻接的“1”值像素组合成区域，并用边界信息来描述每个连通区域。像素相邻关系有 4 邻域和 8 邻域，本文算法采用 4 邻域。

连通区域的标记过程有两种常用的基本方法：两遍扫描法和种子填充法。

1. 两遍扫描法

传统的连通区域标记方法通常要对二值图像执行两次扫描。第一次扫描通过逐行逐列扫描像素，判断像素之间的相邻关系，对属于同一连通区域的像素赋予相同的连通标号，实现连通标识。这种逐行逐列的扫描，通常会产生同一像素点被重复标记的现象，同一连通区域的不同子区域被赋予了不同的标记号。因此，需要执行第二次扫描来消除重复的标记，合并属于同一连通区域但是具有不同标记号的子区域。

算法的简单步骤如下：

（1）第一次扫描

访问当前像素 B(x,y)，如果 B(x,y) = 1：

① 如果 B(x,y)的邻域中像素值都为 0，则赋予 B(x,y)一个新的标号（label）：

label += 1，B(x,y) = label。

② 如果 B(x,y)的邻域中有像素值>1 的像素 Neighbors：

a. 将 Neighbors 中的最小值赋予给 B(x,y)：：

B(x,y) = min{Neighbors}

b. 记录 Neighbors 中各个值（label）之间的相等关系，即这些值（label）同属同一个连通区域：

labelSet[i]={label_m,⋯, label_n }，labelSet[i]中的所有 label 属于同一个连通区域。

（2）第二次扫描

访问当前像素 B(x,y)，如果 B(x,y) > 1，找到与 label = B(x,y)同属相等关系的一个最小 label 值，赋予给 B(x,y)。

完成扫描后，图像中具有相同 label 值的像素就组成了同一个连通区域。

2. 种子填充法

种子填充方法来源于计算机图形学，常用于对某个图形进行填充。思路：选取一个前景像素点作为种子，然后根据连通区域的两个基本条件（像素值相同、位置相邻）将与种子相邻的前景像素合并到同一个像素集合中，最后得到的该像素集合则为一个连通区域。

算法的简单步骤如下：

① 扫描图像，直到当前像素点 $B(x,y) == 1$：

a. 将 $B(x,y)$作为种子（像素位置），并赋予其一个标号，然后将该种子相邻的所有前景像素都压入栈中；

b. 弹出栈顶像素，赋予其相同的标号，然后将与该栈顶像素相邻的所有前景像素都压入栈中；

c. 重复步骤 b，直到栈为空。

此时，便找到了图像 B 中的一个连通区域，该区域内的像素值被标记为 label。

② 重复第①步，直到扫描结束。

扫描结束后，就可以得到图像 B 中所有的连通区域。

二、关键函数

首先，将图像转换为单通道灰度图便于处理，需要的 OpenCV 函数为 convertTo()，具体介绍如下：

函数：convertTo()。

功能：将当前图像转换为单通道灰度图像。

格式：cv::Mat::convertTo(Mat& src, int type) 。

说明：

参数 src 为原始图像矩阵；

参数 type 为要转换为的图像类型，例如 type = CV_32SC1，标识单通道 32 位图像。

其次，关键是判断像素的邻域，利用行号和列号实现。行号和列号的关系如图 2-3-1 所示。

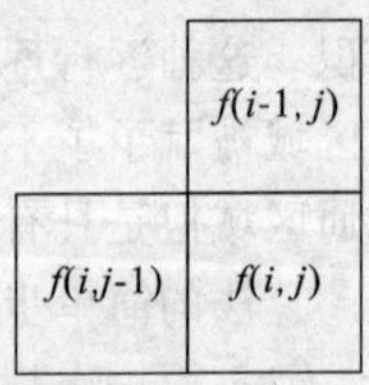

图 2-3-1　关系图

判断像素的邻域的主要代码如下：

```
int  rows=_binImg.rows-1;                           //图像最大行号
int  cols=_binImg.cols-1;                           //图像最大列号
    for(int i=1;i<rows;i++)
    {  int* data_preRow=_lableImg.ptr<int>(i-1);
       int* data_curRow=_lableImg.ptr<int>(i);
       for(int j=1;j<cols;j++)
       { int  leftPixel =data_curRow[j-1];          //左邻像素
          int  upPixel=data_preRow[j];              //上邻像素
       }
    }
```

三、实验代码

1. 两遍扫描法

```
#include <iostream>
#include <string>
#include <list>
#include <vector>
#include <map>
#include <opencv2/imgproc/imgproc.hpp>
#include <opencv2/highgui/highgui.hpp>
void  CcaByTwoPass(const cv::Mat& _binImg,cv::Mat& _lableImg)
{   if (_binImg.empty()||_binImg.type()!=CV_8UC1)
    {  return;
    }
    _lableImg.release();
    _binImg.convertTo(_lableImg,CV_32SC1);
    int label=1;              //从第 2 个像素开始
    std::vector<int> labelSet;
    labelSet.push_back(0);  //背景: 0
    labelSet.push_back(1);  //前景: 1
    int rows=_binImg.rows-1;
    int cols=_binImg.cols-1;
    for(int i=1;i<rows;++)
    {   int* data_preRow=_lableImg.ptr<int>(i-1);
        int* data_curRow=_lableImg.ptr<int>(i);
        for(int j=1;j<cols;j++)
        {  if(data_curRow[j]==1)
           {  std::vector<int> neighborLabels;
              neighborLabels.reserve(2);
              int leftPixel=data_curRow[j-1];
              int upPixel=data_preRow[j];
              if(leftPixel>1)
              {  neighborLabels.push_back(leftPixel);
              }
              if(upPixel>1)
              {   neighborLabels.push_back(upPixel);
              }
              if(neighborLabels.empty())
              {   labelSet.push_back(++label);  //赋予一个新的标号
                  data_curRow[j]=label;
                  labelSet[label]=label;
              }
              else
```

```
                {   std::sort(neighborLabels.begin(),neighborLabels.end()) ;
                    int smallestLabel=neighborLabels[0];
                    data_curRow[j]=smallestLabel;
                    //保存相等关系
                    for (size_t k=1;k<neighborLabels.size();k++)
                    {   int tempLabel=neighborLabels[k];
                        int& oldSmallestLabel=labelSet[tempLabel];
                        if(oldSmallestLabel>smallestLabel)
                        {  labelSet[oldSmallestLabel]=smallestLabel;
                           oldSmallestLabel=smallestLabel;
                        }
                        else if(oldSmallestLabel<smallestLabel)
                        {   labelSet[smallestLabel]=oldSmallestLabel;
                        }
                    }
                }
            }
        }
    }
    //更新对应的值
    //赋值为相邻像素的最小标记值
    for(size_t i=2; i<labelSet.size();i++)
    {   int curLabel=labelSet[i];
        int preLabel=labelSet[curLabel];
        while(preLabel!=curLabel)
        {   curLabel=preLabel;
            preLabel=labelSet[preLabel];
        }
        labelSet[i]=curLabel;
    }
    // 第二遍扫描
    for(int i=0; i<rows;i++)
    {   int* data=_lableImg.ptr<int>(i);
        for(int j=0;j<cols;j++)
        {   int& pixelLabel=data[j];
            pixelLabel=labelSet[pixelLabel];
        }
    }
}
```

运行结果如图 2-3-2 所示。

(a) 填充前　　　　　　　　(b) 填充后

图 2-3-2 两遍扫描法填充效果

2. 种子填充法

本实验包含三部分：第一部分主要是为了实现种子填充，其代码如下：

```
#include <iostream>
#include <string>
#include <list>
#include <vector>
#include <map>
#include <stack>
#include <opencv2/imgproc/imgproc.hpp>
#include <opencv2/highgui/highgui.hpp>
void  CcaBySeedFill(const cv::Mat& _binImg,cv::Mat& _lableImg)
{   if(_binImg.empty()||_binImg.type()!=CV_8UC1)
    {   return;
    }
    _lableImg.release();
    _binImg.convertTo(_lableImg,CV_32SC1);
    int label=1;  //从第 2 个像素开始
    int rows=_binImg.rows-1;
    int cols=_binImg.cols-1;
    for (int i=1;i<rows-1;i++)
    {   int* data=_lableImg.ptr<int>(i);
        for(int j=1;j<cols-1;j++)
        {   if(data[j]==1)
            {   std::stack<std::pair<int,int>> neighborPixels;
                neighborPixels.push(std::pair<int,int>(i,j));
                          // pixel position: <i,j>
                ++label;  // 开始一个新标记的检测
                while(!neighborPixels.empty())
                {   //获得堆栈的第 1 个像素，并用相同标记值标记
                    std::pair<int,int> curPixel=neighborPixels.top() ;
                    int curX=curPixel.first;
                    int curY=curPixel.second;
                    _lableImg.at<int>(curX,curY)=label;
                    //取出堆栈像素
```

```
                    neighborPixels.pop();
                    //放入 4 邻域的像素
                    if(_lableImg.at<int>(curX,curY-1)==1)
                    {//左侧像素
                        neighborPixels.push(std::pair<int,int>(curX,curY-1));
                    }
                    if(_lableImg.at<int>(curX,curY+1)==1)
                    {//右侧像素
                        neighborPixels.push(std::pair<int,int>(curX,curY+1));
                    }
                    if(_lableImg.at<int>(curX-1,curY)==1)
                    {//上方像素
                        neighborPixels.push(std::pair<int,int>(curX-1,curY));
                    }
                    if (_lableImg.at<int>(curX+1,curY)==1)
                    {//下方像素
                        neighborPixels.push(std::pair<int,int>(curX+1,curY));
                    }
                }
            }
        }
    }
}
```

第二部分主要实现用颜色显示标记所填充区域的功能，其代码如下：

```
#include <iostream>
#include <string>
#include <list>
#include <vector>
#include <map>
#include <stack>
#include <opencv2/imgproc/imgproc.hpp>
#include <opencv2/highgui/highgui.hpp>
cv::Scalar  GetRandomColor()
{   uchar r=255*(rand()/(1.0+RAND_MAX));
    uchar g=255*(rand()/(1.0+RAND_MAX));
    uchar b=255*(rand()/(1.0+RAND_MAX));
    return cv::Scalar(b,g,r);
}
void  LabelColor(const cv::Mat& _labelImg,cv::Mat& _colorLabelImg)
{   if(_labelImg.empty()||_labelImg.type()!=CV_32SC1)
    {
        return;
    }
    std::map<int,cv::Scalar>colors;
    int rows=_labelImg.rows;
```

```
    int cols=_labelImg.cols;
    _colorLabelImg.release();
    _colorLabelImg.create(rows,cols,CV_8UC3);
    _colorLabelImg=cv::Scalar::all(0);
    for(int i=0;i<rows;i++)
    {   const int* data_src=(int*)_labelImg.ptr<int>(i);
        uchar* data_dst=_colorLabelImg.ptr<uchar>(i);
        for(int j=0;j<cols;j++)
        {   int pixelValue=data_src[j];
            if(pixelValue>1)
            {   if(colors.count(pixelValue)<=0)
                {   colors[pixelValue]=GetRandomColor();
                }
                cv::Scalar color=colors[pixelValue];
                *data_dst++=color[0];
                *data_dst++=color[1];
                *data_dst++=color[2];
            }
            else
            {   data_dst++;
                data_dst++;
                data_dst++;
            }
        }
    }
}
```

第三部分为实现 main()函数，调用种子填充和颜色标记部分的函数，使得程序运行。代码如下：

```
#include <iostream>
#include <string>
#include <list>
#include <vector>
#include <map>
#include <stack>
#include <opencv2/imgproc/imgproc.hpp>
#include <opencv2/highgui/highgui.hpp>
int main(int argc,char** argv)
{   cv::Mat binImage=cv::imread("demo.jpg",0);
    cv::threshold(binImage,binImage,50,1,CV_THRESH_BINARY_INV);
    //连通区域标记
    cv::Mat labelImg;
    CcaByTwoPass(binImage,labelImg);
    // CcaBySeedFill(binImage,labelImg);
    //显示结果
```

```
    cv::Mat grayImg;
    labelImg*=10;
    labelImg.convertTo(grayImg,CV_8UC1);
    cv::imshow("labelImg",grayImg);
    cv::Mat colorLabelImg;
    LabelColor(labelImg,colorLabelImg);
    cv::imshow("colorImg",colorLabelImg);
    cv::waitKey(0);
    return 0;
}
```

【实验 2-4】　帧 间 差 分

一、基本原理

1. 两帧差分

帧间差分反应了原始图像和擦除部分区域内容后两幅图像之间的差异，因此常用于后续的前景物提取、运动跟踪中。实际使用过程中图像的加减法比较常用，例如加法在噪声处理、减法在图像差异等方面的运用。

帧间差分的核心是两幅图像之间的减法运算，通过像素之间的差值反应两幅图像之间的差异。帧间差分主要用于视频处理中。

帧间差分法的基本原理主要是考虑到运动物体在相邻的帧之间有位移，而背景图像在相邻的帧之间位置是相对固定的，如果用相邻的帧进行点对点的相减，那么运动物体区域的差值会很大，背景部分的差值接近于 0（理想状态下是 0）。简单的帧间差分法可用当前帧与前一帧相减，表示为

$$\mathrm{MASK}_t(x,y)=\begin{cases}1 & |I_t(x,y)-I_{t-1}(x,y)|>T_d \\ 0 & \text{其他}\end{cases}$$

其中，$I_t(x,y)$表示 t 时刻像素点的灰度值，$I_{t-1}(x,y)$表示 $t-1$ 时刻像素点的灰度值。

当场景中没有运动的物体并且背景变化基本稳定的情况下，Mask(x,y)各元素值均约为 0；而当场景中有运动的目标时，运动目标对应位置的 Mask(x,y)=1。用某个阈值 T 对 Mask(x,y)进行阈值操作，规定当 Mask$(x,y)>T$ 的像素点为运动目标区域，就可以提取到运动目标区域，获得运动目标的二值图。两帧差分法的处理过程如图 2-4-1 所示。

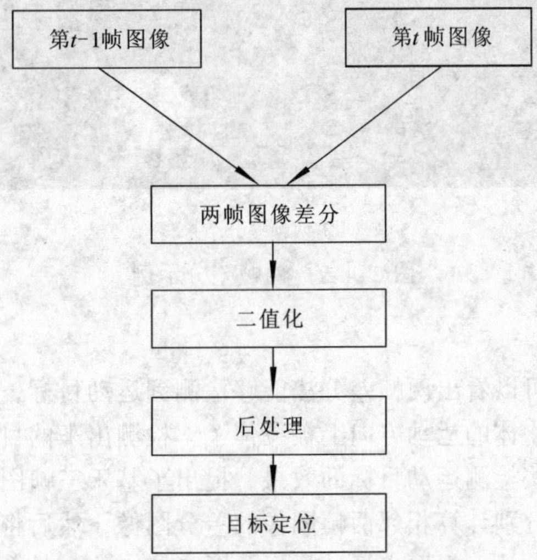

图 2-4-1　两帧差分法的处理过程

在实际中，有关图像差分的结果，大多数图像像素由 3 个 8 位码组成（RGB），因此像素值的大小为 0～255。在图像减法中，像素值的取值范围为-255～255，这一结果超过范围。暂时处理方法有两种：

① 对相减后每个像素再加 255，然后除以 2。该方法的优点：实现简单、速度快；缺点：在计算中精确度降低。

② 首先找到相减后的最小值，然后把相减后像素值都加上最小值的绝对值，接着找出其最大值 MaxValue，最后每个像素值乘以 255/MaxValue。该方法的优点：精确度高；缺点：速度慢。

如图 2-4-2 所示，这是一段道路监控视频监控图像及其帧差分结果，白色区域为监测到的运动物体位置。

（a）原始图

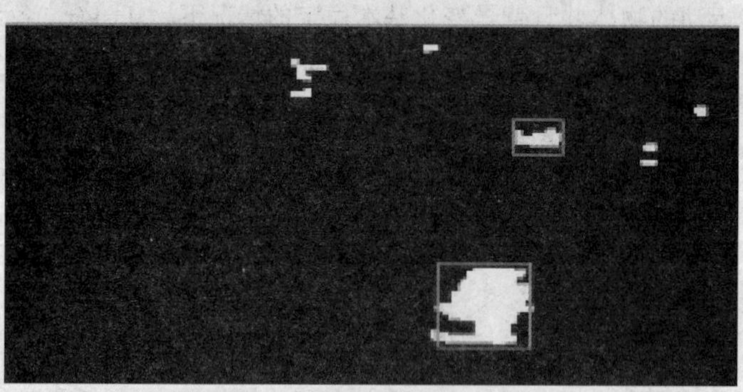

（b）两帧差分结果

图 2-4-2　两帧差分示例

2. 三帧差分

在两帧差分结果中，可以看出两帧差分法能够检测到运动目标，但检测到的目标不完整，位置也不够精确，在运动物体的运动方向上被拉伸了，检测出来的目标区域要比实际的物体大一些。为了改进两帧差分法检测运动目标的效果，提出了基于三帧图像的差分法。三帧差分法通过提取连续三帧图像来分别计算相邻两帧图像的差分图像，然后将所得到的两幅差分图像进行对应像素的“与”操作，从而提取出运动目标。图 2-4-3 为三帧差分的效果图。

（a）原始图

（b）三帧差分结果

图 2-4-3　三帧差分示例

基于三帧图像的差分过程为：设获得连续三帧图像分别为第 t–2 帧图像、第 t–1 帧图像和第 t 帧图像。首先，计算前两帧（第 t–2 帧和第 t–1 帧）图像的差分图像 p；然后，计算后两帧图像（第 t 帧和第 t–1 帧）的差分图像 q；接着，对图像 p 和图像 q 进行图像与操作，并对操作结果进行二值化和目标定位，得到最后的结果。其具体流程如图 2-4-4 所示。

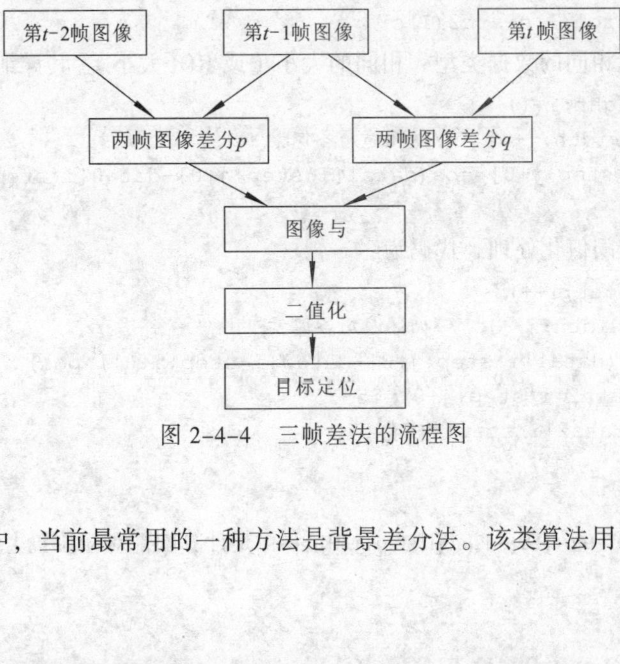

图 2-4-4　三帧差法的流程图

3．背景差分

运动目标检测中，当前最常用的一种方法是背景差分法。该类算法用当前帧与背景图像差分或与背景模型进行比较，对结果进行处理后得到运动目标区域。在该类算法中，背景模型的建立与更新是最难、最关键的问题。

简单的背景差分法的基本思想是选取一幅图像或多幅图像的综合作为场景的背景图像。检测时，用当前帧和存储的背景图像差分，经过对差分结果二值化，找到运动目标区域。一般的做法是，当场景中没有运动目标时，拍摄场景图像作为背景图像，由于一天中各个时段的光照不同，将不同时间段的背景图像保存起来，在运动目标检测的过程中，根据当前时间段，动态选择一个对应时间段的背景图像与当前帧做差分，从而提取到运动目标区域。这个方法需要把该场景在各个季节、各个时间段的背景图像进行准确的拍摄并保存起来，以供在检测时，根据时间选择相应的背景图像，准备工作非常繁杂。这样的背景选取方法可以在一定程度上克服使用单一背景图像所带来的检测准确度不高的问题，在背景场景按季节、时间有规律变化的密闭环境下，检测效果很好，但是，开放环境，如马路、车站、银行门口等场景，存在许多随机变化，这种简单的方法往往是行不通的。

背景差分法是帧差分思想的典型应用，有关背景提取问题后续章节会进行详细介绍。

二、关键函数

1. 图像减法

OpenCV 的函数 cvAbsDiff(img1,img0,img2)实现了图像相减，其详细介绍如下。

函数：cvAbsDiff()。

功能：两幅图像相减。

格式：void cvAbsDiff(const CvArr* src1, const CvArr* src2, CvArr* dst);

说明：

参数 src1 为第一个图像源数组。

参数 src2 为第二个图像源数组。

参数 dst 为相减后的输出数组。

使用函数 cvAbsDiff()计算两个数组差的绝对值，形如：

```
dst(I)c=abs(src1(I)c-src2(I)c)
```

所有数组必须有相同的数据类型、相同的大小（或 ROI 大小）。其详细代码如下：

```
for(i=0;i<height;i++)
   for(j=0;j<width;j++)  //循环遍历各像素
   {  data2[i*step+j+0]=abs(data1[i*step+j+0]-data0[i*step+j+0]))
   }
```

在差分过程加入阈值化处理，代码为：

```
for(i=0;i<height;i++)
   for(j=0;j<width;j++)  //循环遍历各像素
   {    if(abs(data1[i*step+j+0]-data0[i*step+j+0]))>pos)
             data2[i*step+j+0]=255;
        else  data2[i*step+j+0]=0;
   }
}
```

其中，abs(data1[i*step+j+0]-data0[i*step+j+0])>pos 是计算图像对应位置上元素色值的差值绝对

值，反应了色值差别大小；pos为阈值，即色值差别的阈值，色值太小对应位置置为“0”；最终形成一幅二值化图像。

2. 视频图像的获取

（1）初始化从摄像头中获取的视频

使用函数 CvCapture* cvCaptureFromCAM(int index)来实现从摄像头中获取视频，其详细介绍见第一篇初级实验中的实验 1-1、实验 1-2 图像的采集和分割。使用的时候，index 是要使用的摄像头索引。如果只有一个摄像头或者对用哪个摄像头不作要求，则使用参数-1 即可。

函数给从摄像头的视频流分配和初始化 CvCapture 结构。目前在 Windows 下可使用两种接口：Video for Windows（VFW）和 Matrox Imaging Library（MIL）；Linux 下也有两种接口：V4L 和 FireWire（IEEE 1394）。要释放这个结构，可使用函数 cvReleaseCapture()。

（2）从摄像头或者文件中抓取并返回一帧

使用函数 IplImage* cvQueryFrame(CvCapture* capture)实现从摄像头或者文件中抓取并返回一帧来获取视频，其详细介绍见第一篇初级实验中的实验 1-1、实验 1-2 图像的采集和分割。函数 cvQueryFrame()从摄像头或者文件中抓取一帧，然后解压并返回这一帧。这个函数仅仅是函数 cvGrabFrame()和函数 cvRetrieveFrame()在一起调用的组合。返回的图像不允许用户释放或者修改。cvQueryFrame()的参数为 CvCapture 结构的指针，用来将下一帧视频文件载入内存，返回一个对应当前帧的指针。与 cvLoadImage()不同的是，cvLoadImage()为图像分配内存空间，而 cvQueryFrame() 使用已经在 cvCapture 结构中分配好的内存。这样，就没有必要通过 cvReleaseImage()函数对这个返回的图像指针进行释放，当 CvCapture 结构被释放后，每一帧图像所对应的内存空间即会被释放。

下述代码使用 while 循环实现视频帧的反复读取。

```
CvCapture *capture=NULL;
capture=cvCaptureFromCAM(-1);//初始化摄像头
//利用第一帧，检测帧的宽度和高度
IplImage *frame=0;
frame=cvQueryFrame(capture);
int image_width=(int)frame->width;
int image_height=(int)frame->height;
IplImage *image1=0;
//根据第一帧的结果，创建image的大小
image=cvCreateImage(cvSize(image_width,image_height),IPL_DEPTH_8U,3);
while(image1)
{   image=cvQueryFrame(capture);//读取视频帧
    if(image==NULL)
    {  break;
    }
   //后续帧图像的处理
 }
```

三、实验代码

1. 使用 OpenCV 的差分函数进行图像差分

```
#include<stdio.h>
#include<stdlib.h>
#include<math.h>
#include "cv.h"
#include "highgui.h"
IplImage *img0=NULL;
IplImage *img1=NULL;
IplImage *img2=NULL;
uchar *data0=NULL;
uchar *data1=NULL;
uchar *data2=NULL;
void onTrackerSlid(int pos)
{   int i,j;
    int height=img0->height;
    int width=img0->width;
    int step=img0->widthStep/sizeof(uchar);
    data0=(uchar*)img0->imageData;
    data1=(uchar*)img1->imageData;
    data2=(uchar*)img2->imageData;
    for(i=0;i<height;i++) for(j=0;j<width;j++)
    {   if(abs(data1[i*step+j+0]-data0[i*step+j+0])>pos)
            data2[i*step+j+0]=255;
        else data2[i*step+j+0]=0;
    }
    cvShowImage("result",img2);
}
int main(int argc,char** argv)
{   int thresh=80;                                          //载入图像
    img0=cvLoadImage(argv[1],0);
    img1=cvLoadImage(argv[2],0);
    img2=cvCreateImage(cvGetSize(img0),8,1);
    cvSmooth(img0,img0,CV_GAUSSIAN,3,0,0,0);                //高斯滤波平滑图像
    cvNamedWindow("imge0",CV_WINDOW_AUTOSIZE);              //创建窗口
    cvNamedWindow("imge1",CV_WINDOW_AUTOSIZE);
    cvNamedWindow("result",CV_WINDOW_AUTOSIZE);
    cvShowImage("imge0",img0);                              //显示图像
    cvShowImage("imge1",img1);
    cvCreateTrackbar("threshold","result",&thresh,255,onTrackerSlid);
    onTrackerSlid(thresh);
    cvWaitKey(0);                                           //等待按键
    cvDestroyWindow("Imge0");                               //销毁窗口
    cvDestroyWindow("Imge1");
```

```
    cvDestroyWindow("result");
    cvReleaseImage(&img0);                                    //释放图像
    cvReleaseImage(&img1);
    cvReleaseImage(&img2);
    return -1;
}
```

程序运行效果如图 2-4-5 所示。

（a）原图　　（b）擦除后　　（c）差分图

图 2-4-5　使用 OpenCV 的差分函数进行图像差分的效果

2. 视频中的两帧差分

```
#include "cxcore.h"
#include "cvcam.h"
#include "windows.h"
#include "cv.h"
#include "highgui.h"
#define NULL 0
#include <iostream>
int main()
{ IplImage *res=0;
  IplImage *res0=0;
  IplImage *image=0;
  IplImage *image1=0;
  CvCapture *capture=NULL;
  capture=cvCaptureFromCAM(-1);
  IplImage *frame=0;
  frame=cvQueryFrame(capture);
  int image_width=(int)frame->width;
  int image_height=(int)frame->height;
  IplImage *res_flip=NULL;
  IplImage *Gimage1_flip=NULL;
  IplImage *Gimage2_flip=NULL;
  image=cvCreateImage(cvSize(image_width,image_height),IPL_DEPTH_8U,3);
  image1=cvCreateImage(cvSize(image_width,image_height),IPL_DEPTH_8U,3);
  IplImage *image2=cvCreateImage(cvSize(image_width,image_height),
                                      IPL_DEPTH_8U,3);
  res=cvCreateImage(cvSize(image_width,image_height),IPL_DEPTH_8U,1);
  res0=cvCreateImage(cvSize(image_width,image_height),IPL_DEPTH_8U,3);
```

```
    cvNamedWindow("video1",1);
    cvNamedWindow("video2",1);
    cvNamedWindow("video3",1);
    while(image1)
    {  image=cvQueryFrame(capture);
      if( image==NULL)
      {  break;
      }
      cvCopy(image,image1,NULL);
      image=cvQueryFrame(capture);
      cvCopy(image,image2,NULL);
      cvAbsDiff(image1,image2,res0);
      cvCvtColor(res0,res,CV_RGB2GRAY);
      cvThreshold(res,res,50,255,CV_THRESH_BINARY);
      cvFlip(image1,Gimage1_flip,0);//按照 x 轴对称来翻转
      cvFlip(image2,Gimage2_flip,0);
      cvFlip(res,res_flip,0);
      cvShowImage("video1",image1);
      cvShowImage("video2",image2);
      cvShowImage("video3",res);
      cvWaitKey(250);
    }
    cvDestroyWindow("video3");
    cvDestroyWindow("video2");
    cvDestroyWindow("video1");
    cvReleaseImage(&res);
    cvReleaseImage(&res0);
    cvReleaseImage(&image2);
    cvReleaseImage(&image1);
    cvReleaseImage(&image);
    cvReleaseCapture(&capture);
    return 0;
}
```

3. 视频中的三帧差分

```
#include "stdafx.h"
#include "highgui.h"
#include "cv.h"
#include "cxcore.h"
#include "cvaux.h"
#include <iostream>
#include <cstdio>
#include <cstring>
#include <cmath>
#include <algorithm>
#include <queue>
#include <vector>
#include <windows.h>
using namespace std;
```

```
#define GET_IMAGE_DATA(img,x,y)  ((uchar*)(img->imageData+img->widthStep*
                                     (y)))[x]
int T=10;
int Num[300];
int Sum[300];
void InitPixel(IplImage * img,int &_low,int &_top)
{  memset(Num,0,sizeof(Num));
   memset(Sum,0,sizeof(Sum));
   _low=255;
   _top=0;
   for(int i=0;i<img->height;i++)
   {   for(int j=0;j<img->width;j++)
       {   int temp=((uchar*)(img->imageData+img->widthStep*i))[j];
           if(temp<_low)     _low=temp;
           if(temp>_top)     _top=temp;
           Num[temp]+=1;
       }
   }
   for(int i=1;i<256;i++)
   {   Sum[i]=Sum[i-1]+i*Num[i];
       Num[i]+=Num[i-1];
   }
}
int otsu(IplImage *img)
{  int _low,_top,mbest=0;
   float mn=img->height*img->width;
   InitPixel(img,_low,_top);
   float max_otsu=0;
   mbest=0;
   if(_low==_top)   mbest=_low;
   else
   {  for(int i=_low;i<_top;i++)
      {   float w0=(float)((Num[_top]-Num[i])/mn);
          float w1=1-w0;
          float u0=(float)((Sum[_top]-Sum[i])/(Num[_top]-Num[i]));
          float u1=(float)(Sum[i]/Num[i]);
          float u=w0*u0+w1*u1;
          float g=w0*(u0-u)*(u0-u)+w1*(u1-u)*(u1-u);
          if(g>max_otsu)
          {   mbest=i;
              max_otsu=g;
          }
      }
   }
   return mbest;
}
```

```
int main()
{   int ncount=0;
    IplImage *image1=NULL;
    IplImage *image2=NULL;
    IplImage *image3=NULL;
    IplImage *Imask =NULL;
    IplImage *Imask1=NULL;
    IplImage *Imask2=NULL;
    IplImage *Imask3=NULL;
    IplImage *mframe=NULL;
    CvCapture *capture=cvCreateCameraCapture(-1);
    cvNamedWindow("src");
    cvNamedWindow("dst");
    cvNamedWindow("Imask1");
    cvNamedWindow("Imask2");
    cvNamedWindow("Imask3");
    while(mframe=cvQueryFrame(capture))
    {   DWORD start=GetTickCount();
        if(ncount>1000000000)
            ncount=100;
        ncount+=1;
        if(ncount==1)
        {   image1=cvCreateImage(cvGetSize(mframe),IPL_DEPTH_8U,1);
            image2=cvCreateImage(cvGetSize(mframe),IPL_DEPTH_8U,1);
            image3=cvCreateImage(cvGetSize(mframe),IPL_DEPTH_8U,1);
            imask =cvCreateImage(cvGetSize(mframe),IPL_DEPTH_8U,1);
            imask1=cvCreateImage(cvGetSize(mframe),IPL_DEPTH_8U,1);
            imask2=cvCreateImage(cvGetSize(mframe),IPL_DEPTH_8U,1);
            imask3=cvCreateImage(cvGetSize(mframe),IPL_DEPTH_8U,1);
            cvCvtColor(mframe,image1,CV_BGR2GRAY);
        }
        if(ncount==2)  cvCvtColor(mframe,image2,CV_BGR2GRAY);
        if(ncount>=3)
        {   if(ncount==3)  cvCvtColor(mframe,image3,CV_BGR2GRAY);
            else
            {   cvCopy(image2,image1);
                cvCopy(image3,image2);
                cvCvtColor(mframe,image3,CV_BGR2GRAY);
            }
            cvAbsDiff(image2,image1,Imask1);
            cvAbsDiff(image3,image2,Imask2);
            //cvShowImage("Imask1",Imask1);
            //cvShowImage("Imask2",Imask2);
            int mbest1=otsu(Imask1);
            cvSmooth(Imask1,Imask1,CV_MEDIAN);
            cvThreshold(Imask1,Imask1,/*mbest1*/10,255,CV_THRESH_BINARY);
```

```
            int mbest2=otsu(Imask2);
            cvSmooth(Imask2,Imask2,CV_MEDIAN);
            cvThreshold(Imask2,Imask2,/*mbest2*/10,255,CV_THRESH_BINARY);
            cvAnd(Imask1,Imask2,Imask);
            //cvErode(Imask, Imask);
            //cvDilate(Imask,Imask);
            DWORD finish=GetTickCount();
            cvShowImage("src",image2);
            cvShowImage("dst",Imask);
        }
        char c=cvWaitKey(30);
        if(c==27)   break;
    }

    return 0;
}
```

第三篇　高级实验

【实验 3-1】　肤色识别

一、基本原理

人体的肤色是人的重要特征标志之一，近年来对图像中肤色识别的研究日趋活跃，肤色识别技术正得到越来越多的应用。比较典型的应用有：人脸检测与识别、表情识别、手势识别、基于内容的图像检索等。肤色识别是指从图像中检测和识别出人体皮肤区域的过程。肤色识别是人脸检测、手势识别、表情识别和人体检测等图像识别任务的基础和关键步骤。

皮肤由较薄的表皮层和较厚的真皮层构成，光在表皮层被黑色素吸收，而在真皮层中则同时发生吸收和散射。研究发现，不同个体的真皮层的光学特性是基本一致的，肤色差异主要是由黑色素浓度引起的，而且这种差异主要表现为亮度上的不同。一般来说，同种族的不同个体的肤色是相对接近的，并会明显区别于背景颜色，在颜色空间中形成一个小而紧致的聚簇。另外，在不同的光照条件下，肤色的亮度会产生很大的差异，但是它的色度和饱和度基本上保持不变。研究表明，即便是考虑不同光照条件、人种、年龄和性别个体差异，大样本库的肤色在 RGB 颜色模型中仅占据样本总体积约 10%的很小一部分。相对于其他几何特征来讲，肤色具有不受形状、大小、姿态等因素的变化所影响的性质。可以说，肤色是一种有效的皮肤检测特征。

对于彩色图像来说，皮肤的颜色是一个有效的特征，基于颜色的皮肤检测具有简单、直观、高效、准确的优点，也不需要很多的参数，是目前肤色识别中最常用的一种方法。肤色识别方法基本分为两种类型：基于物理的和方法和基于统计的方法。在肤色检测中引入光照，使其与皮肤相互作用，对光谱特性和肤色反射模型进行肤色识别，属于基于物理的方法。基于统计的肤色识别是通过建立肤色统计模型来进行肤色识别，主要包含颜色模型转换和肤色建模两大步骤。目前，相对于基于物理的方法，基于统计的肤色识别技术应用较多，下面将详细介绍基于统计的肤色识别方法。

1. 颜色模型选择

在第一篇初级实验的实验 1-8 颜色直方图中，已经对常用的颜色模型进行了简略介绍，结合本实验，这里对常用的两个颜色模型 RGB 和 HSV 再次进行详细介绍。

选择颜色模型是选择肤色识别的最基本特征表示。在不同的光照条件下，肤色的亮度会产生很大的差异，但是它的色度和饱和度基本保持不变。所以，想要实现良好的肤色识别效果，首先需要选择一个合适的颜色模型。颜色模型指的是颜色的数学表示方法，用来指定和产生颜色，使计算机对颜色的处理更加方便。通常颜色用三维模型来表示，用三维坐标来指定空间中的颜色。在特定的颜色模型中，一个指定的坐标对应着颜色模型中的一种颜色。目前，图像处理领域的色彩模型有十余种之多，常见的有 RGB 颜色模型、归一化 RGB 颜色模型、HSI 颜色模型和 HSV 颜色模型。

（1）RGB 颜色模型

根据三原色原理，任意色光 F 都可以用 R、G、B 三色加色合成来表示：

$$F = r[R] + g[G] + b[B] \tag{3-1-1}$$

如图 3-1-1 所示，RGB 色系坐标中三维空间的三个轴分别与红、绿、蓝三原色相对应，原点对应于黑色，离原点最远的顶点对应于白色，其他颜色落在三维空间中，由红、绿、蓝三原色组成的彩色立方体中。将 RGB 颜色空间模型归一化处理的计算公式为

$$r = R/(R+G+B) \quad g = G/(R+G+B) \quad b = B/(R+G+B) \tag{3-1-2}$$

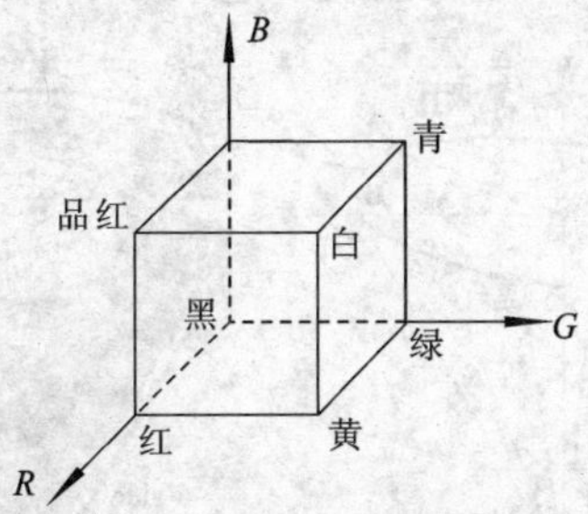

图 3-1-1　RGB 颜色空间

彩色图像常用 R,G,B 三个分量的值来表示。但 R,G,B 三个分量之间通常有很高的相关性，直接利用这些分量常常不能得到所需的效果。所以需要将 RGB 图像转换到其他颜色模型，如 HSV 颜色模型。

（2）归一化 RGB 颜色模型

设 RGB 颜色模型分别有两个像素点，其三维坐标分别表示为 $[R_1,G_1,B_1]$ 和 $[R_2,G_2,B_2]$，两像素点之间存在关系：

$$\frac{R_1}{R_2} = \frac{G_1}{G_2} = \frac{B_1}{B_2} \tag{3-1-3}$$

那么，这两个像素点具有同样的颜色，但具有不同的亮度。然而，图像中不同区域的肤色差别主要就存在于像素点的亮度上，通过将色彩的亮度归一化可缩小肤色差异，在颜色模型中去除亮度分量，保持相对单纯的颜色分量，由此可以得到归一化的 RGB 模型。

$$\begin{bmatrix} \frac{1}{R+G+B} & 0 & 0 \\ 0 & \frac{1}{R+G+B} & 0 \\ 0 & 0 & \frac{1}{R+G+B} \end{bmatrix} \bullet \begin{bmatrix} R \\ G \\ B \end{bmatrix} = \begin{bmatrix} r \\ g \\ b \end{bmatrix} \tag{3-1-4}$$

由上面公式可以看出 r、g、b 存在两两之间相互独立的信息，即 $r+g+b=1$，其中 r、g、b 分别表示归一化后的三个色彩分量。由此可得，归一化 RGB 颜色模型完全可以由两个色度分量（如 $r-b$ 或 $r-g$）来表示，而另一个分量由 F 减去这两个分量得到，实现由三维到二维空间的转换。归一化 RGB 颜色模型可以消除因亮度变化导致图像中肤色的变化带来的影响。因此，归一

化 RGB 颜色模型对肤色的检测更有利。

（3）HSV 颜色模型

HSV 表示色调（hue）、饱和度（saturation）和值（value）。HSV 颜色模型与 HIS 颜色模型近似，但是比 HIS 颜色模型更接近人类对颜色的感知。该颜色模型是一种符合主观感觉的色彩模型，属于非线性色彩系统。它对应于柱坐标系中的一个圆锥体，圆锥底面半径与 0°线之间的夹角代表色调 H，圆锥底面半径大小代表饱和度 S，圆锥的高代表值 V。沿 H 方向表示色相的变化，从 0° ～360° 是可见光的全部色谱，当色度 H 从 0 变化到 360 时，相应的颜色从红色变化到黄色、绿色、蓝绿色、蓝色、紫红色，然后又回到红色。由中心向边界表示颜色的饱和度 S 变化，当饱和度从 0 变化到 1.0 时，相应的色度从不饱和变到全饱和，越接近边界的颜色饱和度越高，处于边界的颜色饱和度最高。椎体高度亮度用 V 表示。它从下至上表示一条由黑到白的灰度，V 的底端是黑色，V=0，V 的顶端是白色，V=1，如图 3-1-2 所示。

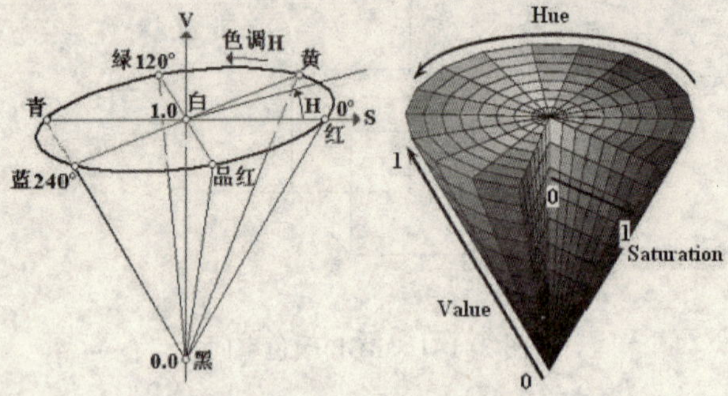

图 3-1-2　HSV 颜色模型

HSV 模型可以将色度与亮度分离。与 RGB 模型相比，HSV 模型具有以下优点：

① 符合人眼对颜色的感知。当采用 RGB 颜色模型时，改变某一颜色的属性，如改变色度，就必须同时改变 R、G、B 三个坐标；而采用 HSV 颜色模型时只需改变 H 坐标。

② HSV 颜色模型构成的是一个均匀的颜色模型，采用线性标尺，彩色之间感觉上的距离与 HSV 颜色模型坐标上点的距离成正比。

（4）RGB 模型到 HSV 模型转换算法

通过常用视频采集设备采集到的图像一般都是用 RGB 颜色模型来表示的，但如前面所述，直接利用 RGB 模型不能得到所需肤色检测的效果。所以需要将 RGB 图像转换为其他颜色模型。

由以上介绍可以看出，由于 HSV 颜色模型中的 H 分量和 S 分量独立于 V 分量，即色度和饱和度信息与亮度信息是相互独立的，因此可分离出色度和饱和度信息，减少光照对肤色的影响。所以，选取 HSV 颜色模型用于肤色检测。肤色在颜色模型的分布相当集中，但会受到照明和人种的很大影响。

设 Color(r, g, b)为 RGB 模型某个颜色，r、g、b 分别为其红色、绿色和蓝色分量。设 max 为 r、g、b 中的最大值，min 为其中的最小值。若(h,s,v)表示对应颜色在 HSV 模型的坐标值，其中，$h\in[0,360)$，$s\in[0,1]$，$v\in[0,1]$，则从 r、g、b 可计算出 h、s、v 的值。

v 值的计算公式为

$$v=\max\{r,g,b\} \tag{3-1-5}$$

s 值的计算公式为

$$s = \frac{\max - \min}{\max} \tag{3-1-6}$$

h 值则根据 max 的不同具有不同计算公式，具体：

① 如果 r 为 r、g、b 中的最大值，即 r=max，则

$$h = \frac{g - b}{\max - \min} \tag{3-1-7}$$

② 如果 g 为 r、g、b 中的最大值，即 g=max，则

$$h = 2 + \frac{g - b}{\max - \min} \tag{3-1-8}$$

③ 如果 b 为 r、g、b 中的最大值，即 b=max，则

$$h = 4 + \frac{r - g}{\max - \min} \tag{3-1-9}$$

根据以上公式计算得到 h 的值后，还需要对 h 值进行以下处理：$h=h\times 60$；如果 $h<0$，则 $h=h+360$。

2. 肤色建模

肤色识别的最终目的是将图像中的所有像素分为非肤色区域像素与肤色区域像素两大类的一个决策规则。在肤色识别时，一旦确定了使用何种颜色模型，那么下一步就是建立肤色模型来描述人们需要进行区别的肤色区域像素与非肤色区域像素这两个对象。

肤色建模是关于肤色知识的计算机表示。根据不同应用，可以将肤色建模分为静态和动态两类，目前常用的三种静态肤色建模方法为：① 规定肤色范围；② 高斯密度函数估计；③ 直方图肤色模型。三者分别对应阈值化、参数化和非参数化方法。

（1）规定肤色范围

用数学表达式明确规定肤色范围是一种简单的肤色建模方法。例如，研究者 Chai 采用 YCbCr 颜色模型的 CbCr 平面，判断输入像素的颜色是否位于由 RCr=[133;173]和 RCb=[77;127]所限定的矩形区域内，如果属于该区域，则认为该像素属于肤色像素。该方法具有简单、高效的优点，比较适合于实时检测系统。

该方法在实际应用中要想取得较好的效果，需要较好地解决以下两个问题：一是选择合适的颜色模型；二是确定合理的规则参数。

（2）高斯密度函数估计

高斯密度函数估计是一种参数化建模，可以采用单峰高斯模型（single-peak gaussian model，SGM）或高斯混合模型（gaussian mixture model，GMM）。

① SGM：是椭圆高斯联合概率密度函数，即

$$p(x/\text{skin}) = \frac{1}{2\pi|\Sigma|}\exp\{-\frac{1}{2}(x-\mu)\Sigma_i^{-1}(x-\mu)\} \tag{3-1-10}$$

其中，x 是像素颜色向量，μ 为均值向量，Σ为协方差矩阵，μ 和 Σ是高斯参数，用最大似然法估算。

$p(x/\text{skin})$可以直接衡量像素 x 属于肤色的可能性，也可以通过高斯分布参数计算输入像素颜色 x 与均值 μ 的马氏距离 $d^2=(x-\mu)^T\Sigma^{-1}(x-\mu)$，距离大小表示该像素与肤色模型的接近程度。

② GMM：多个高斯密度函数的加权和构成高斯混合模型，可用如下公式表示：

$$p(x)=\sum_{i=1}^{K}\frac{1}{2\pi\left|\Sigma_i\right|^{1/2}}\exp\{-\frac{1}{2}(x-\mu)\Sigma_i^{-1}(x-\mu)\} \qquad (3\text{-}1\text{-}11)$$

其中 x 是颜色向量，有 k 个高斯密度函数，分别用均值向量 μ 和协方差矩阵 Σ_i 定义，权值 ω_i 表示各高斯密度函数对混合模型的贡献大小。对肤色和非肤色分别用一个高斯混合模型表示，用标准的期望最大化 EM 算法训练这两个高斯混合模型，每个高斯混合模型中的高斯密度函数个数 k 需要事先给定。

Caetano 认为高斯混合模型比单峰高斯模型好，但后来在 NCCrgb 颜色模型中的实验却发现，高斯混合模型仅仅在特定的工作区域有比较好的性能，这个区域处在 *ROC* 曲线的中后段，即正检率和误检率都比较高的区间。高斯肤色模型常用二维色度平面，色度平面上的肤色分布是否符合高斯分布，决定了本建模方法的好坏。但这种分布形态与所选的颜色模型有关。

（3）直方图肤色模型

直方图肤色模型是一种非参数模型。肤色样本的直方图统计可以构造肤色概率图（Skin Probability Map，SPM），即为离散化的颜色模型中的每个格子赋予一个概率值。利用 SPM 检测肤色像素主要有规则化查找表和贝叶斯分类器两种方法。

规则化查找表直接利用 SPM 作为肤色概率查找表，输入像素的颜色向量经过与 SPM 相同的颜色模型变换和量化后，所得到的向量作为查表的索引，查表得到的值是该输入像素属于肤色的概率。贝叶斯分类器则先学习正反样本，通过贝叶斯公式估计肤色像素的后验概率。

以上三种肤色建模方法属于静态肤色建摸方法，动态肤色建模方法分为两类：第一类是将肤色模型参数调节到适应某幅静态图像；第二类是针对序列图像，能适应成像条件对事件的变化，可在特定条件下获得高检测率和低误检率。通常，能否处理照明变换是动态肤色建模成功的关键。

本书采用第一种方法（规定肤色范围）来建立肤色模型。该方法由一组阈值规则构成，满足规则的即为皮肤区域。该方法是一种简单的非参数肤色建模方法。该方法的判断规则简单明确，运行起来快速高效，尤其适用于实时系统。在实际应用中要解决好以下两个问题才能取得好的效果：

① 如何选择合适的颜色空间。

② 怎样确定规则中的参数。

一般采用数学表达式明确规定肤色范围。例如，有些研究采用 YC_bC_r 颜色空间的 C_bC_r 平面，如果输入像素的颜色落入 RCr=[133;173]和 RCb=[77;127]限定的矩形区域，就认为是属于肤色像素。有人注意到在不同的亮度分量 Y 上的矩形区域(RCr,RCb)不同，因此在 Y 分量上分段定义肤色矩形区域。有些研究在 YUV 空间中根据 Y 范围和 UV 平面中的色度范围进行肤色检测。

根据大量的统计分析可知，亚洲人的肤色在 HSV 模型上的特点是：色度信息上，从红色到棕黄色，都有可能是肤色；饱和度信息上，肤色的饱和度占据一个较宽的范围；亮度信息上，由于人的皮肤略显黄白色，因而亮度值较高。下面的判断规则是亚洲人皮肤颜色在 HSV 颜色模型的分布范围：

$$0\leqslant H\leqslant 40$$
$$30\leqslant S\leqslant 255$$
$$20\leqslant V\leqslant 255$$

3. 皮肤识别

这里利用基于统计的方法实现肤色识别，其主要分为两大步骤：第一步是颜色模型选择，第二步是肤色建模。在第一步的颜色模型选择中选择了 HSV 颜色模型，第二步的肤色建模中采用了规定肤色范围的肤色建模方法。

由于，常规视频设备采集到的图像一般都是 RGB 模型，所以需要进行颜色模型的变换：把 RGB 颜色模型转换为 HSV 颜色模型（具体转换公式见 RGB 模型到 HSV 模型转换算法部分）。

在利用规定颜色范围方法进行肤色建模时，因为在 HSV 颜色模型中用数学表达式明确定义 H,S,V 的范围，则可以用以下条件来检测图像上的像素是否为皮肤区域：

$$f(x,y)=\begin{cases}255 & H\in[0,40]\wedge S\in[30,255]\wedge V\in[20,255]\\0 & \text{else}\end{cases} \tag{3-1-12}$$

其中，$f(x,y)$表示图像中坐标为(x,y)处的像素颜色值，H,S,V 分别为原图像中坐标(x,y)在 HSV 模型所对应的分量。当上述条件满足时，则认为该对应像素属于皮肤区域，否则认为该处不属于皮肤区域。

二、关键函数

综上所述，识别当前图像中肤色区域的主要步骤如下：

① 颜色模型转换。将图像从 RGB 颜色模型转换到 HSV 颜色模型。OpenCV 提供了函数 cvCvtColor()，利用该函数可以很方便实现由 RGB 颜色模型到 HSV 颜色模型的转换。

② 获得 HSV 图像的 H、S 和 V 的值。

③ 肤色识别。利用规定肤色范围的方法，对分离后的 HSV 图像进行肤色识别。下面将详细叙述其实现步骤和主要函数。

1. 颜色空间转换

用 OpenCV 的函数 cvCvtColor()可以实现图像颜色模型的转换。其详细介绍请参见第一篇初级实验的实验 1-8 直方图。

将一幅 RGB 颜色模型的图像转换为 HSV 颜色模型的图像可通过以下实验代码：

```
IplImage *src=cvLoadImage("lena.jpg",1);        //原图
IplImage *dst_image=cvCreateImage(cvGetSize(src),32,src->nChannels);
cvCvtColor(src_image_32,dst_image,CV_BGR2HSV);    //得到 HSV 图
```

转换前后的效果如图 3-1-3、图 3-1-4 所示。

图 3-1-3 RGB 模式的原图像

图 3-1-4 转换的 HSV 模式图像

为了进一步了解 HSV 图像，可使用函数 cvSplit()将 HSV 图像进行通道分离。cvSplit()函数将图像分为多个单通道图像。cvSplit()的详细介绍如下：

函数：cvSplit()。

功能：实现将当前图像的每个通道分别复制为多个单通道图像。

格式：cvSplit(const CvArr* src,CvArr* dst0,CvArr* dst1,CvArr* dst2,CvArr* dst3);

说明：

参数 src 为待分离通道的图像。

参数 dst0 为分离后的单通道图像。

参数 dst1 为分离后的单通道图像。

参数 dst2 为分离后的单通道图像。

参数 dst3 为分离后的单通道图像。

函数 cvSplit()将复制 src 的各个通道到图像 dst0,dst1,dst2 和 dst3 中。如果源图像少于 4 个通道，cvSplit()中不必要的目标参数可设置为 NULL。

本实验是对 HSV 图像进行处理，分离其为 H、S 和 V 三个通道图像。下面为将 HSV 图像进行通道分离的代码。

```
IplImage* hsv_image=cvLoadImage("lena.jpg",1);
IplImage* H_img=cvCreateImage(sz,IPL_DEPTH_8U,1);
IplImage* S_img=cvCreateImage(sz,IPL_DEPTH_8U,1);
IplImage* V_img=cvCreateImage(sz,IPL_DEPTH_8U,1);
cvSplit(hsv_image,H_img,S_img,V_img,NULL);
```

分离后各通道的效果图像如图 3-1-5、图 3-1-6 和图 3-1-7 所示。

图 3-1-5 H 通道图像

图 3-1-6 S 通道图像

图 3-1-7 V 通道图像

2. 获得 HSV 图像的 *H*、*S* 和 *V* 的值

利用获得 HSV 图像的数据，即可在该数据中取得指定行和列的 *H* 值、S 值和 *V* 值。若当前的 HSV 图像为 hsv_img，则可通过以下语句获得其中的数据。

```
uchar *data;
data=(uchar *)hsv_img->imageData;
```

HSV 图像中的第 *j* 行、第 *i* 列的 *H* 值为 data[*j**step+*i**channels+0]；该位置的 *S* 值为 data[*j**step+*i**channels+1]；该处的 *V* 值为 data[*j**step+*i**channels+2]。具体实现语句如下：

```
H=data[j*step+i*channels+0];                  //H 分量
S=data[j*step+i*channels+1];                  //S 分量
V=data[j*step+i*channels+2];                  //V 分量
```

经过以上处理，即可得到图像 hsv_img 在第 *j* 行、第 *i* 列的 *H* 值、*S* 值和 *V* 值。获得 HSV 图像中所有像素的 *H* 值、*S* 值和 *V* 值的代码如下：

```
int width=hsv_img->width;                     //获得图像的宽
int step=hsv_img->widthStep;                  //获得图像存储一行像素需要的字节数
int channels=hsv_img->nChannels;              //获得图像的通道信息
CvScalar ss={0.0};                            //定义存放像素值
for(i=0;i<width;i++)
{
   for(j=0;j<height;j++)                      //遍历图像的每个像素
   {
      H=data[j*step+i*channels+0];            //H 分量
      S=data[j*step+i*channels+1];            //S 分量
      V=data[j*step+i*channels+2];            //V 分量
   }
}
```

3. 肤色识别

通过以上处理后，可得到 HSV 图像的 *H* 值、*S* 值和 *V* 值，因而，在该步骤只需要利用肤色范围方法进行判断，就可以识别出皮肤区域。具体为判断着三个值是否都位于指定的数值范围内，如果在指定数据范围内则为肤色区域，否则不是。

设 *H* 值、*S* 值和 *V* 值分别存储在整型变量 H、S 和 V 内，则判断条件为：

```
(((H>=0)&&(H<=40))&&((S>=30)&&(S<=255))&&((V>=20)&&(V<=255)))
```

若把图像中属于肤色的部分置为白色，其他部分置为黑色，并把结果存储在 skin_img 中，则其代码如下：

```
if(((H>=0)&&(H<=40))&&((S>=30)&&(S<=255))&&((V>=20)&&(V<=255)))
{ ((uchar *)(skin_img->imageData+j*skin_img->widthStep))
             [i*skin_img->nChannels +0]=255;
  ((uchar *)(skin_img->imageData+j*skin_img->widthStep))
             [i*skin_img->nChannels +1]=255;
  ((uchar *)(skin_img->imageData+j*skin_img->widthStep))
             [i*skin_img->nChannels +2]=255;
}
else
{  ((uchar *)(skin_img->imageData+j*skin_img->widthStep))
             [i*skin_img->nChannels +0]=0;
  ((uchar *)(skin_img->imageData+j*skin_img->widthStep))
             [i*skin_img->nChannels +1]=0;
  ((uchar *)(skin_img->imageData+j*skin_img->widthStep))
             [i*skin_img->nChannels+2]=0;
}
```

识别后的效果如图 3-1-8 所示。其中白色为皮肤范围。

图 3-1-8　肤色识别结果

三、实验代码

1. 单幅图像的肤色识别

以下为单幅图像的肤色识别代码：

```
#include "cvaux.h"
#include "highgui.h"
#include <stdio.h>
```

```
#include <ctype.h>
#include <stdio.h>
#include <math.h>
int skinColor_detect()
{   //图片的肤色识别
    IplImage* src=cvLoadImage("D:\\skin.jpg",1);;//原图
    IplImage* hsv_img;                        //hsv
    IplImage* dst;                            //肤色图
    IplImage* skin_img;
    int i;
    //定义图像高度、宽度、存储一行像素需要的字节数、通道等信息
    int height,width,step,channels;
    uchar *data;                              //定义图像数据信息
    int j;
    double H=0,S=0,V=0;
    CvSize sz=cvGetSize(src);             //获得图像的大小
    //初始化图像
    skin_img=cvCreateImage(sz,IPL_DEPTH_8U,3);
    hsv_img=cvCreateImage(sz,IPL_DEPTH_8U,3);
    //获得图像的宽、高、存储一行像素需要的字节数、通道信息
    height=hsv_img->height;
    width=hsv_img->width;
    step=hsv_img->widthStep;
    channels=hsv_img->nChannels;
    cvCvtColor(src,hsv_img,CV_BGR2HSV);       //把读取到的图像转换为HSV模式
    data=(uchar *)hsv_img->imageData;         //获得图像数据
    IplImage* H_img=cvCreateImage(sz,IPL_DEPTH_8U,1);
    IplImage* S_img=cvCreateImage(sz,IPL_DEPTH_8U,1);
    IplImage* V_img=cvCreateImage(sz,IPL_DEPTH_8U,1);
    cvSplit(hsv_img,H_img,S_img,V_img,NULL);
    CvScalar ss={0.0};
    for(i=0;i<width;i++)
    {  for(j=0;j<height;j++)
       {                                      //取得H通道图像(i,j)位置像素的值
         ss=cvGet2D(H_img,j,i);
         H=ss.val[0];
         //取得S通道图像(i,j)位置像素的值
         ss=cvGet2D(S_img,j,i);
         S=ss.val[0];
        //取得V通道图像(i,j)位置像素的值
         ss=cvGet2D(V_img,j,i);
         V=ss.val[0];
         if(((H>=0)&&(H<=40))&&((S>=30)&&(S<=255))&&((V>=20)&&(V<=255)))
         {   ((uchar *)(skin_img->imageData+j*skin_img->widthStep))
                       [i*skin_img-> nChannels+0]=255;
             ((uchar *)(skin_img->imageData+j*skin_img->widthStep))
```

```
                        [i*skin_img-> nChannels+1]=255;
                ((uchar *)(skin_img->imageData+j*skin_img->widthStep))
                        [i*skin_img-> nChannels+2]=255;
            }
            else
            {
              ((uchar *)(skin_img->imageData+j*skin_img->widthStep))
                      [i*skin_img-> nChannels+0]=0;
              ((uchar *)(skin_img->imageData+j*skin_img->widthStep))
                      [i*skin_img-> nChannels+1]=0;
              ((uchar *)(skin_img->imageData+j*skin_img->widthStep))
                      [i*skin_img-> nChannels+2]=0;
          }
        }
      }
      cvThreshold(skin_img,skin_img,250,255,CV_THRESH_BINARY);
      cvNamedWindow("原图像",1);                //创建窗口
      cvShowImage("原图像",src);
      cvNamedWindow("识别结果",1);              //创建窗口
      cvShowImage("识别结果", skin_img);
      cvWaitKey(0);                            //等待按键
      //释放内存
      cvReleaseImage(&src);
      cvReleaseImage(&hsv_img);
      cvReleaseImage(&skin_img);
      cvReleaseImage(&H_img);
      cvReleaseImage(&S_img);
      cvReleaseImage(&V_img);
      cvDestroyWindow("原图像");
      cvDestroyWindow("识别结果");
      return 0;
}
int main()
{   skinColor_detect();                          //肤色检测
}
```

2. 对视频进行肤色识别

以下代码实现对视频的肤色识别。

```
#include "cvaux.h"
#include "highgui.h"
#include <stdio.h>
#include <ctype.h>
#include <stdio.h>
#include <math.h>
int skinColor_detect()
{   CvCapture* capture;
```

```
IplImage* src;                          //原图
IplImage* hsv_img;                      //HSV 图像
IplImage* skin_img;                     //肤色图
//读入视频数据
capture=cvCaptureFromAVI("D:\\skin.avi");
cvNamedWindow("rgb",CV_WINDOW_AUTOSIZE);
cvNamedWindow("skin",CV_WINDOW_AUTOSIZE);
int c=0;
while(src=cvQueryFrame(capture))
{   CvSize sz;
    int i;
    int height,width,step,channels;
    uchar *data;
    int j;
    double H=0,S=0,V=0;
    sz=cvGetSize(src);                          //获得图像的大小
    skin_img=cvCreateImage(sz,IPL_DEPTH_8U,3);
    hsv_img=cvCreateImage(sz,IPL_DEPTH_8U,3);
    height=hsv_img->height;
    width=hsv_img->width;
    step=hsv_img->widthStep;
    channels=hsv_img->nChannels;
    data=(uchar *)hsv_img->imageData;
    cvCvtColor(src,hsv_img,CV_BGR2HSV);
    CvScalar ss={0.0};
    for(i=0;i<width;i++)
    {   for(j=0;j<height;j++)
    {       H=data[j*step+i*channels+0];        //H 分量
            S=data[j*step+i*channels+1];        //S 分量
            V=data[j*step+i*channels+2];        //V 分量
            if (((H>=0)&&(H<=40))&&((S>=30)&&(S<=255))&&((V>=20)&&(V<=255)))
            { ((uchar *)(skin_img->imageData+j*skin_img->widthStep))
                        [i*skin_ img->nChannels+0]=255;
              ((uchar *)(skin_img->imageData+j*skin_img->widthStep))
                        [i*skin_ img->nChannels+1]=255;
              ((uchar *)(skin_img->imageData+j*skin_img->widthStep))
                        [i*skin_ img->nChannels+2]=255;
            }
            else
            {   ((uchar *)(skin_img->imageData+j*skin_img->widthStep))
                        [i*skin_ img->nChannels+0]=0;
                ((uchar *)(skin_img->imageData+j*skin_img->widthStep))
                        [i*skin_ img->nChannels+1]=0;
                ((uchar *)(skin_img->imageData+j*skin_img->widthStep))
                        [i*skin_ img->nChannels+2]=0;
            }
```

```
            }
            cvThreshold(skin_img,skin_img,250,255,CV_THRESH_BINARY);
            cvShowImage("rgb",src);
            cvShowImage("skin",skin_img);
            if(cvWaitKey(10)>=0)   break;
            cvReleaseImage(&hsv_img);
            cvReleaseImage(&skin_img);
        }
    }
    cvDestroyWindow("rgb");
    cvDestroyWindow("skin");
    cvReleaseCapture(&capture);
    return 0;
}
int main()
{    skinColor_detect();                        //肤色检测
}
```

【实验 3-2】　运动物体检测

一、基本原理

运动目标检测与跟踪在智能监控系统、交通检测、机器人导航等方面有重要应用。运动目标检测主要是判断视频图像序列中是否存在运动目标，并确定其位置。运动目标的正确检测是目标分类、目标跟踪和行为理解等后期处理的基础，因为当正确检测出运动目标后，后期处理需要对检测出的目标区域中像素进行分析。

常用的运动物体检测算法可以分为三种：第一种是背景差分法，这种方法是基于图像序列和背景图像的差分来检测运动物体；第二种是帧间差分法，这种方法是基于时间序列图像的差分来实现运动的检测；第三种是光流法，是针对图像的运动场进行估计，将相似的运动矢量合并，从而区分背景和前景。下面对目前最常用的两种方法：背景差分法和帧间差分法进行详细介绍。

1. 背景差分法

背景差分法又称背景减法，是目前比较常用的一种对视频图像中运动物体进行检测的方法。其原理如下：首先选取或构造背景图像，然后用当前帧的视频图像与背景图像进行差分运算，得到差分图像，再选取合适的阈值对差分图像进行二值化处理，从而提取运动区域。当差分图像中某个像素点的值低于阈值时，认为该像素点属于背景区域；相反，当像素点的值超过阈值时，认为该像素点属于运动目标区域。以上过程主要包含两大步骤：① 背景建模；② 运动目标检测。下面对每步的过程进行详细介绍。

（1）背景建模

背景差分法顺利进行的前提是获得一幅正确、干净的背景图像，且该图像能够反应出真实的视频背景。最简单的背景图像获取方法是将视频初始帧作为背景。但是由于背景光线的明暗、环境的不断变化等自然因素的干扰，视频初始帧并不是不包含任何运动物体的真实环境背景，因此较为准确的方法是对摄像机采集到的图像序列进行统计建模得到背景图像，常用的统计建模方法有：滑动平均背景、中值法、均值法和高斯建模等。

① 滑动平均背景建模法。滑动平均是较为简单、常用的背景建模法，在没有干扰、背景稳定的简单应用场景中，能迅速、准确地提取出前景。该算法的思想是对当前的输入图像像素按照一定的累加系数累加到背景模型中，典型的滑动平均算法是对整个图像中所有的像素都进行累加处理，不需要区分前景和背景，这样做的好处是如果有前景停留时间长久，也就是停留了足够的时间使它成为背景，需要停留多久的时间才有效，取决于滑动平均算法的更新系数。更新系数越大，前景融入背景越快，容易让停留时间不长的运动物体也成为背景；而更新系数越小，前景就越不容易融入背景，这样使得背景模型自适应能力下降。所以选择一个合适的更新系数是滑动平均算法的关键。

滑动平均法使用当前帧图像和背景图像的加权和动态更新背景模型，使背景模型适应场景变化。滑动平均法通常处理灰度图像。背景模型更新公式如下：

$$B_{t+1} = (1-\alpha)B_t(x,y) + \alpha F_t(x,y) \tag{3-2-1}$$

其中，α是用场景变换更新背景模型的速度，$0\leqslant\alpha\leqslant1$；$B_t$是时刻 t 的背景，F_t是当前帧图像。

② 中值法。

中值法是在一段时间内，取连续 n 帧图像序列，把这 n 帧图像序列中对应位置的像素点灰度值按从小到大排列，然后取中间值作为背景图像中对应像素点的灰度值，即

$$B_k(x,y)=\text{median}(f_1(x,y),\cdots,f_n(x,y)) \tag{3-2-2}$$

其中，$B_k(x,y)$为当前背景图像，$f_1(x,y),\cdots,f_n(x,y)$为参与计算的 n 帧图像，median()函数表示获得这个 n 帧图像的中间值。

③ 均值法。均值法是对连续 n 帧图像序列进行分析，并获得这 n 帧图像序列中对应位置的像素点灰度值的平均值，并把该平均值作为背景图像中对应像素点的灰度值，即

$$B_k(x,y)=\frac{1}{n}\sum_{k=1}^{n}f_k(x,y) \tag{3-2-3}$$

其中，$B_k(x,y)$为当前背景图像，$f_k(x,y)$为图像序列的当前帧，n 为参与计算的帧数。

④ 高斯建模法。高斯背景模型认为，对一个背景图像，特定像素亮度的分布满足高斯分布，即将图像序列$\{X_1,X_2,\cdots,X_t\}$看作一种随机过程，并用高斯分布模型来描述这个随机过程。设其随机过程为：$P(X_t)=N(X_t,\mu_t,\Sigma_t)$。其中 $N(X_t,\mu_t,\Sigma_t)$是均值为μ、协方差为Σ_t的高斯分布概率密度函数。在运动目标检测时，根据当前帧与该背景分布的似然度大小来判定像素点是否属于前景目标像素。设 t 时刻帧图像为 X_t，如果 $N(X_t,\mu_t,\Sigma_t)\leqslant\text{Th}_p$（其 Th_p 中为概率阈值），那么 X_t 中该点为运动目标像素，反之为背景像素。

（2）运动目标检测

在背景建模的基础上，可通过对当前图像和背景图像的分析实现运动目标检测，即把当前图像上与背景图像上不同的像素点看作运动物体，该步骤可通过对当前帧的视频图像与背景图像进行差分运算实现。

在获得背景图像 $B_k(x,y)$后，设 $f_i(x,y)$是一个图像序列，$i=1,\cdots,n$。图像序列的当前帧为 $f_k(x,y)$，则当前图像与背景图像的差分图像为

$$D_k(i,j)=|f_k(x,y)-B_k(x,y)| \tag{3-2-4}$$

选取合适阈值 T来区分当前像素是否为前景像素，当 $D_k(x,y)\geqslant T$时，该像素点为前景点（即运动像素点），否则为背景点，也就是说差分图像的二值化图像为

$$R_k(x,y)=\begin{cases}1, & D_k(x,y)\geqslant T\\ 0, & D_k(x,y)<T\end{cases} \tag{3-2-5}$$

阈值 T 的取值非常重要，若过大，则将会将一些前景点误认为是背景像素点；若过小，则会将背景点误认为是前景像素点。

一般来说，差分后图像的二值化区域即为运动目标区域。通过获得视频序列图像与背景图像的差分图像，可得到每帧视频图像上的运动目标，对其进行标记，就能够实现运动目标检测。

背景差分法的优点是原理简单，能够获得比较完整的目标图像信息，且所得结果直接反映了运动目标的大小、位置、形状等信息。其缺点是该方法会受到光线、天气等外界条件的干扰。

2. 帧间差分法

帧间差分法是一种基于像素的运动检测方法，其基本思想是在图像序列中，利用连续的两帧或者几帧的差异来进行运动目标的检测和提取。具体为：在连续的图像序列中，对连续两帧视频图像进行相减得到差分图像，并对差分图像选取合适的阈值进行二值化提取运动区域。当两帧图像的像素差异小于阈值时，可认为该像素位置是静止的；否则，差异超过阈值，认为是由于运动物体造成的，认为该位置为运动像素。

设 $f(x,y)$是一个图像序列，图像序列的第 k 帧为 $f_k(x,y)$，第 k+1 帧为 $f_{k+1}(x,y)$，则差分图像 $D_k(x,y)$的计算方式为

$$D_x(x,y) = | f_k(x,y) - f_{k+1}(x,y) | \tag{3-2-6}$$

选取合适的阈值 T 进行二值化，则二值差分图像为

$$B_k(x,y) = \begin{cases} 1, & D_k(x,y) > T \\ 0, & D_k(x,y) \leqslant T \end{cases} \tag{3-2-7}$$

由于帧间差分法体现运动物体的像素点偏少，而且连续两帧图像的帧间差分检测出的物体有时会比真实物体大很多。为了改进连续图像的帧间差分效果，研究者提出了利用连续三帧图像检测运动物体的方法，其判断一个像素点是否为运动的原则为：在该像素点处不仅当前帧与前一帧图像的差异大于阈值，且当前侦与后一帧图像的差异也大于阈值。

帧间差分法实现起来算法相对比较简单，能够基本满足实时监测，并且其对光线的明亮程度、环境的变化程度要求不高，适应环境能力强。但是帧间差分法实际效果通常依赖于帧间时间间隔的选取，对于快速运动的物体，就必须选择较小的时间间隔 T，如果选择的时间间隔不合适，运动的物体在相邻帧中没有重叠时会被检测成为两个分开的物体；对于慢速运动的物体，就应选择较大的时间间隔，否则当前后两帧几乎重叠时，帧间差分法将检测不到运动的物体。

3. 光流法

光流是空间运动物体被观测面上的像素点运动产生的瞬时速度场，包含了空间物体表面结构和动态行为的重要信息。一般情况下，光流由相机运动、场景中目标运动或两者的运动产生。当场景中有独立的运动目标时，通过光流分析可以确定运动目标的数目、运动速度等。光流研究已经在目标检测与跟踪及视频事件分析中得到了广泛的应用。

光流法检测运动物体的基本原理是：给图像中的每一个像素点赋予一个速度矢量，这就形成了一个图像运动场，在运动的一个特定时刻，图像上的点与三维物体上的点一一对应，这种对应关系可由投影关系得到，根据各个像素点的速度矢量特征，可以对图像进行动态分析。如果图像中没有运动物体，则光流矢量在整个图像区域是连续变化的。当图像中有运动物体时，目标和图像背景存在相对运动，运动物体所形成的速度矢量必然和邻域背景速度矢量不同，从而检测出运动物体及位置。

光流法的优点是能够在不需要预先知道场景任何信息的情况下，很精确地计算出运动物体的速度，并日可用于动态场景的情况。其缺点是目前大部分光流法的计算相当复杂，对硬件要求比较高，不适合于实时处埋，而且对噪声比较敏感，抗噪性差。

二、关键函数

本教程采用背景差分法实现了运动物体检测，其采用的背景建模方法为滑动平均背景建模法。下面对如何用 OpenCV 中的相关函数进行介绍。

1. cvRunningAvg()函数

本实验采用图3-2-1中的第一幅图像image1为背景，然后用滑动平均方法对背景进行更新，以便取得更好的背景。OpneCV 提供了函数 cvRunningAvg()以实现对背景的滑动平均更新。下面对其进行详细介绍。

函数：cvRunningAvg()。

功能：实现对背景的滑动平均更新。

格式：void cvRunningAvg(const CvArr * image,CvArr* acc,double alpha,const CvArr* mask=NULL);

说明：

参数 image 为输入图像，其类型为 1 或 3 通道，8 bit 或 32 bit 的 float 型。

参数 acc 为累积器，其大小和 image 一样。

参数 alpha 为更新时 image 所占的权重。

参数 mask 为操作符掩码。

函数 cvRunningAvg()计算输入图像 image 的加权和，以及累积器 acc，使得 acc 成为帧序列的一个滑动平均值：if mask(x,y)!=0 acc(x,y)=(1-alpha) · acc(x,y)+alpha · image(x,y)，其中 alpha 用于调节更新速率，即累积器以多快的速率忽略前面的帧。

2. cvAbsDiff()函数

在获得背景图像后，可将当前帧不断地与背景进行差分运算，得到运动区域，从而可以检测到运动目标。可通过 OpenCV 的 cvAbsDiff()函数来实现。

函数：cvAbsDiff()。

功能：计算两个数组差的绝对值。

格式：void cvAbsDiff(const CvArr* src1,const CvArr* src2,CvArr* dst);

说明：

参数 src1 表示第一个源数组。

参数 src2 表示第二个源数组。

参数 dst 表示输出数组，且 dst= |src1 - src2|。

函数 cvAbsDiff()的功能是计算两个数组差的绝对值，该函数可以前两个图像的差的绝对值作为结果存放到图像 dst 中，所以可以利用此函数实现对运动视频的背景差分。如图 3-2-1 所示，背景图像为 image1，当前图像为 image2，则通过 cvAbsDiff()函数得到的差分图像存放在 dst 中。

背景图像 image1　　　　当前图像 image2　　　　差分结果

图 3-2-1　图像差分效果

三、实验代码

1. 背景差分法

下面程序的功能为利用背景差分获得运动物体。

```
#include<stdlib.h>
#include<stdio.h>
#include<cv.h>
#include<highgui.h>
int bkSubstraction()
{ IplImage* image1,*image2,*dst;
  image1=cvLoadImage("D:\\image1.jpg");
  image2=cvLoadImage("D:\\image2.jpg");
  if(!image1 || !image2){
     printf("Could not load image file\n");
     exit(0);
  }
  dst=cvCreateImage(cvGetSize(image1),image1->depth,image1->nChannels);
  cvAbsDiff(image1,image2,dst);    //背景差分
  cvNamedWindow("image1",CV_WINDOW_AUTOSIZE);
  cvNamedWindow("image2",CV_WINDOW_AUTOSIZE);
  cvNamedWindow("dst",CV_WINDOW_AUTOSIZE);
  cvShowImage("image1",image1);
  cvShowImage("image2",image2);
  cvShowImage("dst",dst);
  cvWaitKey(0);
  cvReleaseImage(&image1);
  cvReleaseImage(&image2);
  cvReleaseImage(&dst);
  return 0;
}
int main()
{ bkSubstraction();
}
```

2. 运动物体检测代码

下面程序的功能为在背景差分的基础上实现运动物体检测。

```
#include<stdlib.h>
#include<stdio.h>
#include<cv.h>
#include<highgui.h>

int bkSubstraction()
{   IplImage* pFrame;              //声明IplImage指针
    IplImage* pFrImg;
    IplImage* pBkImg;
```

```
CvMat* pFrameMat;
CvMat* pFrMat;
CvMat* pFrMatB;
CvMat* pBkMat;
CvCapture* pCapture;
pFrame=NULL;                    //声明 IplImage 指针
pFrImg=NULL;
pBkImg=NULL;
pFrameMat=NULL;
pFrMat=NULL;
pBkMat=NULL;
pCapture=cvCreateFileCapture("D:\\背景差分.avi");
int nFrmNum=0;
//创建窗口
cvNamedWindow("video",1);
cvMoveWindow("video",30,0);
int c=0;
//逐帧读取视频
while(c!=27)
{   pFrame=cvQueryFrame( pCapture);
    float b=0.009;           //b 为背景更新速率，越大更新速率越快
    nFrmNum++;
    //如果是第一帧，需要申请内存，并初始化
    if(nFrmNum==1)
    {   pBkImg=cvCreateImage(cvSize(pFrame->width,pFrame->height),
                             IPL_DEPTH_8U,1);
        pFrImg=cvCreateImage(cvSize(pFrame->width,pFrame->height),
                             IPL_DEPTH_8U,1);
        pBkMat=cvCreateMat(pFrame->height,pFrame->width,CV_32FC1);
        pFrMat=cvCreateMat(pFrame->height,pFrame->width,CV_32FC1);
        pFrMatB=cvCreateMat(pFrame->height,pFrame->width,CV_32FC1);
        pFrameMat=cvCreateMat(pFrame->height,pFrame->width,CV_32FC1);
        //转化成单通道图像再处理
        cvCvtColor(pFrame,pBkImg,CV_BGR2GRAY);
        cvCvtColor(pFrame,pFrImg,CV_BGR2GRAY);
        cvConvert(pFrImg,pFrameMat);        //转化为 F
        cvConvert(pFrImg,pFrMat);
        cvConvert(pFrImg,pBkMat);
        //显示图像
        cvShowImage("video",pFrame);
        cvShowImage("background",pBkImg);
        cvShowImage("foreground",pFrImg);
        if(cvWaitKey(20)>=0)
            break;
    }
    else
```

```
        {   //转化成单信道图像再处理
            cvCvtColor(pFrame,pFrImg,CV_BGR2GRAY);
            //将背景转换为图像格式，用于显示
            cvConvert(pFrImg,pFrameMat);
            //当前帧跟背景图相减
            cvAbsDiff(pFrameMat,pBkMat,pFrMat);
            //二值化前景图
            cvThreshold(pFrMat,pFrImg,20,255,CV_THRESH_BINARY);
            cvThreshold(pFrMat,pFrMatB,20,255,CV_THRESH_BINARY);
            //更新背景,先定义b,然后发现入侵目标后改变更新速率
            cvRunningAvg(pFrameMat,pBkMat,b,0);//b越大更新越快
            //将背景转化为图像格式，用于显示
            LOOP:cvConvert(pBkMat, pBkImg);
            //显示图像
            cvShowImage("video",pFrame);
            cvShowImage("background",pBkImg);
            cvShowImage("foreground", pFrImg);
            //如果有按键事件，则跳出循环
            //此等待也为cvShowImage函数提供时间完成显示
            //等待时间可以根据CPU速度调整
            if(cvWaitKey(30)>=0 )          break;
        }  // end of if-else
    } // end of while-loop
    //销毁窗口
    cvDestroyWindow("video");
    //释放图像和矩阵
    cvReleaseImage(&pFrImg);
    cvReleaseImage(&pBkImg);
    cvReleaseMat(&pFrameMat);
    cvReleaseMat(&pFrMat);
    cvReleaseMat(&pBkMat);
    return 0;
}
int main()
{   bkSubstraction();
}
```

【实验 3-3】 入侵检测

一、基本原理

基于视频的入侵检测是在摄像机监控的场景范围内根据实际需求设置警戒区域和警戒条件，一旦检测到该区域内的物体满足警戒条件，则产生报警信息。入侵检测是视频分析的一个重要领域，在银行、库房、军事重地、监狱、珠宝店等场景下都有应用。相对于其他的入侵检测方法（如红外对射探测器、微波墙、震动电缆等），具有以下优点：检测范围大，检测率高，误报率低，设备使用时间长，能实现对任意不规则区域的检测，具有较强的抗干扰性和适应性。因此，常利用基于视频的入侵检测方法替代或者联合其他各种类型的传感器来进行入侵检测和报警。

目前，常用的入侵检测主要为检测警戒区域是否出现运动物体，而基于行为理解的入侵检测较少。本章的两个实验为：拌线入侵检测和区域入侵检测，其可在运动物体检测的基础上实现，即判断警戒区域是否出现能够检测到的运动物体。

1. 拌线入侵检测原理

物体拌线入侵是指在物体的运动区域内规定一条危险线，一旦物体运动到这条危险线，则可判断其发生拌线入侵，从而发出报警。

本实验是在物体运动检测的基础上实现的。在运动物体检测的介绍中可以知道，在实现了对运动物体的运动检测后，既而可以获得运动物体的质心点。因为视频帧是由像素点组成的，危险线（也就是警戒区域）是一些被特殊规定的像素点的组合，判断目标是否跨过危险线也就是判断目标的质心点的坐标是否超越了危险线所规定的范围。设危险线为 $y=kx+b$，$0\leqslant k<1$，运动物体质心坐标为(x',y')。则运动物体刚好位于危险线上时的条件为:$y'=kx'+b$。若警戒区域为危险线的下方，如图 3-3-1（左）所示，则当 $y'=kx'+b$ 时，物体进入警戒区域；若警戒区域位于危险线的上方，如图 3-3-1（右）所示，则当 $y'>kx'+b$ 时，物体进入警戒区域。

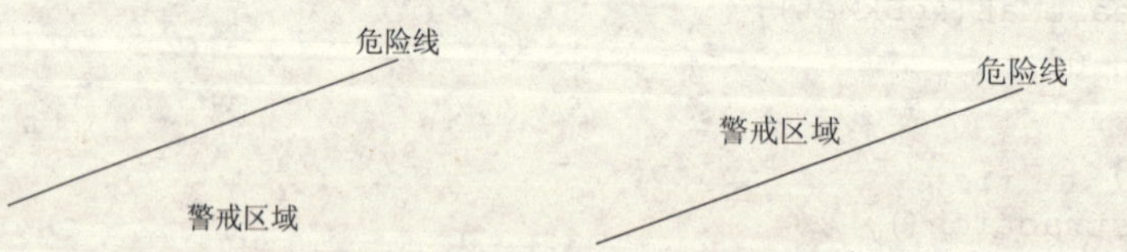

图 3-3-1　拌线入侵的警戒区域

本实验为较为简单的情形，即危险线为水平线，且警戒区域位于危险线下方。也就是说，危险线的直线方程为 $y=b$。由于在实验中，图像的坐标原点位于屏幕的左上角，水平向右是 x 轴的正方向，竖直向下是 y 轴的正方向，如图 3-3-2 所示。因而，本实验中当物体质心坐标满足以下条件时：$y'\geqslant b$，则判定发生了拌线入侵。

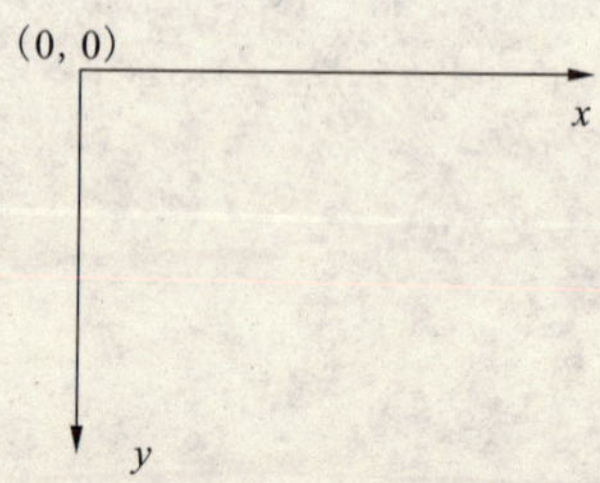

图 3-3-2　屏幕坐标系

2. 区域入侵检测原理

区域入侵检测是指事先在需要特别关注的区域划定一个（或一些）敏感区，即警戒区域，一旦有运动物体进入这些区域内，即可判断发生危险物体入侵。

本实验的警戒区域为一个矩形区域，其可通过指定左上角和右下角的坐标来定义，设区域的左上角坐标为 (x_1,y_1)，右下角坐标为 (x_2,y_2)。若运动物体的质心为 (x',y')，则当运动物体的质心坐标满足条件 $x_1\leqslant x'\leqslant x_2$，且 $y_1\leqslant y'\leqslant y_2$，表示运动物体进入警戒区域内。

二、关键函数

1. 物体拌线入侵检测关键函数

拌线入侵检测的步骤：首先对获取的视频帧第一帧进行处理，将读取视频的第一帧保存到一个图像变量中作为背景图像存储。利用背景差分法，将当前帧与背景帧相减，得到差分图像，从而实现对运动目标的检测。利用基于背景估计的目标跟踪方法实现对运动目标的跟踪，并获取运动目标的质心。在运动场景中利用 OpenCV 中的函数划定一条危险线，将质心与危险线上的点进行比较判断，进而可以做出入侵判别。

拌线入侵检测是根据预先设定的危险线以及目标物的质心判别的，在本实验中，如果满足 $if(y>y_1)$判断语句，系统就判断其发生入侵检测，由系统发出报警声，并在图像上显示“Danger! No Entering”的提示语。对于危险线的设定，可利用 OpenCV 中的 cvLine()函数。下面为 cvLine()函数的详细介绍。

函数：cvLine()。

功能：绘制线段。

格式：cvLine(CvArr* img,CvPoint pt1,CvPoint pt2,CvScalar color,int thickness=1,
    int line_type=8,int shift=0);

说明：

参数 img 表示图像。

参数 pt1 表示线段的第一个端点。

参数 pt2 表示线段的第二个端点。

参数 color 表示线段的颜色。

参数 thickness 表示线段的粗细程度。

参数 line_type 表示线段的类型。

本实验把参数 line_type 定义为 CV_AA，表示绘制线条。例如通过端点(0,100)和(400,100)画一条绿颜色的线，可通过以下语句实现：

```
cvLine(pFrame,cvPoint(0,100),cvPoint(400,100),CV_RGB(0,255,0),1,CV_AA,0);
//画出危险线
```

效果如图 3-3-3 所示。

图 3-3-3 拌线检测中危险线的划定

当拌线检测条件满足时，本实验中警报声的发出是使用 PlaySound()函数，播放一段 WAV 格式的音频，即可实现报警的效果。对于视频画面上文本字符的打印，则是直接调用 OpenCV 中的 cvPutText()函数。

函数：cvPutText()。

功能：使用给定的字体和颜色在图像上显示文本字符串。

格式：void cvPutText(CvArr* img,const char* text,CvPoint org,const CvFont* font,CvScalar color);

说明：

参数 img 为输入图像。

参数 text 为要显示的字符串。

参数 org 为第一个字母左下角的坐标。

参数 font 为指向字体结构的指针。

参数 olor 为文本的颜色。

如果要在图像上显示红颜色的提示文字“Danger! Entering”，可通过以下语句实现：

```
cvPutText(pFrame,"Danger!  Entering",cvPoint(10,150),&font,CV_RGB
        (255,0,0));
```

2. 区域入侵检测关键函数

区域入侵检测步骤：首先对获取的视频第一帧进行处理，将读取到的第一帧保存到一个图像变量中作为背景图像存储。利用背景差分法，将当前帧与背景帧相减，得到差分图像，从而实现对运动目标的检测。利用基于背景估计的目标跟踪方法实现对运动目标的跟踪，并获取运动目标的质心。在运动场景中利用 OpenCV 中的函数划定一个危险矩形区域，判断质心与危险区域的左上角与右下角坐标的关系，进而可以做出入侵判别。本实验中定义的区域入侵条件关系式写成 C 语言代码为：if($x>x_1$&&$x<x_2$&&$y>y_1$&&$y<y_2$)。

对于危险区域的划定，在 OpenCV 中提供了 cvRectangle()函数。该函数的详细介绍如下：

函数：cvRectangle()。

功能：通过对角线上的两个顶点绘制简单、指定粗细或者带填充的矩形。

格式：cvRectangle(CvArr* img,CvPoint pt1,CvPoint pt2,CvScalar color,
        int thickness=1,int line_type=8,int shift=0);

说明：

参数 img 表示图像。

参数 pt1 表示矩形的一个顶点。

参数 pt2 表示矩形对角线上的另一个顶点。

参数 color 表示线条颜色。

参数 thickness 表示组成矩形的线条的粗细程度。

参数 line_type 表示线条的类型。

参数 shift 表示坐标点的小数点位数。

在本实验中，选取(100,50)和(200,150)这两个顶点来绘制矩形危险区域。其实现语句为：

```
//画出危险区域的大小
cvRectangle(pFrame,cvPoint(100,50),cvPoint(200,150),cvScalar(255,255,0));
```

其效果图如图 3-3-4 所示。

图 3-3-4 危险矩形区域划定

三、实验代码

1. 拌线入侵检测

下面程序为实现拌线入侵检测的代码和注释。

```
#include<stdio.h>
#include"windows.h"
#include<cv.h>
#include<cxcore.h>
#include<highgui.h>
#include<cvaux.h>                              //必须引此头文件
#include<time.h>
//简单的图像求平均，建立背景图；图像直接差分的前景图
int ruqin1()
{ IplImage *pFrame;                            //声明 IplImage 指针
  IplImage *pFrImg;
  IplImage *pBkImg;
  IplImage *p;
  IplImage *mhi;
  CvMat *pFrameMat;
  CvMat *pFrMat;
  CvMat *pFrMatB;
  CvMat *pBkMat;
  CvCapture* pCapture;
  bool debug=true;
  CvFont font;
  cvInitFont(&font,CV_FONT_HERSHEY_SIMPLEX,0.5,1,0,1,8);
  int a,i=0;                                   //a 为目标数；i 为两质心间的距离
  pFrame=NULL;                                 //声明 IplImage 指针
  pFrImg=NULL;
  pBkImg=NULL;
  p=NULL;
  mhi=NULL;
  pFrameMat=NULL;
```

```
pFrMat=NULL;
pFrMatB=NULL;
pBkMat=NULL;
pCapture=cvCreateFileCapture("D:\\背景差分.avi");
int nFrmNum=0;
CvPoint dst;
//创建窗口
cvNamedWindow("video",1);
//1原始大小，固定窗口大小
cvNamedWindow("background",1);
cvNamedWindow("foreground",1);
//使窗口有序排列
cvMoveWindow("video",30,0);
cvMoveWindow("background",360,0);
cvMoveWindow("foreground",690,0);
int c=0;
bool flag=true;
//逐帧读取视频
while(c!=27)
{
    pFrame=cvQueryFrame(pCapture);
    float b=0.009;                    //b为背景更新速率，越大更新速率越快
    nFrmNum++;
    //如果是第一帧，需要申请内存，并初始化
    if(nFrmNum==1)
    {   pBkImg=cvCreateImage(cvSize(pFrame->width,pFrame->height),
                                IPL_DEPTH_8U,1);
        pFrImg=cvCreateImage(cvSize(pFrame->width,pFrame->height),
                               IPL_DEPTH_8U,1);
        p=cvCreateImage(cvSize(pFrame->width,pFrame->height),IPL_DEPTH_8U,1);
        pBkMat=cvCreateMat(pFrame->height,pFrame->width,CV_32FC1);
        pFrMat=cvCreateMat(pFrame->height,pFrame->width,CV_32FC1);
        pFrMatB=cvCreateMat(pFrame->height,pFrame->width,CV_32FC1);
        pFrameMat=cvCreateMat(pFrame->height,pFrame->width,CV_32FC1);
        //转化成单通道图像再处理
        cvCvtColor(pFrame,pBkImg,CV_BGR2GRAY);
        cvCvtColor(pFrame,pFrImg,CV_BGR2GRAY);
        cvConvert(pFrImg,pFrameMat);//转化为CvMat格式以方便后续处理
        cvConvert(pFrImg,pFrMat);
        cvConvert(pFrImg,pBkMat);
    }
    else
    {   Sleep(60);                        //单位是毫秒
        //转化成单信道图像再处理
        cvCvtColor(pFrame,pFrImg,CV_BGR2GRAY);
        //将背景转换为图像格式，用于显示
```

```
cvConvert(pFrImg,pFrameMat);
//做高斯滤波，以平滑图像
cvSmooth(pFrameMat,pFrameMat,CV_GAUSSIAN,3,0,0);
//当前帧跟背景图相减
cvAbsDiff(pFrameMat,pBkMat,pFrMat);
//二值化前景图
cvThreshold(pFrMat,pFrImg,60,255,CV_THRESH_BINARY);
cvThreshold(pFrMat,pFrMatB,60,255,CV_THRESH_BINARY);
//进行形态学滤波，去除噪声
cvErode(pFrImg,pFrImg,0,1);    //腐蚀
cvDilate(pFrImg,pFrImg,0,5);   //再膨胀
int a=cvCountNonZero(pFrMatB);//a表示非像素的个数
printf("非零像素 %d\n",a);
//检测到目标后，报警并改变背景更新速率
//下面的程序段用来找到轮廓
CvMemStorage *stor;            //动态存储轮廓
CvSeq *cont;
stor=cvCreateMemStorage(0);    //创建一个内存存储器，管理动态对象
cont=cvCreateSeq(CV_SEQ_ELTYPE_POINT,sizeof(CvSeq),
                sizeof(CvPoint), stor);
cvConvert(pFrImg, p);
cvLine(pFrame,cvPoint(0,100),cvPoint(400,100),
      CV_RGB(0,255,0), 1, CV_AA,0);      //画出危险线
//从二值图像中检索轮廓，并返回检测到的轮廓的个数
cvFindContours(p,stor,&cont,sizeof(CvContour), CV_RETR_LIST,
              CV_CHAIN_APPROX_SIMPLE, cvPoint(0,0));
a=cvFindContours(p,stor,&cont,sizeof(CvContour),CV_RETR_LIST,
               CV_CHAIN_APPROX_SIMPLE, cvPoint(0,0));
                          //检测到轮廓的个数，即运动物体的个数
printf("a=%d\n",a);
//直接使用CONTOUR中的矩形来画轮廓
for(;cont;cont=cont->h_next)
{   //cont->h_next水平方向向上的下一个序列kp167
    float h1,w1,x1,y1;
    h1=0;w1=0;x1=0;y1=0;
    CvRect r=((CvContour*)cont)->rect; //确定矩形区域
    if(r.height*r.width>500)           //面积小的方形抛弃
    { printf("(r.x r.y)=(%d,%d) r.width=%d  r.height=%d\n",
            r.x,r.y,r.width,r.height);
      cvRectangle(pFrame,cvPoint(r.x,r.y),cvPoint(r.x+r.width,
                 r.y+r.height),CV_RGB(255,0,0),1,CV_AA,0);
                              //通过对角线上的两个顶点，绘制矩形
        dst=cvPoint(r.x+r.width/2,r.y+r.height/2);//质心
        if(fabs((r.x+r.width/2)-(x1+w1/2))>2 &&
           fabs((r.y+r.height /2)-(y1+h1/2))>2)
          i++;
```

```
                x1=r.x;y1=r.y;w1=r.width;h1=r.height;
                //拌线检测，发出报警，危险线为y=100;
                if(y1>100)
                {   printf("非零像素为%d 有目标入侵  warning \n",a);
                    cvInitFont(&font,CV_FONT_HERSHEY_SIMPLEX,0.5,1,0,1,8);
                    cvPutText(pFrame,"Danger!Entering",cvPoint(10,150),
                              &font,CV_RGB(255,0,0));
                    y1=0;
                }
                if(i>10)
                {    i=0;
                     goto LOOP;
                }
            }
        }
        //更新背景，先定义b，然后发现入侵目标后改变更新速率
        cvRunningAvg(pFrameMat,pBkMat,b,0);//b越大更新越快
        //将背景转化为图像格式，用于显示
        LOOP:cvConvert(pBkMat,pBkImg);
        printf("i=%d\n",i);
        //显示图像
        cvShowImage("video",pFrame);
        cvFlip(pBkImg,NULL,0);                  //翻转图像
        cvShowImage("background",pBkImg);
        cvFlip(pFrImg,NULL,0);
        cvShowImage("foreground",pFrImg);
        cvFlip(pBkImg,NULL,0);                  // 翻转图像
        cvShowImage("background",pBkImg);
        cvFlip(pFrImg,NULL,0);
        cvShowImage("foreground",pFrImg);
        //如果有按键事件，则跳出循环
        //此等待也为cvShowImage()函数提供时间完成显示
        //等待时间可以根据CPU速度调整
        if(cvWaitKey(200)>=0)
           break;
        c=cvWaitKey(10);
        } //end of if-else
    } //end of while-loop
    //销毁窗口
    cvDestroyWindow("video");
    cvDestroyWindow("background");
    cvDestroyWindow("foreground");
    //释放图像和矩阵
    cvReleaseImage(&pFrImg);
    cvReleaseImage(&pBkImg);
    cvReleaseMat(&pFrameMat);
```

```
    cvReleaseMat(&pFrMat);
    cvReleaseMat(&pBkMat);
    return 0;
}
int main()
{   ruqin1();  }
```

实验结果如图 3-3-5 所示。

图 3-3-5 入侵检测实验结果

2. 区域入侵检测代码

下面为实现区域入侵检测的代码和注释。

```
#include<stdio.h>
#include"windows.h"
#include<cv.h>
#include<cxcore.h>
#include<highgui.h>
#include<cvaux.h>                  //必须引此头文件
#include<time.h>
int ruqin2()
{   IplImage *pFrame;              //声明IplImage指针
    IplImage *pFrImg;
    IplImage *pBkImg;
    IplImage *p;
    IplImage *mhi;
    CvMat *pFrameMat;
    CvMat *pFrMat;
    CvMat *pFrMatB;
    CvMat *pBkMat;
    CvCapture *pCapture;
    bool debug=true;
    CvFont font;
    cvInitFont(&font,CV_FONT_HERSHEY_SIMPLEX,0.5,1,0,1,8);
    int a,i=0;                 //a为目标数; i为两质心间距离
    pFrame=NULL;               //声明IplImage指针
  pFrImg=NULL;
```

```
    pBkImg=NULL;
    p=NULL;
    mhi=NULL;
    pFrameMat=NULL;
    pFrMat=NULL;
    pFrMatB=NULL;
    pBkMat=NULL;
    pCapture=cvCreateFileCapture("D:\\背景差分.avi");
    int nFrmNum=0;
    CvPoint dst;
    //创建窗口
    cvNamedWindow("video",1);
    //原始大小，固定窗口大小
    cvNamedWindow("background",1);
    cvNamedWindow("foreground",1);
    //使窗口有序排列
    cvMoveWindow("video",30,0);
    cvMoveWindow("background",360,0);
    cvMoveWindow("foreground",690,0);
    int c=0;
    bool flag=true;
    //逐帧读取视频
    while(c!=27)
    { pFrame=cvQueryFrame( pCapture);
      float b=0.003;              //b为背景更新速率，越大更新速率越快
      nFrmNum++;
      //如果是第一帧，需要申请内存，并初始化
      if(nFrmNum==1)
      {   pBkImg=cvCreateImage(cvSize(pFrame->width,pFrame->height),
                               IPL_DEPTH_8U,1);
          pFrImg=cvCreateImage(cvSize(pFrame->width,pFrame->height),
                               IPL_DEPTH_8U,1);
          p=cvCreateImage(cvSize(pFrame->width,pFrame->height),
                          IPL_DEPTH_8U,1);
          pBkMat=cvCreateMat(pFrame->height,pFrame->width,CV_32FC1);
          pFrMat=cvCreateMat(pFrame->height,pFrame->width,CV_32FC1);
          pFrMatB=cvCreateMat(pFrame->height,pFrame->width,CV_32FC1);
          pFrameMat=cvCreateMat(pFrame->height,pFrame->width,CV_32FC1);
          //转化成单通道图像再处理
          cvCvtColor(pFrame,pBkImg,CV_BGR2GRAY);
          cvCvtColor(pFrame,pFrImg,CV_BGR2GRAY);
          cvConvert(pFrImg,pFrameMat);
          cvConvert(pFrImg,pFrMat);
          cvConvert(pFrImg,pBkMat);
      }
      else
```

```
{   Sleep(60);//单位是毫秒
    //转化成单信道图像再处理
    cvCvtColor(pFrame,pFrImg,CV_BGR2GRAY);
    //将背景转换为图像格式，用于显示
    cvConvert(pFrImg, pFrameMat);
    //先做高斯滤波，以平滑图像
    cvSmooth(pFrameMat,pFrameMat,CV_GAUSSIAN,3,0,0);
    //当前帧跟背景图相减
    cvAbsDiff(pFrameMat,pBkMat,pFrMat);
    //二值化前景图
    cvThreshold(pFrMat,pFrImg,60,255,CV_THRESH_BINARY);
    cvThreshold(pFrMat,pFrMatB,60,255,CV_THRESH_BINARY);
    //进行形态学滤波，去除噪声
    cvErode(pFrImg,pFrImg,0,1);     //腐蚀
    cvDilate(pFrImg,pFrImg,0,5);    //再膨胀
    int a=cvCountNonZero(pFrMatB); //a 表示非像素的个数
    printf("非零像素 %d\n",a);
    //检测到目标后，报警并改变背景更新速率
    //下面的程序段用来找到轮廓
    CvMemStorage *stor;                //动态存储轮廓
    CvSeq *cont;
    stor=cvCreateMemStorage(0);
    cont=cvCreateSeq(CV_SEQ_ELTYPE_POINT,sizeof(CvSeq),
                    sizeof(CvPoint),stor);
        cvConvert(pFrImg,p);
        cvRectangle(pFrame,cvPoint(100,50),cvPoint(200,150),
                    cvScalar(255,255,0));//画出危险区域的大小
        cvFindContours(p,stor,&cont,sizeof(CvContour),CV_RETR_LIST,
                    CV_CHAIN_APPROX_SIMPLE, cvPoint(0,0));
        a=cvFindContours(p,stor,&cont,sizeof(CvContour),
        CV_RETR_LIST,CV_CHAIN_APPROX_SIMPLE,cvPoint(0,0));
        printf("a=%d\n",a);
        for(;cont;cont=cont->h_next)
        {   float h1,w1,x1,y1;
            h1=0;w1=0;x1=0;y1=0;
            CvRect r=((CvContour*)cont)->rect;
            if(r.height*r.width>500)
            {   printf("(r.x r.y)=(%d,%d) r.width=%dr.height=%d\n",
                        r.x, r.y,r.width,r.height);
                cvRectangle(pFrame,cvPoint(r.x,r.y),cvPoint(r.x+r.width,
                        r.y+r.height),CV_RGB(255,0,0),1,CV_AA,0);
                dst=cvPoint(r.x+r.width/2,r.y+r.height/2);
                if(fabs((r.x+r.width/2)-(x1+w1/2))>2 &&
                    fabs((r.y+r.height/2)-(y1+h1/2))>2)
                    i++;
                x1=r.x;y1=r.y;w1=r.width;h1=r.height;
```

```
                //区域入侵，发出报警
                if(x1>100&&x1<200&&y1>50&&y1<150)
                { printf("非零像素为%d 有目标入侵  warning \n",a);
                 cvInitFont(&font,CV_FONT_HERSHEY_SIMPLEX,0.5,1,0,1,8);
                 cvPutText(pFrame," Entering",cvPoint(10,150),&font,
                      CV_RGB 255,0,0));
                }
                if(i>10)
                { i=0;
                  goto LOOP;
                }
            }
        }
        //更新背景，先定义b，然后发现入侵目标后改变更新速率
        cvRunningAvg(pFrameMat,pBkMat,0.00000003, 0);//b越大更新越快
        //将背景转化为图像格式，用于显示
        LOOP:cvConvert(pBkMat,pBkImg);
        printf("i=%d\n",i);
        vShowImage("video",pFrame);                    //显示图像
        cvFlip(pBkImg,NULL,0);                         //翻转图像
        cvShowImage("background",pBkImg);
        cvFlip(pFrImg,NULL,0);
        cvShowImage("foreground",pFrImg);
        cvFlip(pBkImg,NULL,0);                         // 翻转图像
        cvShowImage("background",pBkImg);
        cvFlip(pFrImg,NULL,0);
        cvShowImage("foreground",pFrImg);
        //如果有按键事件，则跳出循环
        //此等待也为cvShowImage()函数提供时间完成显示
        //等待时间可以根据CPU速度调整
        if(cvWaitKey(200)>=0)  break;
        c=cvWaitKey(10);
        } //end of if-else
    } //end of while-loop
    //销毁窗口
    cvDestroyWindow("video");
    cvDestroyWindow("background");
    cvDestroyWindow("foreground");
    //释放图像和矩阵
    cvReleaseImage(&pFrImg);
    cvReleaseImage(&pBkImg);
    cvReleaseMat(&pFrameMat);
    cvReleaseMat(&pFrMat);
    cvReleaseMat(&pBkMat);
    return 0;
}
```

```
int main()
{   ruqin2();
}
```

实验结果如图 3-3-6 所示。

图 3-3-6 区域入侵检测实验结果

【实验 3-4】 运动目标跟踪

一、基本原理

运动目标跟踪就是通过分析视频图像，确定图像中是否存在特定目标，如果存在，则确定该目标的位置、运动速度、形状等。运动目标跟踪在安全监控、智能交通、虚拟现实、军事制导等领域都有重要应用。

目前，运动目标跟踪主要有两类方法：第一类是不依赖于先验知识，直接根据运动物体检测结果进行目标识别，跟踪感兴趣的运动目标；第二类是依赖于先验知识，首先为运动目标建模，然后在图像序列中实时寻找相匹配的目标。本实验使用第一类方法实现运动目标跟踪。

运动目标检测的后续步骤就是运动目标跟踪，运动目标跟踪是在事先不了解目标运动信息的条件下，实时估计出目标的运动状态，从而实现对目标的位置和运动趋势的判定。运动目标跟踪根据算法所用到的图像信息可以把图像序列跟踪算法大致分为如下几类：基于边缘的目标跟踪、基于背景估计的目标跟踪、基于运动场估计的目标跟踪、基于团块的目标跟踪和基于模板匹配的区域跟踪。

① 基于边缘的目标跟踪，主要是假设已知边缘的状态向量，该状态向量包括边缘线段的位置、方向和强度，通过图像变形获得包含目标的备选区域，再对规范化边缘进行跟踪。

② 基于背景估计的目标跟踪，主要用于在背景静止或者背景缓慢变化的情况下进行目标跟踪，它主要是通过背景建模，利用图像序列帧来估计图像序列中不变的背景，进而提取当前帧中的非背景像素集合（运动目标包含在其中）。

③ 基于运动场估计的目标跟踪，主要有光流法、块匹配及基于贝叶斯最大后验概率模型的统计方法。

④ 基于团块的目标跟踪，基本原则是对候选像素进行图像分割，判断该像素是属于目标还是属于背景或者属于其他的区域。基于团块的跟踪算法也可以称为基于图像分割的跟踪。

⑤ 基于模板匹配的区域跟踪，出发点是对图像的外部特征做匹配运算，与参考模板区域匹配程度最高的就是目标。选择哪一种特征作为匹配运算的对象一直是人们的研究热点。

运动目标跟踪过程中，直接对场景中的所有内容进行匹配寻找最佳匹配位置，需要处理大量的冗余信息，这样运算量比较大且没有必要。常采用一定的搜索算法对未来时刻目标的位置状态进行估计假设，缩小目标搜索范围便具有了非常重要的意义。其中一类比较常用的方法是预测运动体下一帧可能出现的位置，在其相关区域内寻找最优点。常见的预测算法有 Kalman 滤波、扩展的 Kalman 滤波及粒子滤波方法等。另一类减小搜索范围的算法是优化搜索方向。均值漂移算法（MeanShift 算法）、连续自适应均值漂移算法（CamShift 算法）和置信区域算法，该类算法利用无参估计的方法优化目标模板和候选目标距离的迭代收敛过程,以达到缩小搜索范围的目的。CamShift 算法不受目标形状变换影响，可有效解决目标变形和部分遮挡问题，且运算效率较高，是目前常用的运动目标跟踪算法之一，本教程将对其进行相关介绍，并进行编程实现。

1. MeanShift 算法

MeanShift 最早是由 FuKunaga 等人于 1975 年在研究概率密度函数梯度函数估计时提出的，

指的是偏移的均值向量。目前，MeanShift 算法一般是指一个迭代的步骤，即先算出当前点的偏移均值，移动该点到其偏移均值，然后以此为新的起始点，继续移动，一直到满足一定的条件结束。

（1）基本 MeanShift 定义

给定 d 维空间 R^d 中的 n 个样本 x_i，$i=1,\cdots,n$，在 x 点的 MeanShift 向量的基本形式定义为

$$M_h(x)=\frac{1}{k}\sum_{x_i\in S_h}(x_i-x) \tag{3-4-1}$$

其中，S_h 是一个半径为 h 的高维球区域，满足以下关系的 y 点的集合：

$$S_h(x)=\{y:(y-x)^T(y-x)\leqslant h^2\} \tag{3-4-2}$$

k 表示在这个 n 个样本点 x_i 中有 k 个点落入 S_h 区域中。

可以看出(x_i-x)是样本点 x_i 相对于点 x 的偏移向量。$M_h(x)$就是对落入区域 S_h 中的 k 个样本点相对于 x 的偏移向量求和，然后再计算平均值。也就是说，如果样本点 x_i 从一个概率密度函数 $f(x)$中采样得到，由于非零的概率密度梯度只考虑概率密度增加最大的方向，因此从平均上来说，S_h 区域内的样本点更多地落在概率密度梯度方向上。因此，MeanShift 向量 $M_h(x)$应该指向概率密度梯度的方向上。如图 3-4-1 所示，大圆圈区域的范围就是 S_h，小圆圈表示落入 S_h 区域内的样本点，即 $x_i\in S_h$，黑色的点为 MeanShift 的基准点 x，箭头表示样本点相对于基准点 x 的偏移向量，则平均的偏移向量 $M_h(x)$会指向样本分布最多的区域，也就是概率密度函数的梯度方向。

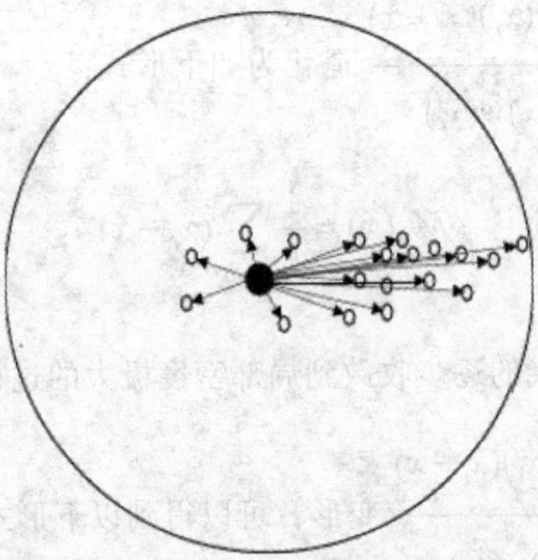

图 3-4-1　概率密度函数的梯度方向

（2）扩展 MeanShift 定义

Y.Cheng 对 MeanShift 算法在以下三个方面进行了扩展：①允许使用非扁平核函数；②数据点可以加权；③在数据集合 S_h 不变的同时，移动可以在任何 R^d 的子集上进行。

只要是落入 S_h 的采样点，无论其距离基准点 x 远近，其对最终的 $M_h(x)$计算的贡献都是一样的。然而一般来说，离 x 越近的采样点对估计 x 周围的统计特性越有效，因此引进核函数的概念，以在计算 $M_h(x)$时能够考虑距离的影响。同时也可以认为在所有的样本点 x_i 中，重要性并不相同。所以对每个样本都引入一个权重系数。基本的 MeanShift 扩展形式为

$$M(x)=\frac{\sum_{i=1}^{n}G_H(x_i-x)w(x_i)(x_i-x)}{\sum_{i=1}^{n}G_H(x_i-x)w(x_i)} \tag{3-4-3}$$

其中，$G_H(x_i-x)=|H|^{-1/2}G(H^{-1/2}(x_i-x))$，$G(x)$ 为一个单位核函数，H 为一个正定的对称 $d\times d$ 矩阵，一般称为带宽矩阵，$w(x_i)\geqslant 0$ 为一个赋给采样点 x_i 的权重。

在实际应用中，带宽矩阵 H 一般被限定为一个对角矩阵 $H=\mathrm{diag}[h_1^2,\cdots,h_d^2]$，甚至更简单地被取为正比于单位矩阵，即 $H=h^2I$。由于后一形式只需要确定一个系数 h，在 MeanShift 中常被采用。因此 $M_h(x)$又可定义为

$$M_h(x)=\frac{\sum_{i=1}^{n}G(\frac{x_i-x}{h})w(x_i)(x_i-x)}{\sum_{i=1}^{n}G(\frac{x_i-x}{h})w(x_i)} \tag{3-4-4}$$

可以看出，对于所有的采样点 x_i 满足以下条件时：

① $w(x_i)=1$

② $G(x)=\begin{cases}1, & \|x\|<1\\ 0, & \|x\|\geqslant 1\end{cases}$

则 $M(x)=\dfrac{\sum_{i=1}^{n}G_H(x_i-x)w(x_i)(x_i-x)}{\sum_{i=1}^{n}G_H(x_i-x)w(x_i)}$ 退化为如下形式：

$$M_h(x)=\frac{1}{k}\sum_{x_i\in S_h}(x_i-x) \tag{3-4-5}$$

（3）MeanShift 计算步骤

MeanShift 算法是一个迭代的逐步收敛到局部密度极大的过程。

把 $M_h(x)=\dfrac{\sum_{i=1}^{n}G(\frac{x_i-x}{h})w(x_i)(x_i-x)}{\sum_{i=1}^{n}G(\frac{x_i-x}{h})w(x_i)}$ 变形，可以得到以下形式：

$$M_h(x)=\frac{\sum_{i=1}^{n}G(\frac{x_i-x}{h})w(x_i)x_i}{\sum_{i=1}^{n}G(\frac{x_i-x}{h})w(x_i)}-x \tag{3-4-6}$$

把上式右边第一项记为 $m_h(x)$，即

$$m_h(x)=\frac{\sum_{i=1}^{n}G(\frac{x_i-x}{h})w(x_i)x_i}{\sum_{i=1}^{n}G(\frac{x_i-x}{h})w(x_i)} \tag{3-4-7}$$

给定一个初始点 x，核函数 $G(x)$，容许误差 ε，MeanShift 算法循环的执行以下三个步骤，直到结束条件满足。

① 计算 $m_h(x)$；

② 如果 $\| m_h(x)-x \| < \varepsilon$，结束循环，否则继续；

③ 把 $m_h(x)$赋给 x，继续执行步骤①。

由于 $m_h(x)=x+M_h(x)$，因此上面步骤也就是不断地沿着概率密度的梯度方向移动，同时步长不仅与梯度的大小有关，也和该点的概率密度有关，在密度大的地方，更接近要找的概率密度的峰值，MeanShift 算法使得移动的补偿小一些；相反，在密度小的地方，移动的步长就大一些。在满足一定条件的情况下，MeanShift 算法一定会收敛到该点附近的峰值。

（4）基于 Mean Shift 的目标跟踪

运动目标的直方图具有特征稳定、抗部分遮挡、计算方法简单和计算量小的特征。因此，MeanShift 算法的跟踪一般采用直方图对目标进行建模，然后通过相似性度量，实现目标跟踪。

① 目标模型的描述。假设目标区域内不同位置的像素为 $\{x_1,\cdots,x_n\}$，根据核密度函数估计，对直方图进行核函数加权，采用 Epannechnikov 核函数，得到目标区域的概率密度：

$$q_u=C\sum_{i=1}^{n}K(\| x_i \|^2)\delta(c(x_i-u)),\quad u=1,\cdots,m \tag{3-4-8}$$

由于在计算直方图时，需进行归一化，因而 $\sum_{i=1}^{m}q_u=1$，故可以得到归一化常数 C 为：

$$C=[\sum_{i=1}^{n}K(\| x_i \|^2)]^{-1} \tag{3-4-9}$$

② 候选目标的表示。运动目标在第二帧及以后的每帧中，可能包含目标的区域称为候选区域，其中心坐标为 y_0，也就是核函数的中心坐标。该区域内的像素用 $\{y_1,\cdots,y_{nk}\}$ 表示，h 为候选目标的尺度（h 的大小为候选目标的像素数）。得到候选模型的概率函数为

$$p_u=C_h\sum_{i=1}^{nk}K(\| \frac{y-y_i}{h} \|^2)\delta(c(y_i-u)),\quad u=1,\cdots,m \tag{3-4-10}$$

按照同样的方法得到归一化的常数 C_h：

$$C_h=[\sum_{i=1}^{nk}K(\| \frac{y-y_i}{h} \|^2)]^{-1} \tag{3-4-11}$$

③ 相似性度量。相似性函数描述：相似性函数描述目标模型与候选模型之间的相似度，在理想情况下两个模型的概率分布是完全一样的。定义两者的距离为：$d(y)=\sqrt{1-\rho(y)}$，其中 $\rho(y)=\sum_{u=1}^{m}\sqrt{p_u(y)q_u}$。$\rho(y)$ 称为 q_u 和 $p_u(y)$ 的 BH 系数，该系数是一种散度性测量，代表的几何

意义是 $(\sqrt{p_1},\cdots,\sqrt{p_m})^T$ 和 $(\sqrt{q_1},\cdots,\sqrt{q_m})^T$ 两个 m 维单位适量之间夹角的余弦。其值大小在 0～1 之间，其值越接近 1，说明候选区域和目标区域越相似。

④ 目标的定位。为了找到与目标模型匹配度最大的候选模型，必须使距离函数 $d(y)$达到最小，也就是使 BH 值最大。以前一帧的目标中心 y_0 作为当前倾搜索区域的初始位置，然后在该点的邻域内寻找目标位置 y_1。对 $\rho(y)$在 $p_u(y_0)$处使用泰勒公式展开，可得到

$$\rho(p(y),q)\approx\frac{1}{2}\sum_{u=1}^{m}\sqrt{p_u(y_0)q_u}+\frac{1}{2}\sum_{u=1}^{m}p_u(y)\sqrt{\frac{q_u}{p_u(y_0)}} \tag{3-4-12}$$

把 $p_u(y_0)$带入上式得到

$$\rho(p(y),q)\approx\frac{1}{2}\sum_{u=1}^{m}\sqrt{p_u(y_0)q_u}+\frac{C_h}{2}\sum_{u=1}^{nk}w_iK(\|\frac{y-x_i}{h}\|^2) \tag{3-4-13}$$

其中 $w_i=\sum_{u=1}^{m}\sqrt{\frac{q_u}{p_u(y_0)}}\delta(c(x_i)-u)$ 。

可以通过 MeanShift 算法在 y_0 附近进行迭代搜索。根据上式计算权值 w_i，然后按照下式计算目标的新位置：

$$y_1=\frac{\sum_{i=1}^{nk}x_iw_ig(\|\frac{y_0-x_i}{h}\|^2)}{\sum_{i=1}^{nk}w_ig(\|\frac{y_0-x_i}{h}\|^2)} \tag{3-4-14}$$

其中 $g(x)=-k(x)$，由于本实验选择的是 Epanechnikov 核函数，所以 $g(x)$是一个常数，上式可简化为

$$y_1=\frac{\sum_{i=1}^{nk}x_iw_i}{\sum_{i=1}^{nk}w_i}$$

然后计算在新位置 y_1 处的 $p_u(y_1)$和 BH 系数，然后判断 $\rho[p(y_1),q]<\rho[p(y_0),q]$是否成立，如果成立，把 $\frac{1}{2}(y_0+y_1)$赋给 y_1。接着再判断$\|y_1-y_0\|<\varepsilon$（ε 为指定的足够小的数）是否成立，则终止循环判断，此时的 y_1 就是目标位置，如果不成立，把 y_1 的值赋给 y_0 后重新进行循环计算。

2. CamShift 算法

CamShift 算法依然以 MeanShift 算法为核心，但是与 MeanShift 算法不同的是，在 Camshift 算法中，可以针对动态的概率分布图，自适应地根据目标尺度的变化调节跟踪窗口的大小。这样在目标的尺度有明显变化时，跟踪的准确度要比 MeanShift 算法好。考虑到相邻两帧图像的变化不大，而且为了减小背景对目标的干扰，在计算图像的概率分布图时，不用计算整幅图像的概率分布图，而是计算比目标区域稍大的区域的概率分布图。得到概率分布图之后，寻找目标区域对应概率分布图的质心位置，就得到了目标的位置。

由于 CamShift 算法是以颜色直方图为目标模式的目标跟踪算法，可以有效地解决目标变形

和部分遮挡的问题，且效率较高。由于 RGB 颜色模型对光照亮度变换比较敏感，为了减少光照亮度变化对跟踪效果的影响，该算法将图像由 RGB 颜色模型转换到 HSV 颜色空间模型再进行后续处理。

CamShift 算法首先选取移动目标位置的初始搜索窗口，使窗口恰好包含整个移动目标，由于 RGB 颜色模型对光照亮度变化比较敏感，为了减少光照亮度变化对跟踪效果的影响，将图像由 RGB 颜色模型转化为 HSV 颜色模型，然后利用移动目标颜色直方图反向投影得到原目标图像的颜色概率分布图上，并在颜色概率分布图上，利用重心法得到目标位置窗口，进行迭代运算将该窗口作为下一帧图像的初始搜索窗口，反复循环实现目标跟踪。

算法的实现步骤如下：

① 选择目标区域，把 RGB 模型转化为 HSV 模型，提取目标所在区域的 H 分量直方图。

② 计算图像中比目标所在区域稍大的区域 R_i 的颜色概率分布图。并计算搜索窗的零阶距：

$$M_{00}=\sum_x\sum_y P(x,y) \tag{3-4-15}$$

一阶矩：

$$M_{10}=\sum_x\sum_y xP(x,y) \tag{3-4-16}$$

$$M_{01}=\sum_x\sum_y yP(x,y) \tag{3-4-17}$$

二阶矩：

$$M_{20}=\sum_x\sum_y x^2P(x,y) \tag{3-4-18}$$

$$M_{11}=\sum_x\sum_y xyP(x,y) \tag{3-4-19}$$

$$M_{02}=\sum_x\sum_y y^2P(x,y) \tag{3-4-20}$$

其中 $P(x,y)$ 是概率分布图中对应坐标 (x,y) 处的概率值，(x,y) 在区域 R_i 内变化。

③ 计算搜索窗的质心：

$$x_c=\frac{M_{10}}{M_{00}} \tag{3-4-21}$$

$$y_c=\frac{M_{20}}{M_{00}} \tag{3-4-22}$$

自适应地调整搜索窗口的边长：$s=a\times\sqrt{\frac{M_{00}}{256}}$，根据二阶距还可以计算目标的长轴 l、短轴

w和方向角θ，分别为

$$l=\sqrt{\frac{(a+c)+\sqrt{b^2+(a-c)^2}}{2}} \tag{3-4-23}$$

$$w=\sqrt{\frac{(a+c)-\sqrt{b^2+(a-c)^2}}{2}} \tag{3-4-24}$$

$$\theta=0.5\arctan(\frac{2b}{a-c}) \tag{3-4-25}$$

其中，$a=\frac{M_{20}}{M_{00}}-x_c^2$，$b=2(\frac{M_{11}}{M_{00}}-x_c y_c)$，$c=\frac{M_{02}}{M_{00}}-y_c^2$。

④ 判断搜索窗的质心到中心的距离是否小于一定的区域ε，或者大于最大迭代次数。若是，则质心的位置就是目标的位置，并且以此位置作为下一帧搜索的起始位置；若不是，则调整新的搜索窗口，并进行步骤②的计算，直到满足条件为止。

二、关键函数

综合上面的介绍，利用 Camshift 算法实现运动目标跟踪的主要步骤如下：

① 将整个图像设为搜寻区域。

② 初始化搜索窗的大小和位置。

③ 计算搜索窗内的颜色直方图（即彩色概率分布），此区域的大小比搜索窗要稍微大一点。

④ 运行 MeanShift 算法，获得搜索窗新的位置和大小。

⑤ 在下一帧视频图像中，用第③步获得的值初始化搜索窗的位置和大小。跳转到第③步继续运行。

下面对以上步骤中的第③步和第④步的关键代码和函数进行详细介绍。

1. 获得被跟踪目标的颜色直方图

要获得被跟踪运动目标的颜色直方图，需要以下三个步骤：

① 将包含被跟踪运动目标的图像转换到 HSV 空间，并获得 H 分量。该步骤的关键语句如下。其中所用的两个函数 cvCvtColor()和 cvSplit()，其详细情况请参见实验 3-1 一肤色识别中的介绍。

```
IplImage* target=cvLoadImage("target.bmp",-1);//读取包含运动目标的图像
IplImage* target_hsv=cvCreateImage(cvGetSize(target),IPL_DEPTH_8U,3);
IplImage* target_hue=cvCreateImage(cvGetSize(target),IPL_DEPTH_8U,3);
cvCvtColor(target,target_hsv,CV_BGR2HSV);//转化到 HSV 空间
cvSplit(target_hsv,target_hue,NULL,NULL,NULL );//获得 H 分量
```

② 计算 H 分量的直方图，即一维直方图。该步骤的关键语句如下。其中主要用到 OpenCV 的 cvCreateHist()和 cvCalcHist()函数，其详细介绍请参见初级实验的实验 1-8 直方图部分。

```
IplImage* h_plane=cvCreateImage(cvGetSize(target_hsv),IPL_DEPTH_8U,1);
int hist_size[]={255};                    //将 H 分量的值量化到[0,255]
```

```
float* ranges[]={{0,360}};          //H 分量的取值范围是[0,360)
CvHistogram* hist=cvCreateHist(1,hist_size,ranges,1);
cvCalcHist(&target_hue,hist,0,NULL);
```

在这里需要考虑 H 分量的取值范围问题，H 分量的取值范围是[0,360)，这个取值范围的值不能用一个字节来表示，为了能用一个字节表示，需要将 H 值做适当的量化处理，在这里将 H 分量的范围量化到[0,255]。

③ 计算图像直方图的反向投影。可通过 OpenCV 中的 cvCalcBackProject()函数来实现。下面对其进行详细介绍。

函数：cvCalcBackProject()。

功能：计算图像直方图的反向投影。

格式：void cvCalcBackProject(IplImage** image,CvArr* back_project,const CvHistogram* hist);

说明：

参数 image 为输入图像（也可以传递 CvMat**）。

参数 back_project 为反向投影图像，一般要求与输入图像具有同样类型。

参数 hist 为直方图。

对于输入的所有单通道图像同一位置的像素数组，该函数根据相应的像素数组（RGB）放置其对应的直方块的值到输出图像中。用统计学术语，输出图像像素点的值是观测数组在某个分布（直方图）下的概率。例如，为了发现图像中的红色目标，可以通过以下三步骤获得；第一步，对红色物体计算色调直方图，假设图像仅仅包含该物体，则直方图可能有极值，对应着红颜色；第二步，对将要搜索目标的输入图像，使用直方图计算其色调平面的反向投影，然后对图像做阈值操作；第三步，在产生的图像中发现连通部分，然后使用某种附加准则选择正确的部分，例如最大的连通部分。计算图像直方图反向投影的关键语句如下：

```
IplImage* rawImage;
IplImage* result=cvCreateImage(cvGetSize(rawImage),IPL_DEPTH_8U,1);
cvCalcBackProject(&rawImage,result,hist);//result 即为我们需要的
```

2. MeanShift 算法

OpenCV 提供了 MeanShift 算法的函数 cvMeanShift()，其详细介绍如下：

函数：cvMeanShift()。

功能：实现 MeanShift 算法。该函数在给定反向投影和初始搜索窗口位置的情况下，用迭代方法寻找目标中心。当搜索窗口中心的移动小于某个给定值时或者函数已经达到最大迭代次数时停止迭代。函数返回迭代次数。

格式：int cvMeanShift(const CvArr* prob_image,CvRect window,CvTermCriteria criteria,
Cv Connected Comp* comp);

说明：

参数 prob_image 为目标直方图的反向投影（由前面调用函数 cvCalcBackProject()获得）。

参数 window 为初始搜索窗口。

参数 criteria 为窗口搜索停止的准则。构造 CvTermCriteria 变量需要三个参数，一个是类型，另一个是迭代的最大次数，最后一个表示特定的阈值。例如可以这样构造 criteria：criteria=cvTermCriteria(CV_TERMCRIT_ITER|CV_TERMCRIT_EPS,10,0.1)。

参数 comp 是查询结果，其生成的结构包含收敛的搜索窗口坐标（comp->rect 字段）与窗

口内部所有像素点的和（comp->area 字段）。

3. CamShift 算法

Camshift 算法可以通过连续自适应的 MeanShift 算法实现。为了使用简单，OpenCV 也给出了 Camshift()函数，下面对其进行介绍。

函数：cvCamshift()。

功能：实现 Camshift 算法

格式：cvCamShift(IplImage* imgprob, CvRect windowIn,vTermCriteria criteria,
CvConnectedComp* out,CvBox2D* box=0);

说明：

参数 imgprob 为图像的颜色直方图（也就是色彩概率分布图像）。

参数 windowIn 为搜索窗的初始值。

参数 Criteria 是用来判断搜寻是否停止的一个标准。

参数 out 用来保存运算结果，包括新的搜索窗的位置和面积。

参数 box 为包含被跟踪物体的最小矩形。

函数 cvMeanShift()用于运动目标跟踪时，其自适应性没有 CamShift()函数好。

三、实验代码

1. 利用 MeanShift 实现运动目标跟踪

下面是 MeanShift 算法的实例。该实例的作用是跟踪摄像头中的目标物体，目标物体初始位置用鼠标指出，其跟踪窗口大小和方向随着目标物体的变化而变化。其代码如下：

```
#include "cv.h"
#include "highgui.h"
#include <stdio.h>
#include <ctype.h>
#include <stdlib.h>
#include <stdio.h>
#include <cv.h>
#include <cxcore.h>
#include <highgui.h>
#include <math.h>
//用 HSV 中的 Hue 分量进行跟踪
IplImage *image=0,*hsv=0,*hue=0,*mask=0,*backproject=0,*histimg=0;
CvHistogram *hist=0;                          //直方图类
int backproject_mode=0;
int select_object=0;
int track_object=0;
int show_hist=1;
CvPoint origin;
CvRect selection;
CvRect track_window;
CvBox2D track_box;                            //跟踪算法返回的 Box 类
```

```
CvConnectedComp track_comp;
int hdims=16;                        //划分直方图 bins 的个数，越多越精确
float hranges_arr[]={0,180};         //像素值的范围
float* hranges=hranges_arr;          //用于初始化 CvHistogram 类
int vmin=20,vmax=80,smin=30;
void on_mouse(int event,int x,int y,int flags,void* param)
//该函数用于选择跟踪目标
{   if(!image)   return;
    if(image->origin)      y=image->height-y;
    if(select_object)
    //如果处于选择跟踪物体阶段，则用当前的鼠标位置设置 selection
    {   selection.x=MIN(x,origin.x);
        selection.y=MIN(y,origin.y);
        selection.width=selection.x+CV_IABS(x-origin.x);
        selection.height=selection.y+CV_IABS(y-origin.y);
        selection.x=MAX(selection.x,0);
        selection.y=MAX(selection.y,0);
        selection.width=MIN(selection.width,image->width);
        selection.height=MIN(selection.height,image->height);
        selection.width-=selection.x;
        selection.height-=selection.y;
    }
    switch(event)
    {   case CV_EVENT_LBUTTONDOWN:            //开始点击选择跟踪物体
            origin=cvPoint(x,y);
            selection=cvRect(x,y,0,0);        //坐标
            select_object=1;                  //表明开始进行选取
            break;
        case CV_EVENT_LBUTTONUP:
            select_object=0;                  //选取完成
        if(selection.width>0&&selection.height>0)
               track_object=-1;               //如果选择物体有效，则打开跟踪功能
            break;
    }
}
CvScalar hsv2rgb(float hue)                   //用于将 Hue 量转换成 RGB 量
{   int rgb[3],p,sector;
    static const int sector_data[][3]=
    {{0,2,1},{1,2,0},{1,0,2},{2,0,1},{2,1,0},{0,1,2}};
    hue*=0.033333333333333333333333333333333f;
    sector=cvFloor(hue);
    p=cvRound(255*(hue-sector));
    p^=sector&1?255:0;
    rgb[sector_data[sector][0]]=255;
    rgb[sector_data[sector][1]]=0;
    rgb[sector_data[sector][2]]=p;
```

```
    return cvScalar(rgb[2],rgb[1],rgb[0],0);  //返回对应的颜色值
}
int camShift()
{   CvCapture* capture=0;
    //if( argc==1||(argc==2 && strlen(argv[1])==1 && isdigit (argv[1][0])))
    //capture=cvCaptureFromCAM(argc==2?argv[1][0]-'0':0);
    //打开摄像头
    //else if(argc==2)
    capture=cvCaptureFromAVI("D:\\genzong.avi" ); //打开 AVI 文件
    if(!capture)                            //打开视频流失败处理
    {   fprintf(stderr,"Could not initialize capturing...\n");
        return -1;
    }
    //打印出程序功能列表
    printf("Hot keys: \n"
           "\tESC - quit the program\n"
           "\tc - stop the tracking\n"
           "\tb - switch to/from backprojection view\n"
           "\th - show/hide object histogram\n"
           "To initialize tracking, select the object with mouse\n");
    cvNamedWindow("Histogram",CV_WINDOW_AUTOSIZE);
    cvNamedWindow("CamShiftDemo", CV_WINDOW_AUTOSIZE);
    //使窗口有序排列
    cvMoveWindow("Histogram",30,0);
    cvMoveWindow("CamShiftDemo",400,0);
    cvSetMouseCallback( "CamShiftDemo",on_mouse,0);  //设置鼠标回调函数
    cvCreateTrackbar("Vmin","CamShiftDemo",&vmin,256,0);//建立滑动条
    cvCreateTrackbar("Vmax","CamShiftDemo",&vmax,256,0);
    cvCreateTrackbar("Smin","CamShiftDemo",&smin,256,0);
    for(;;)                                  //进入视频帧处理主循环
    {   IplImage* frame=0;
        int i,bin_w,c;
        frame=cvQueryFrame(capture);
        if(!frame)   break;
        if(!image)                           //刚开始先建立一些缓冲区
        {   /*分配内存*/
            image=cvCreateImage(cvGetSize(frame),8,3);
            image->origin=frame->origin;
            hsv=cvCreateImage(cvGetSize(frame),8,3);
            hue=cvCreateImage(cvGetSize(frame),8,1);
            mask=cvCreateImage(cvGetSize(frame),8,1); //分配掩膜图像空间
            backproject=cvCreateImage( cvGetSize(frame),8,1);
            //分配反向投影图空间，大小一样，单通道
            hist=cvCreateHist(1,&hdims,CV_HIST_ARRAY,&hranges,1);
            //分配建立直方图空间
            histimg=cvCreateImage(cvSize(320,200),8,3);
```

```
        //分配用于画直方图的空间
        cvZero(histimg);                             //背景为黑色
    }
    cvCopy(frame,image,0);
    cvCvtColor(image,hsv,CV_BGR2HSV); // 把图像从RGB表色系转为HSV表色系
    if(track_object)                             //如果当前有需要跟踪的物体
    {  int _vmin=vmin, _vmax=vmax;
       //掩膜板，只处理像素值为H: ~180, S: smin~256, V: vmin~vmax之间的部分
        cvInRangeS(hsv,cvScalar(0,smin,MIN(_vmin,_vmax),0),
                    cvScalar(180,256,MAX(_vmin,_vmax),0),mask);
        cvSplit(hsv,hue,0,0,0);                      //取得H分量
        if(track_object<0)
        //如果需要跟踪的物体还没有进行属性提取，则进行选取框类的图像属性提取
        {   float max_val=0.f;
            cvSetImageROI(hue,selection);            //设置原选择框
            cvSetImageROI(mask,selection);   //设置Mask的选择框
            cvCalcHist(&hue, hist,0,mask);
            //得到选择框内且满足掩膜板内的直方图
            cvGetMinMaxHistValue(hist,0,&max_val,0,0);
            cvConvertScale(hist->bins,hist->bins,max_val?255./
                         max_val: 0., 0 );// 将直方图转为~255
            cvResetImageROI(hue);                // remove ROI
            cvResetImageROI(mask);
            track_window=selection;
            track_object=1;
            cvZero(histimg);
            bin_w=histimg->width/hdims;
            for(i=0;i<hdims;i++)                 //画直方图到图像空间
            {  int val=cvRound(cvGetReal1D(hist->bins,i)*histimg->
                              height/255);
               CvScalar color=hsv2rgb(i*180.f/hdims);
               cvRectangle(histimg,cvPoint(i*bin_w,histimg->height),
                          cvPoint((i+1)*bin_w,histimg->height - val),
                          color,-1,8,0);
            }
        }
        cvCalcBackProject(&hue,backproject,hist);//得到hue的反向投影图
        cvAnd( backproject, mask, backproject,0);
        //得到反向投影图mask内的内容
        cvMeanShift(backproject,track_window, //这里的初始窗口需要重新设置一下
                    cvTermCriteria(CV_TERMCRIT_EPS|CV_TERMCRIT_ITER,
                    10,1),&track_comp);
        //使用MeanShift算法对backproject中的内容进行搜索，返回跟踪结果
        track_window=track_comp.rect;           //得到跟踪结果的矩形框
        if(backproject_mode)
            cvCvtColor(backproject,image,CV_GRAY2BGR); //显示模式
```

```
            if(!image->origin)
             track_box.angle=-track_box.angle;
             cvRectangle(image,cvPoint(track_window.x,track_window.y),
             cvPoint(track_window.x +track_window.width,
             track_window.y + track_window.height),
             CV_RGB(255,0,0),1,CV_AA,0);//通过对角线上的两个顶点，绘制矩形
        }
        if(select_object && selection.width>0&&selection.height>0)
        //如果正处于物体选择状态，画出选择框
        {   cvSetImageROI(image,selection);
            cvXorS(image,cvScalarAll(255),image,0);
            cvResetImageROI(image);
        }
        cvShowImage("CamShiftDemo",image);      //显示视频和直方图
        cvShowImage("Histogram",histimg);
        c=cvWaitKey(200);
        if((char) c==27)    break;
        switch((char).c)
        {case 'b':
            backproject_mode^=1;
            break;
            case 'c':
            track_object=0;
            cvZero(histimg);
            break;
        case 'h':
            show_hist^=1;
            if(!show_hist)      cvDestroyWindow("Histogram");
            else    cvNamedWindow("Histogram",1);
            break;
        default:
            ;
        }
    }
    cvReleaseCapture(&capture);
    cvDestroyWindow("CamShiftDemo");
    return 0;
}
int main()
{    meanshift();
}
```

2. 利用 CamShift 实现运动目标跟踪

下面是利用 CamShift 实现目标跟踪的实例。该实例的作用是跟踪摄像头中目标物体，目标物体初始位置用鼠标指出，其跟踪窗口大小和方向随着目标物体的变化而变化。其代码及注释如下：

```
#include "cv.h"
#include "highgui.h"
#include <stdio.h>
#include <ctype.h>
//用 HSV 中的 Hue 分量进行跟踪
IplImage *image=0,*hsv=0,*hue=0,*mask=0,*backproject=0,*histimg=0;
CvHistogram *hist=0;                        //直方图类
int backproject_mode=0;
int select_object=0;
int track_object=0;
int show_hist=1;
CvPoint origin;
CvRect selection;
CvRect track_window;
CvBox2D track_box;                          // 跟踪算法返回的 Box 类
CvConnectedComp track_comp;
int hdims=16;                               //划分直方图 bins 的个数，越多越精确
float hranges_arr[]={0,180};                //像素值的范围
float* hranges=hranges_arr;                 //用于初始化 CvHistogram 类
int vmin=20,vmax=80,smin=30;
void on_mouse(int event,int x,int y,int flags,void* param)
                                            //该函数用于选择跟踪目标
{   if(!image)    return;
    if(image->origin)  y=image->height-y;
    if(select_object)
    //如果处于选择跟踪物体阶段，则对 selection 用当前的鼠标位置进行设置
    {   selection.x=MIN(x,origin.x);
        selection.y=MIN(y,origin.y);
        selection.width=selection.x+CV_IABS(x-origin.x);
        selection.height=selection.y+CV_IABS(y-origin.y);
        selection.x=MAX(selection.x,0);
        selection.y=MAX(selection.y,0);
        selection.width=MIN(selection.width, image->width);
        selection.height=MIN(selection.height,image->height);
        selection.width-=selection.x;
        selection.height-=selection.y;
    }
    switch(event)
    {   case CV_EVENT_LBUTTONDOWN:          //开始点击选择跟踪物体
            origin=cvPoint(x,y);
            selection=cvRect(x,y,0,0);      //坐标
            select_object=1;                //表明开始进行选取
            break;
        case CV_EVENT_LBUTTONUP:
            select_object=0;                //选取完成
            if(selection.width>0&&selection.height>0)
```

```
            track_object=-1;           //如果选择物体有效，则打开跟踪功能
        break;
    }
}
CvScalar hsv2rgb(float hue)            //用于将Hue量转换成RGB量
{   int rgb[3],p,sector;
    static const int sector_data[][3]=
    {{0,2,1},{1,2,0},{1,0,2},{2,0,1},{2,1,0},{0,1,2}};
    hue*=0.033333333333333333333333333333333f;
    sector=cvFloor(hue);
    p=cvRound(255*(hue - sector));
    p^=sector & 1 ? 255 : 0;
    rgb[sector_data[sector][0]]=255;
    rgb[sector_data[sector][1]]=0;
    rgb[sector_data[sector][2]]=p;
    return cvScalar(rgb[2],rgb[1],rgb[0],0); //返回对应的颜色值
}

int camShift()
{   CvCapture* capture=0;
    capture=cvCaptureFromAVI("D:\\genzong.avi" ); //打开AVI文件
    if(!capture) //打开视频流失败处理
    {   fprintf(stderr,"Could not initialize capturing...\n");
        return -1;
    }
    //打印出程序功能列表
    printf("Hot keys: \n"
           "\tESC - quit the program\n"
           "\tc - stop the tracking\n"
           "\tb - switch to/from backprojection view\n"
           "\th - show/hide object histogram\n"
           "To initialize tracking, select the object with mouse\n" );
    cvNamedWindow("Histogram",CV_WINDOW_AUTOSIZE);
    cvNamedWindow("CamShiftDemo", CV_WINDOW_AUTOSIZE);
    //使窗口有序排列
    cvMoveWindow("Histogram",30,0);
    cvMoveWindow("CamShiftDemo",400,0);
    cvSetMouseCallback("CamShiftDemo",on_mouse,0);     //设置鼠标回调函数
    cvCreateTrackbar("Vmin","CamShiftDemo",&vmin,256,0);//建立滑动条
    cvCreateTrackbar("Vmax","CamShiftDemo",&vmax,256,0);
    cvCreateTrackbar("Smin","CamShiftDemo",&smin,256,0);
    for(;;)                                   //进入视频帧处理主循环
    {  IplImage* frame=0;
       int i,bin_w,c;
       frame=cvQueryFrame(capture);
       if(!frame)  break;
```

```
if(!image)  //刚开始先建立一些缓冲区
{   /*分配所有缓冲区 */
    image=cvCreateImage(cvGetSize(frame),8,3);
    image->origin=frame->origin;
    hsv=cvCreateImage(cvGetSize(frame),8,3);
    hue=cvCreateImage(cvGetSize(frame),8,1);
    mask=cvCreateImage(cvGetSize(frame),8,1); //分配掩膜图像空间
    backproject=cvCreateImage( cvGetSize(frame),8,1);
    //分配反向投影图空间，大小一样，单通道
    hist=cvCreateHist(1,&hdims,CV_HIST_ARRAY,&hranges,1);
    //分配建立直方图空间
    histimg=cvCreateImage(cvSize(320,200),8,3);
    //分配用于画直方图的空间
    cvZero(histimg);                    //背景为黑色
}
cvCopy(frame,image,0);
cvCvtColor(image,hsv,CV_BGR2HSV);   //把图像从RGB表色系转为HSV表色系
if(track_object)                    //如果当前有需要跟踪的物体
{   int _vmin=vmin,_vmax=vmax;
    //掩膜板，只处理像素值为H: ~180，S: smin~256，V: vmin~vmax之间的部分
    cvInRangeS(hsv,cvScalar(0,smin,MIN(_vmin,_vmax),0),
             cvScalar(180,256,MAX(_vmin,_vmax),0),mask);
    cvSplit(hsv,hue,0,0,0);          // 取得H分量
    if(track_object<0)
    //如果需要跟踪的物体还没有进行属性提取，则进行选择框类的图像属性提取
    {   float max_val=0.f;
        cvSetImageROI(hue,selection);    // 设置原选择框
        cvSetImageROI(mask,selection);   // 设置Mask的选择框
        cvCalcHist(&hue,hist,0,mask);
        //得到选择框内且满足掩膜板内的直方图
        cvGetMinMaxHistValue(hist,0,&max_val,0,0);
        //对直方图转为~255
        cvConvertScale( hist->bins,hist->bins,max_val? 55./ max_val:0.,0);
                    cvResetImageROI(hue);     // remove ROI
        cvResetImageROI(mask);
        track_window=selection;
        track_object=1;
        cvZero(histimg);
        bin_w=histimg->width/hdims;
        for(i=0;i<hdims;i++)                     //画直方图到图像空间
        { int val=cvRound(cvGetReal1D(hist->bins,i)*histimg->
                        height/255);
            CvScalar color=hsv2rgb(i*180.f/hdims);
            cvRectangle(histimg,cvPoint(i*bin_w,histimg->height),
                     cvPoint((i+1)*bin_w,histimg->height-val),
            color,-1,8,0);
```

```
            }
        }
        cvCalcBackProject(&hue,backproject,hist);// 得到hue的反向投影图
        cvAnd(backproject,mask,backproject,0);
        //得到反向投影图mask内的内容
        cvCamShift(backproject,track_window,
                 cvTermCriteria( CV_TERMCRIT_EPS|CV_TERMCRIT_ITER,10,1),
                 &track_comp,&track_box);
        //使用CamShift算法对backproject中的内容进行搜索，返回跟踪结果
        track_window=track_comp.rect;          //得到跟踪结果的矩形框
        if(backproject_mode)
           cvCvtColor(backproject,image,CV_GRAY2BGR); //显示模式
        if(!image->origin)
           track_box.angle=-track_box.angle;
        cvEllipseBox(image,track_box,CV_RGB(255,0,0),3,CV_AA,0);
        //画出跟踪结果的位置
    }
    if( select_object && selection.width>0 && selection.height>0)
    //如果正处于物体选择，则画出选择框
    {   cvSetImageROI(image,selection);
        cvXorS(image,cvScalarAll(255),image,0);
        cvResetImageROI(image);
    }
    cvShowImage("CamShiftDemo",image);        //显示视频和直方图
    cvShowImage("Histogram",histimg);
    c=cvWaitKey(200);
    if((char)c==27)    break;
    switch((char)c)
    { case 'b':
        backproject_mode^=1;
        break;
       case 'c':
        track_object=0;
        cvZero(histimg);
        break;
       case 'h':
        show_hist^=1;
        if(!show_hist)  cvDestroyWindow( "Histogram");
        else  cvNamedWindow("Histogram",1);
        break;
        default:
        ;
    }
 }
cvReleaseCapture(&capture);
cvDestroyWindow("CamShiftDemo");
```

```
    return 0;
}
int main()
{   camShift();
}
```

【实验 3-5】 人数统计

一、基本原理

视频人数统计是比较成熟和热门的一种智能化视频分析应用。在商场、政府、学校、工地等公共场所，人的数量都是一个非常重要、不可忽视的数据信息。

视频人数统计是利用智能视频分析技术来实现人数统计的一类技术。当前国内外利用视频图像处理方法解决人数统计问题主要有以下几种分类形式：单目与多目识别、垂直场景拍摄与平视拍摄、基于运动分析和基于图像识别。

按捕捉图像的摄像头数目来分，常用的基于图像处理的人数统计方法一般分为单目识别、双目识别两种。双目识别是基于计算机视觉理论，利用计算机定标获得图像的深度信息，用于进一步识别处理。这种方法可以避免目标之间的相互遮挡问题，但由于经济成本和算法复杂度较高，很多领域并不适用。相比之下，单目识别的方法相对容易实现，成本较低。

按图像捕捉的方式来分，可分为垂直场景拍摄与平视拍摄两种方式。目前，平视拍摄方式的主要方法有：

① 基于人脸的识别方法：该方法通过对人的眼睛、鼻子等器官的定位以及建立肤色模型进行匹配比对，对人脸进行识别和认证。

② 基于头肩的识别方法：该方法是通过投影的局部极大值提取人体的头部，根据人体学知识，取头宽度的 3 倍左右作为人体头肩模型的宽度，通过描述头肩轮廓特征对人进行识别。

③ 基于步态的识别方法：该方法利用傅立叶描述子对人的步态轮廓图像进行描述，用步态图像的高度比进行步态的准周期性分析，通过人走路的姿势实现对个人身份的识别和认证。

这些方法都是针对人体的某个部分进行特征提取，再根据这些特征进行识别。但是，从人的正面、侧面获取脸部信息、头肩部分或整个人体的轮廓都会由于人多产生遮挡而失败。另一种方法是采用垂直拍摄方式，选择获取图像的角度为人体的正上方，即从头顶的角度进行采集，这种方式避免了目标相互遮挡的问题，使得研究的问题简化，也使得计数结果更加精确。

按照对图像的处理方式来分，可以分为基于运动检测的方法和基于图像识别的方法。基于运动检测的方法，首先对图像进行背景和前景目标的分离，然后通过一些简单的特征来判断运动的人体目标，这种方法可能对于干扰目标进行误计数，对于距离较近的人体不能同时计数，从而造成计数的精度达不到要求。基于图像识别的方法，首先提取出更为精确的人体特征，然后通过学习机器对提取的特征进行训练、分类，将运动人体目标识别出来，并判断出目标区域中的人数，从而提高计数的精度。通常，基于运动检测的统计方法应用于对出入口或通道中某个时段内的人数统计；基于图像识别的方法常用于对室内或封闭环境（如电梯、公交车）内部某个时刻的人数统计。

1. 基于运动检测的人数统计

基于运动检测的人数统计要处理的问题可描述如下：首先对得到的视频监控序列进行分析，然后根据对象模型从视频序列中提取目标对象，并根据一定的准则对目标对象进行跟踪，最后根据计数准则对出入人数进行统计。基本流程如图 3-5-1 所示。

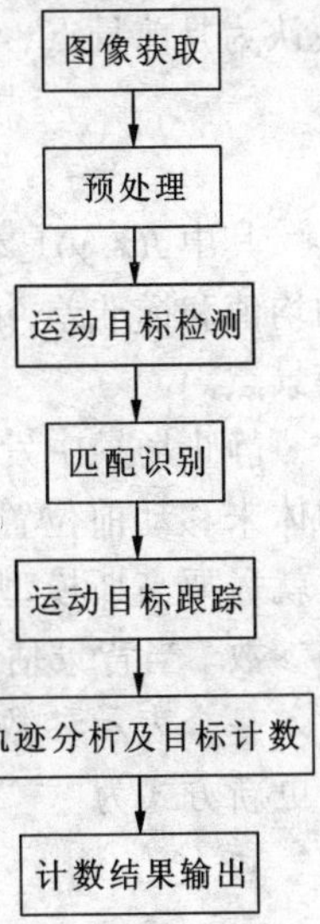

图 3-5-1　基于运动检测的人数统计处理流程图

（1）图像获取

基于运动检测的人数统计第一步就是获取监控视频，利用固定架设的 CCD 摄像机对场景进行监控，在调整好视角的情况下，可以对整个实验场景进行有效监控，监控视频通过视频采集卡进行采集，计算机根据采集的视频进行实时处理。

（2）预处理

由于受气候、光照、传感器及系统的非线性、目标快速移动等因素的影响，监控系统获得的图像质量不高，所以需要对视频图像进行预处理。图像预处理技术主要是对图像进行增强、改善或修改。图像的预处理不但能有效地消除噪声，改善图像质量，使图像清晰化，而且便于计算机对图像进行分析、处理、理解和识别等。常用的图像预处理技术主要包括图像滤波、图像增强等。

（3）运动目标检测

提取运动目标是视频分析的第一步，目标提取的任务是从单幅图像或图像序列中将感兴趣的目标分割开来，用于后续的处理。运动对象提取质量的好坏直接关系到后期图像处理任务能否正常进行，因为后期的处理都仅仅考虑图像中运动目标区域。常用的运动目标检测算法有：帧间差分法、背景差分法、光流法（详细介绍请参见高级实验部分实验 3-2“运动物体检测”）。这些算法适用于静态背景的情形，与连续帧间差分法相比，能得到较为完整精确的目标图像。但是当背景复杂时，背景模型初始化困难，而且对场景中光照变化、大面积运动和噪声比较敏感。因此背景差分法必须不断进行背景更新，以适应实际环境中的变化（光线的变化、场景中物体的移入移出问题、树枝摆动等）。

常见的背景模型有：W4 模型、单高斯分布背景模型、混合高斯模型。

W4 模型将背景模型中的每个像素点用三个值来描述：最大灰度值、最小灰度值和最大时间差分值。这三个参数需要由事先存入的 N 帧背景图像来估计。该模型的基本判决条件为：$|M(x,y)-I(x,y)|>D(x,y)$或$|N(x,y)-I(x,y)|>D(x,y)$。

其中，$M(x, y)$为最小灰度值，$N(x, y)$为最大灰度值，$D(x, y)$为最大时间差分值，即图像序列中连续两帧灰度值差最大的值，$I(x, y)$为当前帧对应像素的灰度值。当满足上述公式时，则该像素点被判为前景点，反之，则被判为背景点。该方法对光照敏感，只适用于光照变化不大的场景。

单高斯分布背景模型适用于单模态的背景模型，即背景静止且光照变化不大。此时静止的像素点的灰度值是满足高斯分布的，即以某个均值为基准在其附近做不超过一定偏差的振荡。因此，可以为场景中的每个像素点用一个高斯分布建立背景模型，对于新的一帧视频图像中的各个像素点，根据其像素值是否与它的背景高斯分布相匹配，来判断它是前景像素点还是背景像素点。

属于背景像素的任一像素点(x,y)，其灰度值 I 满足均值为 μ，方差为 σ^2 的高斯分布。因此，坐标值为(x, y)，灰度值为 I 的某个像素点属于背景像素的概率为

$$p(x,y)=\frac{1}{\sqrt{2\pi\sigma}}\mathrm{e}^{\frac{-(I-\mu)^2}{2\sigma^2}}$$

对于任意像素点(x, y)，若其灰度值 I 属于背景像素的概率 $p(x, y)$小于某个设定的阈值，则

被认为是前景点，否则，认为是背景点。用来判断前景点和背景点的常用方法为

$$|I(x,y)-\mu(x,y)|<C\cdot\sigma(x,y)$$

其中 $I(x, y)$是坐标值为(x, y)的像素点的灰度值，$\mu(x, y)$、$\sigma(x, y)$分别为该点的高斯背景模型的均值和标准差，C 通常取值为 2.5。如果满足上述公式则认为该点为背景点，否则认为该点为前景点。

静止场景中发生了光照改变，或是一个长时间静止的物体开始移动，则图像上对应于该物体未移动前位置的像素点将被认为是前景点，这将在后期目标跟踪中产生累积性的错误，这就需要高斯模型能够响应这些变化。也就是要求利用视频序列提供的信息来更新高斯模型的参数。当背景估计图像的初始化完成后，为了不断自适应地更新背景图像的高斯分布参数，引入一个表示参数更新快慢的常数：参数更新率 ρ。若某点是背景点，则该点高斯分布参数的更新方式为

$$\mu(x,y)=(1-\alpha)\cdot\mu(x,y)+\alpha\cdot I(x,y)$$
$$\sigma^2(x,y)=(1-\alpha)\cdot\sigma^2(x,y)+\alpha\cdot(I(x,y)-\mu(x,y))^2$$

若该点是前景点，则对应的参数 $\mu(x, y)$、$\sigma^2(x, y)$保持不变。

多模态背景的情形则需要用多个分布来共同描述一个像素点上的颜色分布。Stauffe 等人提出了一种自适应混合高斯模型，对每个像素点采用了多个高斯模型的混合表示。假设每个像素点分布用 k 个高斯分布来表示，$\eta(X_t, \mu_{i,t}, \sum_{i,t})$表示每个高斯分布。其中 t 表示时间，X_t 表示当前颜色度量。为了计算的方便，假设协方差矩阵为以下形式：

$$\sum\nolimits_{i,t}=\sigma_k^2 I$$

为了提高运算速度，单个高斯分布模型表示为 $\eta(X_t \mid \mu_{i,t}, \sigma_{i,t})$，场景中新观测像素值的分布用混合高斯模型拟合，当前像素点的值为 X_t的概率是：

$$p(X_t)=\sum_{i=1}^{k}\omega_{i,t}\times\eta(X_t\mid\mu_{i,t},\sigma_{i,t})$$

$\omega_{i,t}$ 是 t 时刻混合模型中第 i 个高斯分布的权值($\sum_{i=1}^{k}\omega_{i,t}=1$)，$\mu_{i,t}$ 和 $\sigma^2_{i,t}$ 是 t 时刻混合模型第 i 个高斯分布的均值和方差。对于单个的高斯分布来说 $\mu_{i,t}$ 体现了分布的中心，而 $\sigma^2_{i,t}$ 则表示分布的宽度大小，这个宽度体现了像素值的稳定程度，表示其是否变化剧烈。k 表示背景点的高斯分布的数目，k 的选取依赖于像素值的分布情况和计算机运算速度。实验数据表明，开始的时候，随着 k 的增多可以更精确地拟合背景点，但是当 k 大于一定数目后，模型表示背景的能力不但没有提高，反而会因为高斯分布个数的增多而有所下降，这会增加计算机运算的负担，从而导致处理速度下降。因此，通常 k 的取值为 3～5 之间，具体根据场景的复杂度和计算机运算速度来确定。

一般来说，一个新的像素值会用上面混合模型的主要权重部分来表示，并且为了使模型能不断贴近当前像素值的分布规律，要用新的像素值来更新模型。由于模型由多个单模型组成，因此它的更新与单模型参数的更新有所不同。如果像素值的变化过程是个稳定过程，那么标准的最大化观测值概率的方法是期望最大化（EM）方法。但是随着时间的推移外部场景也在变化，因此把每个观测值当作新的学习样板，使用标准的学习规则来更新模型，其参数修正使用 K 均

值的方法。

怎么才能检测或判断场景中有运动目标出现呢？经过观察发现：在场景中长时间存在的一个静止的物体会被当作背景，它在每帧中的像素值都会和原来的分布匹配，从而随着时间累计与当前像素值匹配的分布的权值会不断变大，方差逐渐变小。相反，当运动目标挡住背景的时候，要么会构造一个新的权值较小、方差较大的分布，要么增加已有分布的方差。因此最能代表背景像素值的分布是那些具有较大权重和较小方差的分布。为了模拟这种特性，构造出一个参数 ω/σ 来描述。每个像素的多个高斯分布都用这个参数进行排序，最大的在顶端，最小的在底端。从最顶端开始累积高斯分布的权值，直到累加和大于特定的阈值 T。T 是该像素被当作背景的概率值。如果 T 的值较小，那么多高斯混合模型就退化为单高斯模型，如果和实际情况相符，仅利用 ω/σ 值最高的分布就可以得到好的结果。如果 T 的值较大，就能很好地表现背景的往复运动，例如树梢晃动、水面波动等背景变化。如下式所示：

$$B = \arg\min_b \left(\sum_{i=1}^{b} \omega_i > T\right)$$

因此运动目标检测就是对当前帧的每个像素计算 B，看是否落在背景的分布中。如果是就表示当前像素是背景，如果不是就表明当前像素有较大变化，可能是运动目标。

（4）运动目标跟踪

跟踪是获取目标运动轨迹的有效方法，通过运动目标的跟踪可以获得目标在各个时刻的位置、大小等有用信息，为高级图像处理提供可靠的数据来源。

（5）轨迹分析及目标计数

由于人体运动的随机性，难以直接获得人数统计信息。在进行运动目标检测和跟踪之后，需要对目标运动轨迹进行分析，以理解其运动行为，结合计数策略进行目标计数。

（6）计数结果输出

将最后的人数统计结果通过视频画面显示出来。其中，运动目标检测、运动目标跟踪及视频运动目标计数是视频人数统计信息处理算法的核心。

2. 基于图像识别的人数统计

从一幅静态图像中统计出其中的人数，方法有很多种。如果图像中所有人物全都脸部朝向镜头，那么可以通过基于肤色的人脸识别进行统计；如果镜头安装在屋顶，图像是从上往下拍摄的，可以通过头发颜色的识别进行人数统计。人的头发的颜色和数量差异较大，而肤色的差异相对较小，因此依据肤色进行人脸识别并进行人数统计效果较好。

Haar 分类器在人数识别方法中具有较高的准确率，得到了广泛的应用。Haar 分类器建立了 boost 筛选式级联分类器。OpenCV 实现了人脸检测技术的其中一个版本。它是由 Paul Viola 和 Michael Jones 设计的，称为 Viola-Jones 检测器。OpenCV 称这个检测器为“Haar 分类器”是因为它使用 Haar 特征或更准确的描述是类 Haar 的小波特征，该特征由矩形图像区域的加减组成。OpenCV 包含一系列的预先训练好的物体识别文件，但是代码允许用户训练并储存新的物体模型。

OpenCV 中预先训练好的物体检测器位于../opencv/data/haarcascades 目录，其中正面人脸识别效果最好的模型文件为 haarcascade_frontalface_alt2.xml。

（1）最初的 haar-like 特征

Papageorgiou 等人最早在人脸表示中使用 haar-like 特征，他们在人脸检测的研究中使用了 Haar 小波基函数，并提出了三种类型三种形式的特征。此后，Paul Viola 等人又对此进行了改进，提出两种类型四种形式的特征。如图 3-5-2 所示为人脸检测最初的 haar-like 特征。

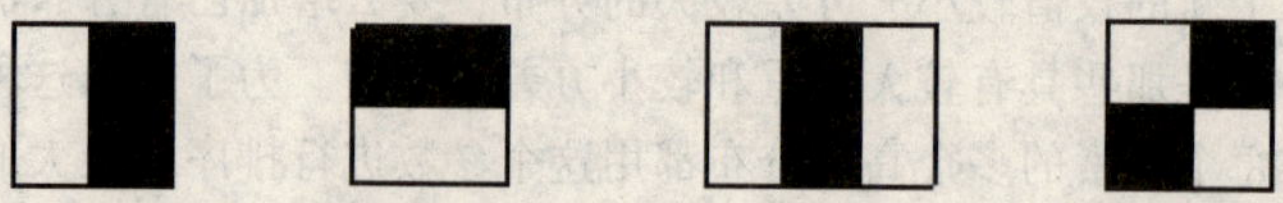

（a）（b）（c）（d）

图 3-5-2　最初的 haar-like 特征

由图 3-5-2 可见，haar-like 特征由黑白两色的矩形框表示。计算 haar 特征值时，将灰度化的图像分为黑白两色区域，计算白色区域 W 与黑色区域 B 的像素值之和的差值，再乘以相应的权重系数 T，即可得到相应的 haar 特征值：

$$C_{\text{haar}} = [\iint_W p(x,y)\mathrm{d}x\mathrm{d}y - \iint_B p(x,y)\mathrm{d}x\mathrm{d}y]\cdot T$$

对于图 3-5-2（a）（b）（d），特征值计算方式为

$$C_{\text{haar}} = \text{Sum}_{白} - \text{Sum}_{黑}$$

对于图 3-5-2（c），特征值计算方式为

$$C_{\text{haar}} = \text{Sum}_{白} - 2\cdot\text{Sum}_{黑}$$

以上就是最初的 haar-like 特征的计算方法。获取一幅样本图像后，根据此方法可以计算出这幅图像的特征值并保存下来。然而最初的 haar-like 特征矩阵数量过少，不足以描述一幅图像的特征。

（2）改进的 haar-like 特征

之后，Lienhart 等人再次对 haar-like 特征进行了完善，并且提出了一些旋转的 haar-like 特征，至此，四个边缘特征、八个线性特征、两个圆心环绕特征和一个对角特征构成了新的 haar-like 特征，如图 3-5-3 所示。

（a）边缘特征

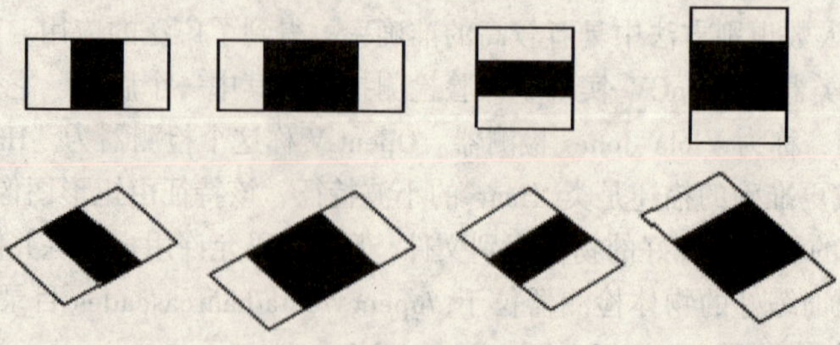

（b）线性特征

图 3-5-3　新的 haar-like 特征

(c) 圆形环绕特征　　(d) 对角特征

图 3-5-3 新的 haar-like 特征（续）

采用这 15 种特征矩形模板，将矩形模板在样本图像中任意放置，每一种形态都称作一种特征，找出样本图像所有的特征，就是训练分类器的基础。如图 3-5-4 所示就是其中一种矩形特征在人脸中的表示。

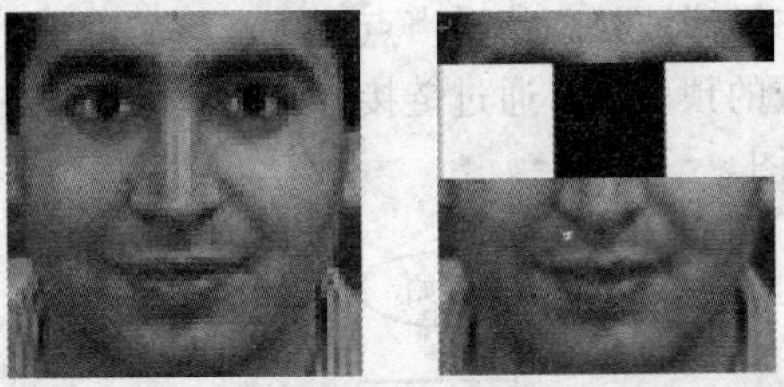

图 3-5-4 haar-like 矩形特征在人脸中的表示

首先采集无人时的背景图像，并在人数检测时，先对背景图像部分进行过滤以排除干扰，再利用头肩部特征，使用 OpenCV 和 Haar 特征识别方法对区域人数进行快速准确的检测。

基于静态图像的人数统计，主要思想是用局部梯度或边缘方向的分布来表示对象的局部外观和外形，且梯度或边缘的确切位置不需要知道。该算法把整个检测窗口划分为一些小的单元格，并在这些单元格内对基于像素点的一维梯度方向或边缘方向直方图进行统计；最后链接所有单元格的梯度方向直方图，就形成了整个图像的特征表示。此方法不要求获得确切的对象特征表示，而是将对象的表示通过人体的边缘特征包含在整幅图像的表示中，从而使算法的复杂度得到了降低。

在使用梯度方向直方图以前，该方法对其进行了对比度归一化，以削弱光照强度及阴影等对检测结果的影响。在比单元格更大被称为块（Block）的空间域内进行对比度归一化，再收集整个块内的直方图“能量”，用于做基于块的归一化，进而形成最后的特征向量。该方法中梯度方向直方图特征向量的收集是通过用滑动窗口（窗口之间有一定的重叠度）对图像进行密集扫描实现的。之后再将收集到的样本特征向量按通用的分类检测框架输入支持向量机或 AdaBoost 进行训练，获得用于检测的分类器。

其特征提取及检测过程如图 3-5-5 所示。

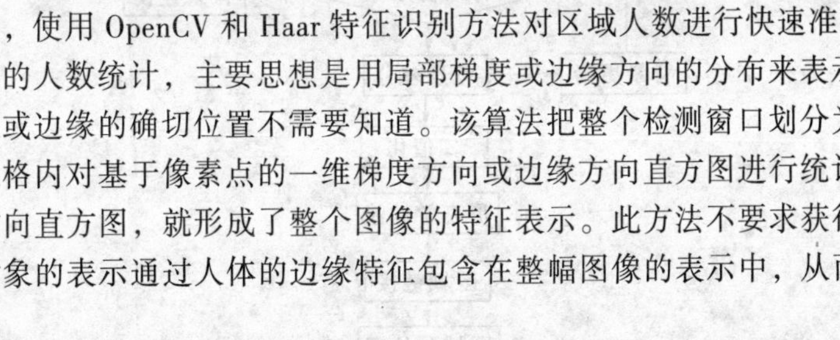

图 3-5-5 特征提取及检测过程

运动区域提取和 HOG 检测两个子模块构成了行人检测模块。利用背景差分法来提取运动区域，背景的建模通过自适应背景更新模型来完成，二值化图像的获取通过动态阈值算法（OTSU）实现，最终的一系列运动区域则是借助区域分割和校正算法得到；HOG 检测子模块则主要是在运动检测所提取出的运动区域中将行人检测出来。

（3）运动区域提取

该部分主要流程是：

① 背景初始化，以指定的图像或初始帧为初始背景在指定帧内进行。

② 背景差分，将当前视频帧减去背景帧，得到帧差图像。

③ 二值化差分图像，并依据结果采用前面介绍的背景更新模型来更新背景。

④ 形态学滤波，用形态学滤波处理掉噪声点。

⑤ 区域链接及运动区域的预处理，通过链接得到运动区域，并进行合并、调整等处理。

图 3-5-6 为该部分流程图。

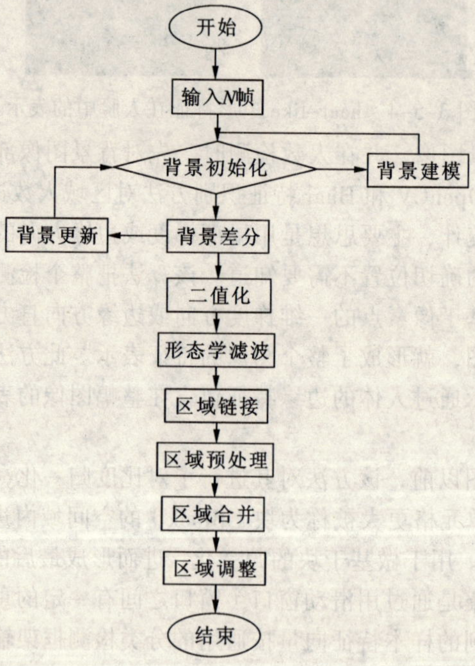

图 3-5-6　运动区域提取流程图

该部分的核心伪代码为：

```
List<Rect>process(Image frame)
{   //其他代码省略
    //通过背景差减，得到前景图像
    foreground=ImageDiff(frame,background);
    //二值化前景图像
    toBinaryImage(foreground,threshold);
    //通过区域链接的方法检测出运动区域
    List<Rect>rects=detect(foreground);
    //对运动区域进行预处理
```

```
    Prehandle(rects);
    //区域合并，将有重叠或包含的区域进行合并
    mergeRect(rects);
    //重新调整剩下的每个区域的大小
    adjustRect(rects);
    //更新背景模型
    updateBackground(foreground,background);
    //其他代码省略
    //返回所有检测到的区域
    return rects;
}
```

图 3-5-7 展示了运动区域内 HOG 检测的类关系。其中，HOGFeature 类用于完成 HOG 特征提取。该类中的 winSize 参数用于表示检测窗口大小，参数 blockSize 和 blockStride 分别表示块的大小及其移动步长，cellSize 表示单元格大小，nbins 和 histoSizeBlock 分别表示梯度方向直方图的针数和每个块内直方图的总针数。方法 computeGradient()用于对整幅图像的梯度进行计算，getWinInImage()用于对区域内有多少个检测窗口进行统计，getBlock()用于块内梯度方向直方图特征的计算，normalize()用于块内梯度方向直方图的归一化。

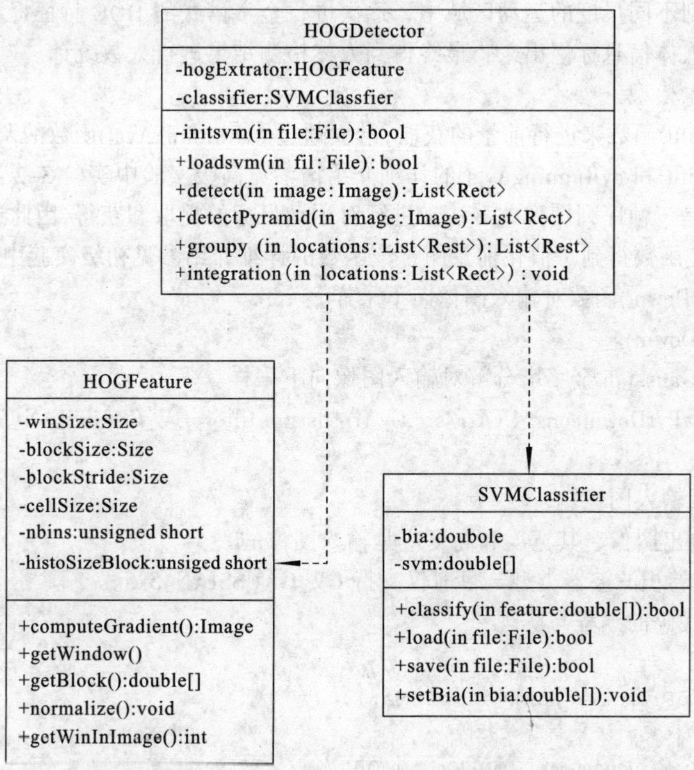

图 3-5-7　运动区域内 HOG 检测的类关系

类 SVMClassifier 主要对检测窗口是否为欲检测目标进行判断。其中，经训练得到的线性模型——决策函数系数用 SVM 来表示，SVM 的分类偏移量用 bia 表示。方法 load()和 save()分别用于分类模型的加载和保存。整个类的核心为 classify()方法，它对一个检测窗口提取出的 HOG 信

息进行接收，并对该检测窗口是否为欲检测目标做出判断。

分类模型训练模块主要完成对训练样本进行读取，然后提取每个训练样本的 HOG 特征，并把将获取的 HOG 特征依照某种格式写进文件。

整个算法的流程是：

① 训练样本文件列表的获取。

② 读取一个样本文件。

③ 依据不同的样本文件类型，得到样本窗口的起点，然后用对从该起点开始的大小为 winSize 的图像进行 HOG 特征提取。

④依据不同的类型和一定的格式将这些 HOG 特征保存到文件中。

⑤ 重复步骤②～④，直到处理完所有的文件列表。

⑥对以上步骤所获取的样本特征文件进行训练，获得分类模型。

二、关键函数

1. 基于运动检测的人数统计

采用 HOG 特征和运动信息结合的检测算法可以得到较高的准确率。利用 HOG 进行人体检测，就是在一系列不同尺度的运动区域中，逐次进行金字塔式的 HOG 特征提取，通过 SVM 分类器分类，并将人体信息标记出来，最终得到人体检测结果进行人数统计。

（1）获取背景模型

通过 cvAbsDiff()函数来进行前景的获取，继而通过 cvRunningAvg()函数的调用来更新背景矩阵（函数 cvAbsDiff()和 cvRunningAvg()的详细介绍请参见高级实验中实验 3-2 运动物体检测）。由于本文采用的是三帧序列图像差分法来进行对运动目标的提取和获得，因此还要调用 OpenCV 中的 cvThreshold()函数得到二值化前景图，该函数的详细介绍参见初级实验中实验 1-3 图像二值化。调用 cvPyrDown()函数对输入图像向下采样。

函数：cvPyrDown()。

功能：使用 Gaussian 金字塔分解对输入图像向下采样。

格式：void cvPyrDown(const CvArr*src,CvArr*dst,int filter=CV_GAUSSIAN_5x5);

说明：

参数 src 表示输入图像。

参数 dst 是输出图像，其宽度和高度应是输入图像的一半。

参数 filter 是卷积滤波器类型，目前仅支持 CV_GAUSSIAN_5x5。

以下为主要代码的编程与实现：

```
//获取前景图
cvAbsDiff(pFrameMat,pBkMat,pFrMat);
//使用背景加权更新法更新背景矩阵。
cvRunningAvg(pFrameMat,pBkMat,0.005);
//二值化前景
cvThreshold(pFrMat,pFrMatBinary,external_THRESHOLD_FRONT_BACK,255,
            CV_THRESH_BINARY);
```

（2）检测及跟踪目标

本文采用三帧差分法来进行对运动目标的检测，那么首先获取三帧的图像，程序描述如下：

```
pScaledFrame=NULL;                    //pFrame为视频截取的一帧
pFrame1=NULL;                         //第一帧
pFrame2=NULL;                         //第二帧
pFrame3=NULL;                         //第三帧
pFrImg=NULL;                          //pFrImg为当前帧的灰度图
pBkImg=NULL;                          //pBkImg为当前背景的灰度图
pProcessImg=NULL;
pFrameMat=NULL;                       //pFrameMat为当前帧的灰度矩阵
pFrMat=NULL;                          //pFrMat为当前前景图矩阵，当前帧减去背景图
pMat1=NULL;
pMat2=NULL;
pMat3=NULL;
pFrMatBinary=NULL;                    //pFrMatB为二值化的前景图
pBkMat=NULL;
pZeroMat=NULL;                        //用于计算bg1 - bg2 的值
pZeroMatB=NULL;       //用于计算pZeroMat阈值化后来判断有多少个零的临时矩阵
pProcessMat=NULL;
pFrameLaMat=NULL;
pBkLaMat=NULL;
objectNumber=0;
totalNumer=0;
storage=NULL;
firstContour=NULL;
pCapture=NULL;
frameCount=0;                         //帧计数
status=0;                             //状态标志位
matDifferThreshold=1;
```

我们已经通过上述方法得到了三帧且进行了一些简单的处理和帧差的计算，接下来就是三帧法的实现，首先要判断其是否是第一帧，如果是第一帧，则进行如下处理：

```
if(frameCount==1)                     //如果是第一帧，则进行初始化
{   init();
}
```

如果是第一帧，还需要初始化 pZeroMat 数组，置为 0，然后转化成单通道图像再处理，继而转换为矩阵，最后设置三帧法的阈值为画面的高、宽、最大像素变化百分比的乘积，部分代码如下：

```
//初始化pZeroMat数组，置为
cvZero(pZeroMat);
//转化成单通道图像再处理
cvCvtColor(pScaledFrame,pBkImg,CV_BGR2GRAY);
cvCvtColor(pScaledFrame,pFrImg,CV_BGR2GRAY);
cvConvert(pFrImg,pFrMat);
//转换为矩阵
cvConvert(pBkImg,pBkMat);
// 三帧法的阈值为画面高*宽*最大像素变化百分比
matDifferThreshold=pScaledFrame->height*pScaledFrname->width*percent
```

如果不是第一帧，则需进行如下处理：

```
cvPyrDown(pFrame,pScaledFrame);    //金字塔缩放，减小检测区域大小
detectAndCount();
```

以上是每抓取一帧都要做的工作，可谓是三帧法的核心。

之后进行阈值的处理，即判断每一帧的异物是否大于所设置的阈值，判断它们是否连续，以此来更新背景，从而对目标进行处理。第一和第二帧的处理和实现如下所示：

```
else if(cvCountNonZero(pFrMatBinary)<matDifferThreshold && status==1)
//表示第一帧的异物大于阈值，而第二帧没有
{   status=0;
}
else if (cvCountNonZero(pFrMatBinary) > matDifferThreshold && status==1)
                                   //表示第一帧和第二帧的异物都大于阈值
{   pFrame2=cvCloneImage(pScaledFrame);
    pMat2=cvCloneMat(pFrMat);
    cvAbsDiff(pMat1,pMat2,pZeroMat);
    cvThreshold(pZeroMat,pZeroMatB,20,1,CV_THRESH_BINARY);
    if(cvCountNonZero(pZeroMatB)>matDifferThreshold)  //表示他们帧连续
    {   status=0;
    }
    else
    {   status=2;            //继续采集第帧
    }
}
```

函数 cvCountNonZero()用于计算数组中非 0 值的个数。

在获取需要检测的运动目标之后，需要去对运动目标进行跟踪，这里采用基于轮廓和人脸模糊识别的跟踪方法，先进行轮廓的处理，则有以下步骤：绘制轮廓、显示轮廓、检测轮廓，继而对每一个轮廓进行处理，再看是否需要启用人脸模糊的识别。部分代码如下：

```
//绘制轮廓
cvDrawContours(pProcessImg,contours,cvScalarAll(255),cvScalarAll(255),3);
//对每一个轮廓进行处理
while(contours)
{   //轮廓大小符合条件
    if(fabs(cvContourArea(contours))>external_MIN_OBJECT_SIZE)
    {   //寻找轮廓最小拟合矩形
        CvRect rect=cvBoundingRect(contours);
        //轮廓中心
        int centerX=cvRound(rect.width/2+rect.x);
        int centerY=cvRound(rect.height/2+rect.y);
        //实例化轮廓对象
        TraceObject tmp_trace=TraceObject(rect);
        //检测轮廓对象中的人数
        detectInObject(tmp_trace);
        bool match=false;
    }
}
```

有时需要去判断是否开启人脸模糊识别检测，具体实现如下：

```
if(ENABEL_RAW_DETECT)
{   i->peopleCount=i->peopleCount>0?i->peopleCount:1;
}
```

（3）图像预处理

此处的程序编程简单，采用高斯平滑，即低通滤波器的处理方式去除噪声，OpenCV 视觉库中有函数 cvSmooth()，只需去调用此函数即可，实现如下：

```
cvSmooth(pFrMatBinary,pFrMatBinary);
```

（4）形态学处理

形态学处理可以采用最基本的两种方法，即膨胀和腐蚀，OpenCV 的视觉库中也提供了此类的函数供使用，即 cvDilate()（膨胀）函数和 cvErode()（腐蚀）函数，详细介绍请参见第一篇初级实验中的实验 1-7“图像形态学”。

（5）人数统计

采用基于 HOG 特征和运动信息结合的人体检测算法，和基于 HOG 特征的 SVM 分类器分类，将运动目标识别出来，继而实现人数统计，部分代码如下：

```
//检测轮廓区域内的人数信息
//这里采用的是基于 hog 特征的 SVM 分类器
//检测时需要保证检测窗口必须大于 100×100，否则 HOG 检测会发生 assert error
//不仅如此，检测区域要略大于轮廓区域以提高检测结果准确度
//目标轮廓的匹配矩形
CvRect c=traceobject.currentRect;
//额外的轮廓区域长度，用于提高检测的精度
int extraLengthX=10;
int extraLengthY=30;
//检测区域中心
int centerx=cvRound(c.x+c.width/2);
int centery=cvRound(c.y+c.height/2);
//窗口大小最小为 100×100
int width=c.width>100?c.width:100;
int height=c.height>100?c.height:100;
//添加额外长度
width+=extraLengthX;
height+=extraLengthY;
//移动检测区域中心
if(centerx<cvRound(width/2))
{   centerx=cvRound(width/2);
}
else if(centerx>cvRound((pScaledFrame->width-cvRound(width/2))))
{   centerx=cvRound(pScaledFrame->width-cvRound(height/2));
}
if(centery<cvRound(height/2))
{  centery=cvRound(height/2);
}
else if(centery>pScaledFrame->height-cvRound(height/2))
```

```
{    centery=pScaledFrame->height-cvRound(height/2);
}
//检测区域的左上角坐标
int x=cvRound(centerx-width/2);
int y=cvRound(centery-height/2);
//检测区域 rect
CvRect rect=cvRect(x,y,width,height);
//对感兴趣区域检测
cvSetImageROI(pScaledFrame,rect);
cv::Mat mat(pScaledFrame);
cvResetImageROI(pScaledFrame);
double t=(double)cv::getTickCount();
//hog 检测
hog.detectMultiScale(mat,peopleList,0,cv::Size(8,8), cv::Size (16,16),1.2, 1);
```

2. 基于图像识别的人数统计

（1）加载分类器

OpenCV 中预先训练好的物体检测器位于../opencv/data/haarcascades 目录，其中正面人脸识别效果最好的模型文件为 haarcascade_frontalface_alt2.xml。

初始化内存及分类器：

```
static CvMemStorage* storage=0;
```

定义全局变量，创建动态内存并且返回一个指针。初始化为零，表示内存块默认大小为 64KB：

```
static CvHaarClassifierCascade* cascade=0;
```

cascade 是 Haar 分类器级联的内部标识形式，定义这个指针指向分类器，并初始化为默认状态：

```
//加载分类器
Const char* cascade_name="D:/OpenCV2.2/data/haarcascades/ haarcascade_
frontalface_alt2.xml";
```

cascade_name 是储存了要匹配的系统样本库的 xml 文件，定义一个指向人脸模型文件的地址指针变量：

```
cascade=(CvHaarClassifierCascade*)cvLoad( cascade_name,0,0,0);
```

从文件中装载练习好的级联分类器或者从 OpenCV 中嵌入的分类器数据库中导入，cvLoade 中第一个量表示练习的级联分类器门路，后面三个零表示级联分类器训练中采取的检测目标的尺寸。

（2）读取视频图像

逐帧读取视频：

```
pFrame = cvQueryFrame(pCapture);
```

函数 cvQueryFrame()从摄像头或者文件中抓取一帧，然后解压并返回这一帧。

（3）帧初始化与图像预处理

若待检测的是视频或摄像头的录像，则从其中提取一帧进行图片预处理。用来测试的视频及摄像头获取的实时图像通常是彩色图像，必须要对图像进行一定的处理，才能够使用分类器开始检测。对于视频或者读入的摄像头实时画面，需要从中提取一帧图片。首先使用 cvCvtColor()

函数将待检测图片转换为灰度图像，再使用 cvResize()对图片进行双线性插值的缩放，最后使用 cvEqualizeHist()进行直方图均衡化，就可以开始检测了。

（4）目标识别

目标识别主要是人脸检测的实现。图片的大小会影响人脸检测的结果，要实现这种任意大小的人脸检测，一般有着两种检测策略：一种是基于图像“金字塔”式缩放的方法，另一种是将检测窗口进行等比例放大的方法。

① 基于图像“金字塔”式缩放。基于图像“金字塔”式缩放的方法是传统的检测方法，具体内容是使检测窗口的大小固定不变，不断地缩放待检测图片的大小，每一次缩放都采用相同的比例。对每一幅被等比例缩放的待检测图像，都穷举出所有的窗口，并使用分类器对所有的窗口进行检测，如图 3-5-8 所示。

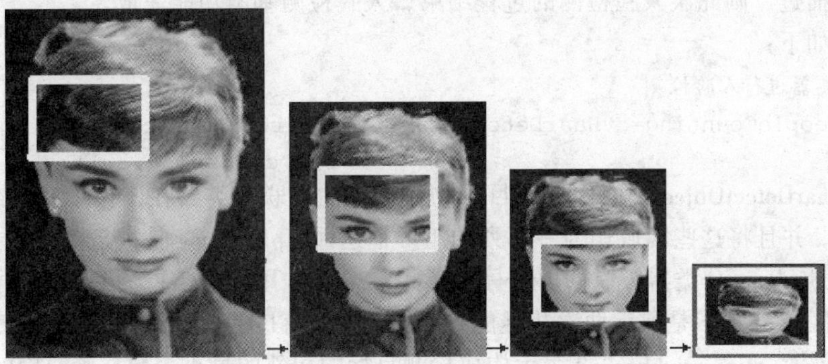

图 3-5-8　等比例缩放待检测图片

这种方法的好处在于，没有改变检测窗口的大小，没有缩放特征矩阵，使图片在检测时的环境与训练分类器时的环境保持了一致，检测的识别率更高。然而它有一个致命的问题，就是它需要对每一个被缩放后的图片都进行特征值的计算，大大降低了整个检测的效率，增加了运算时间。

② 基于检测窗口等比例放大。人脸检测的另一种方法是将检测窗口等比例放大，具体内容是将待检测图片的大小固定不变，不断地放大检测窗口的大小，每一次放大都采用相同的比例，且放大后的窗口大小不能够大于图片本身的大小。将每一个被放大的检测窗口中的图片进行遍历，获得检测结果，如图 3-5-9 所示。这种方法虽然会影响检测准确率，但是它不需要改变图片的大小，减少了后台计算量。

图 3-5-9　等比例放大检测窗口

两种检测策略的识别率还是有着一定差距，传统的基于图像“金字塔”式的缩放方法比检测窗口等比例放大的方法要好得多，检测率高出 4.5%。然而，传统方式的耗时却是检测窗口等比例放大方法的将近 9 倍。在处理单幅图片的检测时，使用传统的方法没有太大问题，因为两秒以内的等待时间对于用户来说属于可以接受的范围。然而，若是处理视频文件，传统方法就完全不适用了，而必须采用耗时较短的方法以达到实时监测的目的。所以采用检测窗口等比例放大的方法比较合适。

进行人脸检测时，开始从视频捕获一帧，加载分类器，分类器中有样本库，在通过算法形成的矩形特征原型中提取特征集，然后形成级联分类器，对截取的待识别图像进行检测，若通过了分类器则表示检测出了人脸，存储该人脸的相关信息并使用一个红色圆圈将人脸标识出来，若未通过则表示没有检测到人脸。之后移动剪裁窗口并重复检测工作，直到该测试目标的所有像素点都被扫描过，则此次人脸检测的过程结束，人脸检测基本功能完成。

部分代码如下：

```
//使用分类器进行人脸检测
CvSeq* PeopleCounting=cvHaarDetectObjects(pHaarImg, cascade,storage,scale,
                                          2,0,cvSize(30,30));
```

函数 cvHaarDetectObjects()使用针对目标物体训练的级联分类器在图像中找到包含目标物体的矩形区域，并且将这些区域作为一序列的矩形框返回。pHaarImg 是被检测的缩放后的灰度图像；cascade 是 haar 分类器级联的内部标识形式；storage 用来存储检测到的一序列候选目标矩形框的内存区域；scale 是前后两次相继的扫描中，搜索窗口的比例系数，scale=1.1 指搜索窗口依次扩大 10%； min_neighbors=2 表示构成检测目标的相邻的最小个数；函数中的 flags=0 是操作方式，采取默认；cvSize(30,30)表示窗口的最小尺寸。

```
//在检测到的人脸上画出红色圆圈标记
for(i=0;i<(PeopleCounting?PeopleCounting->total:0);i++)
{   CvRect* r=(CvRect*)cvGetSeqElem(PeopleCounting,i);
    cvCircle(pFrame,center,radius,CV_RGB(255,0,0),3,8,0);
}
```

进入 for 循环，PeopleCounting 是需要检测的序列，i 为序列中的元素，CvRect 结构以及函数 cvGetSeqElem()返回索引指定的元素指针获得人脸框的位置和大小。通过函数 cvCircle()画圆，该函数包含图像、圆心、半径、颜色、粗细、线条类型、小数点位数等参数。

三、实验代码

1. 基于运动检测的人数统计

```
#include "peopleCount.h"
int main()
{   PeopleCount pc=PeopleCount(0,MAX_CHANGE_PERCENT);
    pc.start();
};
#include "PeopleCount.h"
int external_MAX_DIST_DEFFER=50;
int external_MAX_SIZE_CHANGE=2000;
int external_MIN_RECT_SIZE=1000;
```

```
int external_THRESHOLD_FRONT_BACK=40;
int external_MIN_OBJECT_SIZE=1000;
//有效检测区域的长和宽
int effectiveDetectX=500;
int effectiveDetectY=100;
//将对象从跟踪链中删去
void PeopleCount::removeFromObjectList()
{   vector<TraceObject>::iterator i_t;
    bool AllDeleted=false;
    int count;
    while(!AllDeleted)
    {   count=objectList.size();
        for(i_t=objectList.begin();i_t<objectList.end();i_t++)
        {   if(i_t->objectState==OBJECT_STATE_MERGER
                ||i_t->objectState==OBJECT_STATE_GO_OUT
                ||i_t->objectState==OBJECT_STATE_SEPERATE)
            {   if(i_t->objectState==OBJECT_STATE_GO_OUT)
                {   totalNumer+=i_t->peopleCount;
                    logManager.update(i_t->peopleCount);
                }
            //  cout<<"objectNum:"<<i_t->objectNumber<<" go out"<<endl;
                objectList.erase(i_t);
                break;
            }
        }
        if(count==objectList.size())
        {   AllDeleted=true;
        }
    }
}
//滑动块的回调函数，保证滑动块设置的有效检测区域的有效性
CvTrackbarCallback PeopleCount::onTrackBarX(int width)
{   if(effectiveDetectX>width)
    {   effectiveDetectX=width;
    }
    return NULL;
}
CvTrackbarCallback PeopleCount::onTrackBarY(int height)
{   if(effectiveDetectY>height)
    {   effectiveDetectY=height;
    }
    return NULL;
}
//这是检测每帧的函数，更新人数信息
void PeopleCount::detectAndCount()
```

```
{   cvCvtColor(pScaledFrame,pFrImg,CV_BGR2GRAY);
    cvCvtColor(pScaledFrame,pShowImg,CV_BGR2GRAY);
    cvCopy(pScaledFrame,pShowColorImge);
    //将当前帧变成矩阵
    cvConvert(pFrImg,pFrameMat);
    //获取前景图
    cvAbsDiff(pFrameMat,pBkMat,pFrMat);
    //使用背景加权更新法更新背景矩阵
    cvRunningAvg(pFrameMat,pBkMat,0.005);
    //二值化前景
    cvThreshold(pFrMat,pFrMatBinary,external_THRESHOLD_FRONT_BACK,255,
                CV_THRESH_BINARY)
    //高斯平滑
    cvSmooth(pFrMatBinary,pFrMatBinary);
    //形态学处理
    cvDilate(pFrMatBinary,pProcessMat,myConvKernel);
    cvErode(pProcessMat,pProcessMat,myConvKernel);
    //转化为图片
    cvConvert(pProcessMat,pProcessImg);
    CvSeq * contours=0;
    //轮廓检测
    cvFindContours(pProcessImg,storage,&contours,sizeof(CvContour),
                   CV_RETR_EXTERNAL);
    //绘制轮廓
    cvDrawContours(pProcessImg,contours,cvScalarAll(255),cvScalarAll(255),3);
    //显示轮廓
    cvShowImage("轮廓提取",pProcessImg);
    vector<TraceObject>::iterator it;
    for(it=objectList.begin();it<objectList.end();it++)
    {   (*it).objectState=OBJECT_STATE_OLD;   }
    //对每一个轮廓进行处理
    while(contours)
    {   //轮廓大小符合条件
        if(fabs(cvContourArea(contours))>external_MIN_OBJECT_SIZE)
        {   //寻找轮廓最小拟合矩形
            CvRect rect=cvBoundingRect(contours);
            //轮廓中心
            int centerX=cvRound(rect.width/2+rect.x);
            int centerY=cvRound(rect.height/2+rect.y);
            //轮廓中心不处于有效检测区域内
            if(centerX<cvRound(pScaledFrame->width/2-effectiveDetectX/2)||
                centerX>cvRound(pScaledFrame->width/2+effectiveDetectX/2)||
                centerY<cvRound(pScaledFrame->height/2-effectiveDetectY/2)||
                centerY>cvRound(pScaledFrame->height/2+effectiveDetectY/2))
            {   contours=contours->h_next;
```

```
                continue;
            }
            //实例化轮廓对象
            TraceObject tmp_trace =TraceObject(rect);
            //检测轮廓对象中的人数
            detectInObject(tmp_trace);
            bool match=false;
            //对每一个轮廓对象，在轮廓对象链表中寻找符合的
            for(it=objectList.begin();it<objectList.end();it++)
            {  if((*it).isLikeObject(tmp_trace)&&(*it).objectState==OBJECT_
            STATE_OLD)
                {   (*it).update(tmp_trace);//更新轮廓对象状态
                    match=true;
                    break;
                }
            }
            if(!match)
            {   tmp_trace.objectNumber=objectNumber;//设置当前轮廓编号
                objectList.push_back(tmp_trace);
                objectNumber++;
            }
        }
        contours=contours->h_next;
    }
    //检测轮廓间发生合并事件
    for(int i=0;i<objectList.size();i++)
    {   if(objectList[i].objectState==OBJECT_STATE_OLD)
        {   DoneSearch=false;
            for(int j=0;j<objectList.size();j++)//检测所有状态为new的对象
            {   if(objectList[j].objectState==OBJECT_STATE_NEW)
                {   if(objectList[j].containsObject(objectList[i]))
                    //如果此new对象包围old对象，则更新new对象的状态为"合并"
                    {   objectList[j].peopleCountMerger+=objectList[i].
                                    peopleCount;
                        objectList[i].objectState=OBJECT_STATE_MERGER;
                        cout<<"Object Merger "<<endl;
                        DoneSearch=true;
                        break;
                    }
                }
            }
            if(DoneSearch)
            {   DoneSearch=false;
                continue;// 查找下一个old对象
            }
```

```
            //检测轮廓间发生分离事件
            for(int j=0;j<objectList.size();j++)
            {   if(objectList[j].objectState==OBJECT_STATE_NEW)
                {   if(objectList[i].containsObject(objectList[j]))
                    //如果 old 对象包围 new 对象，则说明发生分离
                    {   objectList[i].objectState=OBJECT_STATE_SEPERATE;
                        //更新发生分离后，被分离轮廓的面积
                        objectList[i].seperateSize+=objectList[j].objectSize;
                        objectList[j].seperateFromObject=i;
                        objectList[j].isSeperatedFromObject=true;
                        cout<<"Object seperate "<<endl;
                        DoneSearch=true;
                    }
                }
            }
            if (DoneSearch)
            {   DoneSearch=false;
                continue;
            }
            //如果为发生合并、分离，并且轮廓对象的状态是 old，则判断为离开
            objectList[i].objectState=OBJECT_STATE_GO_OUT;
        }
    }
    //更新发生分离的对象，计算被分离对象的当前人数
    for(int i=0;i<objectList.size();i++)
    {   if(objectList[i].isSeperatedFromObject)
        {   int seperateNum=objectList[i].seperateFromObject;
            printf("seperate number %d, seperateSize %d\n", seperateNum,
                objectList[seperateNum].seperateSize);
            assert(seperateNum>=0&&objectList[seperateNum].seperateSize>0);
            objectList[i].peopleCountSeperate=objectList[seperateNum].
                    peopleCount*objectList[i].objectSize/
                    objectList[seperateNum].seperateSize;
        }
    }
    for(vector<TraceObject>::iterator i=objectList.begin();i<objectList.end();i++)
    {   if(i->objectState==OBJECT_STATE_NEW)
        //更新轮廓对象，如果发生合并，则当前人数与合并前的人数取较大值
        {   i->peopleCount=i->peopleCount>i->peopleCountMerger?
                        i->peopleCount:i->peopleCountMerger;
            i->peopleCount=i->peopleCount>i->peopleCountSeperate?
                        i->peopleCount:i->peopleCountSeperate;
            if(i->isSeperatedFromObject==true)
            {   i->peopleCount=i->peopleCount>0?i->peopleCount:1;
            }
```

```
                i->peopleCountSeperate=0;
                i->isSeperatedFromObject=false;
                i->peopleCountMerger=0;
                if(ENABEL_RAW_DETECT)
                {   i->peopleCount=i->peopleCount>0?i->peopleCount:1;
                }
            }
        }
        removeFromObjectList();
        //删除轮廓对象中状态为 old、go out、merger、separate 的轮廓
        //绘制轮廓路径
        for(it=objectList.begin();it<objectList.end();it++)
        {   (*it).drawObjectPath(pShowColorImge);//绘制轮廓图像
        }
        //创建滑块
        cvCreateTrackbar("长: ","轮廓",&effectiveDetectX,600,(CvTrackbarCallback)
                         onTrackBarX (pScaledFrame->width));
        cvCreateTrackbar("宽: ","轮廓",&effectiveDetectY,600,(CvTrackbarCallback)
                         onTrackBarY(pScaledFrame->height));
        char a[20]="People Number:";
        _itoa(totalNumer,showNumber,10);
        strcat(a,showNumber);
        cvPutText(pShowColorImge,a,informationPosition,&informationFont,
                  cvScalarAll(255));//绘制总人数
        leftTop.x=cvRound(pScaledFrame->width/2-effectiveDetectX/2);
        leftTop.y=cvRound(pScaledFrame->height/2-effectiveDetectY/2);
        rightBottom.x=cvRound(pScaledFrame->width/2+effectiveDetectX/2);
        rightBottom.y=cvRound(pScaledFrame->height/2+effectiveDetectY/2);
        //cout<<" left top:"<<leftTop.x<<" "<<leftTop.y<<"right bottom : "
          <<rightBottom.x<<"  "<<rightBottom.y<<endl;
        cvDrawRect(pShowColorImge,leftTop,rightBottom,cvScalar(255,0,255));
        cvShowImage("轮廓", pShowColorImge);//
    }
    void PeopleCount::init()
    {   scaleSize=cvSize(pFrame->width&-2,pFrame->height&-2);
        pScaledFrame=cvCreateImage(cvSize(scaleSize.width/2,
                                   scaleSize.height/2),8,3);
        cvPyrDown(pFrame,pScaledFrame,7);
        printf("%d %d\n",pScaledFrame->width,pScaledFrame->height);
        pBkImg=cvCreateImage(cvSize(pScaledFrame->width, pScaledFrame->height),
                       IPL_DEPTH_8U,1);
        pFrImg=cvCreateImage(cvSize(pScaledFrame->width, pScaledFrame->height),
                       IPL_DEPTH_8U,1);
        pProcessImg=cvCreateImage(cvSize(pScaledFrame->width,pScaledFrame->
                                  height),IPL_DEPTH_8U,1);
```

```
    pShowImg=cvCreateImage(cvSize(pScaledFrame->width,
                        pScaledFrame->height),IPL_DEPTH_8U,1);
    pShowColorImge=cvCreateImage(cvGetSize(pShowImg),IPL_DEPTH_8U,3);
    myConvKernel= cvCreateStructuringElementEx(10,10,5,5,CV_SHAPE_RECT);
    cvNamedWindow("轮廓",1);
    cvNamedWindow("轮廓提取",1);
    pBkMat=cvCreateMat(pScaledFrame->height, pScaledFrame->width, CV_32FC1);
    pZeroMat = cvCreateMat(pScaledFrame->height, pScaledFrame->width, CV_32FC1);
    pFrMat=cvCreateMat(pScaledFrame->height,pScaledFrame->width, CV_32FC1);
    pFrMatBinary=cvCreateMat(pScaledFrame->height,pScaledFrame->width, CV_8UC1);
    pZeroMatB=cvCreateMat(pScaledFrame->height,pScaledFrame->width,CV_8UC1);
    pFrameMat=cvCreateMat(pScaledFrame->height,pScaledFrame->width,CV_32FC1);
    pProcessMat=cvCreateMat(pScaledFrame->height,pScaledFrame->width,CV_8UC1);
    //pLaMat=cvCreateMat(pFrame->height,pFrame->width,CV_32FC1);
    pFrameLaMat= cvCreateMat(pScaledFrame->height, pScaledFrame->width, CV_32FC1);
    pBkLaMat=cvCreateMat(pScaledFrame->height, pScaledFrame->width, CV_32FC1);
    storage=cvCreateMemStorage(0);
    //初始化 pZeroMat 数组
    cvZero(pZeroMat);
    //转化成单通道图像再处理
    cvCvtColor(pScaledFrame,pBkImg, CV_BGR2GRAY);
    cvCvtColor(pScaledFrame,pFrImg,CV_BGR2GRAY);
    //cvConvert(pFrImg,pFrameMat);
    cvConvert(pFrImg,pFrMat);
    //转换为矩阵
    cvConvert(pBkImg,pBkMat);
    //三帧法的阈值为画面高*宽*最大像素变化百分比
    matDifferThreshold = pScaledFrame->height * pScaledFrame->width * percent;
}

void PeopleCount::release()
{   cvDestroyWindow("轮廓");
    cvDestroyWindow("轮廓提取");
    //释放图像和矩阵
    cvReleaseImage(&pFrImg);
    cvReleaseImage(&pBkImg);
}
PeopleCount::PeopleCount(int p_camIndex,float p_percent)
{   pScaledFrame=NULL;                  //pFrame 为视频截取的一帧
    pFrame1=NULL;                       //第一帧
    pFrame2=NULL;                       //第二帧
    pFrame3=NULL;                       //第三帧
    pFrImg=NULL;                        //pFrImg 为当前帧的灰度图
    pBkImg=NULL;                        //pBkImg 为当前背景的灰度图
    pProcessImg=NULL;                   //lapulace
```

```
    pFrameMat=NULL;                    //pFrameMat为当前帧的灰度矩阵
    pFrMat=NULL;                       //pFrMat为当前前景图矩阵，当前帧减去背景图
    pMat1=NULL;
    pMat2=NULL;
    pMat3=NULL;
    pFrMatBinary=NULL;                 //pFrMatB为二值化(0,1)的前景图
    pBkMat=NULL;
    pZeroMat=NULL;                     //用于计算bg1 - bg2的值
    pZeroMatB=NULL;            //用于计算pZeroMat阈值化后来判断有多少个零的临时矩阵
    pProcessMat=NULL;
    //pLaMatB=NULL;
    pFrameLaMat=NULL;
    pBkLaMat=NULL;
    objectNumber=0;
    totalNumer=0;
    storage=NULL;
    firstContour=NULL;
    pCapture=NULL;
    frameCount=0;                      //帧计数
    status=0;                          //状态标志位
    matDifferThreshold = 1;
    //创建窗口
    cvNamedWindow("轮廓",1);
    cvMoveWindow("轮廓",600,400);
    pCapture=cvCreateCameraCapture(0);
    informationFont=cvFont(1);
    informationPosition=cvPoint(20,30);
    camIndex=p_camIndex;
    percent=p_percent;
    hog.setSVMDetector(cv::HOGDescriptor::getDefaultPeopleDetector());
}
void PeopleCount::detectInObject(TraceObject & traceobject)
{   CvRect c=traceobject.currentRect;
    //额外的轮廓区域长度，用以提高检测的精度
    int extraLengthX=10;
    int extraLengthY=30;
    //检测区域中心
    int centerx=cvRound(c.x+c.width/2);
    int centery=cvRound(c.y+c.height/2);
    //窗口大小最小为,100
    int width=c.width>100?c.width:100;
    int height=c.height>100?c.height:100;
    //添加额外长度
    width+=extraLengthX;
    height+=extraLengthY;
```

```
//移动检测区域中心
if(centerx<cvRound(width/2))
{   centerx=cvRound(width/2);
}
else if(centerx>cvRound((pScaledFrame->width-cvRound(width/2))))
{   centerx=cvRound(pScaledFrame->width-cvRound(height/2));
}
if(centery<cvRound(height/2))
{   centery=cvRound(height/2);
}else if(centery>pScaledFrame->height-cvRound(height/2))
{   centery=pScaledFrame->height-cvRound(height/2);
}
//检测区域的左上角坐标
int x=cvRound(centerx-width/2);
int y=cvRound(centery-height/2);
//检测区域 rect
CvRect rect=cvRect(x,y,width,height);
//对感兴趣区域检测
cvSetImageROI(pScaledFrame,rect);
cv::Mat mat(pScaledFrame);
cvResetImageROI(pScaledFrame);
double t=(double)cv::getTickCount();
//hog 检测到得人体存储在 peopleList 中，类型是 Rect
for(int i=0;i<(int)peopleList.size();i++)
{   cv::Rect r=peopleList[i];
    r.x+=cvRound(r.width*0.1);
    r.y+=cvRound(r.height*0.1);
    r.width=cvRound(r.width*0.8);
    r.height=cvRound(r.height*0.8);
}
cv::Rect tmp;
cv::Rect tmp1;
//修正左上角在错误点的人体
for(int i=0;i<peopleList.size();i++)
{   if(peopleList[i].x<0)
    {   peopleList[i].x=0;
    }
    else if(peopleList[i].y<0)
    {   peopleList[i].y=0;
    }
}
//先用冒泡排序对人体矩形排序，然后检测矩形间的包含关系
for(int i=0;i<(int)peopleList.size();i++)
{   for(int j=(int)peopleList.size()-1;j>i;j--)
    {   if(rectSize(peopleList[j])>rectSize(peopleList[j-1]))
```

```
            {   tmp=peopleList[j];
                peopleList[j]=peopleList[j-1];
                peopleList[j-1]=tmp;
            }
        }
    }
    bool isContained=false;
    int totalPeople;
    CvPoint centerPoint;
    int peopleState[20];
    memset(peopleState,0,20);                    //初始化
    if(peopleList.size()>0)                      //初始化
    {   totalPeople=1;
        peopleState[0]=1;
    }
    for(int i=1;i<(int)peopleList.size();i++)
    {   isContained=false;
        tmp=peopleList[i];
        centerPoint.x=cvRound(tmp.width/2+tmp.x);
        centerPoint.y=cvRound(tmp.height/2+tmp.y);
        for(int j=0;j<i;j++)
        {   tmp1=peopleList[j];
            if(tmp1.contains(centerPoint))
            {   isContained=true;
                break;
            }
        }
        //如果未被包含，则更新人数信息
        if(!isContained)
        {   totalPeople++;                       //对统计的人数进行更新
            peopleState[i]=1;
        }
    }

    for(int i=0;i<(int)peopleList.size();i++)//绘制人体矩形
    {   cv::Rect r=peopleList[i];
        if(peopleState[i]==1)
        {   cv::rectangle(mat,r.tl(),r.br(),cv::Scalar(0,255,0),1);
        }
    }
    traceobject.peopleCount=totalPeople;   //更新人数
    cv::imshow("crk",mat);                       //显示检测图像
    mat.release();
}
int PeopleCount::rectSize(const CvRect &t)
```

```
{   return t.width*t.height;
}
void PeopleCount::start()
{   mkdir("./alarm/");
    bool odd=true;
    double t;
    int A[300];                                    //A[300]是统计检测时间用的数组
    for(int i=0;i<300;i++)
    {   A[i]=0;
    }
    int ctime1=0;
    while(pFrame=cvQueryFrame(pCapture))
    {   t=(double)cvGetTickCount();
        odd=!odd;
        if(odd)
        {   continue;
        }
        frameCount++;
        if(frameCount==1)                          //第一帧的化进行初始化
        {
            init();
        }
        else
        {   cvPyrDown(pFrame,pScaledFrame);//金字塔放缩，减小检测区域大小
            detectAndCount();
            if(cvCountNonZero(pFrMatBinary)>matDifferThreshold && status==0)
            {   pFrame1=cvCloneImage(pScaledFrame);
                pMat1=cvCloneMat(pFrMat);
                status=1;
            }
            else if(cvCountNonZero(pFrMatBinary)<matDifferThreshold && status==1)
            {   status=0;
            }
            else if(cvCountNonZero(pFrMatBinary)>matDifferThreshold && status==1)/
            {   pFrame2=cvCloneImage(pScaledFrame);
                pMat2=cvCloneMat(pFrMat);
                cvAbsDiff(pMat1, pMat2, pZeroMat);
                cvThreshold(pZeroMat,pZeroMatB,20,1,CV_THRESH_BINARY);
                if (cvCountNonZero(pZeroMatB)>matDifferThreshold )
                {   status=0;
                }
                else
                {   status=2;
                }
            }
```

```
        else if(cvCountNonZero(pFrMatBinary)<matDifferThreshold &&
                status==2)
        //表示第一帧和第二帧的异物都大于阈值，而第三帧没有
        {   status=0;
        }
        else if(cvCountNonZero(pFrMatBinary)>matDifferThreshold &&
               status==2)
        //表示连续帧的异物都大于阈值
        {   pFrame3=cvCloneImage(pScaledFrame);
            pMat3=cvCloneMat(pFrMat);
            cvAbsDiff(pMat2,pMat3,pZeroMat);
            cvThreshold(pZeroMat,pZeroMatB,20,1,CV_THRESH_BINARY);
            if(cvCountNonZero(pZeroMatB)<matDifferThreshold )
            //第 1 帧和第 2 帧连续
            {   cvReleaseMat(&pBkMat);                //释放掉原有背景
                pBkMat=cvCloneMat(pFrameMat);        //更新为最新背景
                cvSmooth(pBkMat,pBkMat);
            }
            status=0;
        }
        if(cvWaitKey(3)>=0 )        break;
    }/* The End of the else */
    t=(double)cvGetTickCount()-t;
    //printf("detection time = %f\n", t/((double)cvGetTickFrequency()
          *1000.));
    t=t/((double)cvGetTickFrequency()*1000);
    ctime1=(int)t;
    if(ctime1>299||ctime1<1)//如果显示检测时间大于 299 或小于 1，则置为 0
    {   ctime1=0;
    }
    *(A+ctime1)=*(A+ctime1)+1;                     //更新对统计信息
  }
  logManager.endLog();
  logManager.showLog();
  //销毁窗口
  release();
}
```

2. 基于图像识别的人数统计

```
#include"stdafx.h"
#include<cv.h>
#include<cxcore.h>
#include<highgui.h>
#include<stdio.h>
#include<time.h>
```

```
#include<string.h>
#include<math.h>
const int MAX_CORNERS=1000;
const double pi=3.141592654;
const double minspeed=3;
const double maxspeed=50;
int _tmain(int argc,char **argv)
{   CvCapture* pCapture=NULL;
    argc=2;
    argv[1]="E:\\2.wmv";
    //打开视频文件
   if(argc==2)
        if(!(pCapture=cvCaptureFromFile(argv[1]))){
            fprintf(stderr,"Can not open video file %s\n",argv[1]);
            return -2;
        }
    //获取彩色图像
    IplImage* frame=cvQueryFrame(pCapture);
    CvSize img_sz=cvGetSize(frame);
    const int win_size=10;
    //转换为灰度图像
    IplImage* frame_prev=cvQueryFrame(pCapture);
    IplImage* img_prev=cvCreateImage(cvSize(frame->width,frame->height),
                                     IPL_DEPTH_8U,1);
    cvCvtColor(frame_prev,img_prev,CV_BGR2GRAY);
    IplImage* frame_cur=cvQueryFrame(pCapture);
    IplImage* img_curr=cvCreateImage(cvSize(frame->width,frame->height),
                                     IPL_DEPTH_8U,1);
    IplImage* swap_temp=cvCreateImage(cvSize(frame->width,frame->height),
                                     IPL_DEPTH_8U,1);
    IplImage* img_res=cvCreateImage(cvSize(frame->width,frame->height),
                                    IPL_DEPTH_8U,1);
    IplImage* img_eig=cvCreateImage(cvSize(frame->width,frame->height),
                                    IPL_DEPTH_32F,1);
    IplImage* img_temp=cvCreateImage(cvSize(frame->width,frame->height),
                                     IPL_DEPTH_32F,1);
    IplImage* pyr_prev=cvCreateImage(img_sz,IPL_DEPTH_32F,1);
    IplImage* pyr_cur=cvCreateImage(img_sz,IPL_DEPTH_32F,1);
    CvPoint pt_prev,pt_cur;
    double speed,angle;
    double alpha_angle;                          //用于画箭头的弧度
    int w=frame->width;
    int h=frame->height;
    double **v1=new double *[w];
    for(int i=0;i<w;i++)
```

```
    v1[i]=new double[h];
for(int i=0;i<w;i++)
    for(int j=0;j<h;j++)
        v1[i][j]=0;
double **orient1=new double *[w];
for(int i=0;i<w;i++)
    orient1[i]=new double[h];
for(int i=0;i<w;i++)
    for(int j=0;j<h;j++)
        orient1[i][j]=0;
CvScalar line_color;
line_color = CV_RGB(255,0,0);                    //设置线条颜色
int k=0;                                         //统计非零点个数
while(frame_cur=cvQueryFrame(pCapture)){
    cvCvtColor(frame_cur,img_curr,CV_BGR2GRAY);
cvSmooth(img_prev,img_prev,CV_GAUSSIAN,3,0,0);    //高斯平滑
cvSmooth(img_prev,img_prev,CV_MEDIAN,3,0,0,0);
int corner_count=MAX_CORNERS;
CvPoint2D32f* features_prev=new CvPoint2D32f[MAX_CORNERS];
CvPoint2D32f* features_cur=new CvPoint2D32f[MAX_CORNERS];
cvGoodFeaturesToTrack(img_prev,img_eig,img_temp,features_prev,
                      &corner_count,0.04,3.0,0,3,0,0.4);
cvFindCornerSubPix(img_prev,features_prev,corner_count,cvSize(10,10),
                   cvSize(-1,-1),cvTermCriteria(CV_TERMCRIT_EPS|
                   CV_TERMCRIT_ITER,20,0.03));
char feature_found[MAX_CORNERS];
float feature_errors[MAX_CORNERS];
CvSize pyr_sz=cvSize(frame->width+8,frame->height/3);
cvCalcOpticalFlowPyrLK(img_prev,img_curr,pyr_prev,pyr_cur,
                       features_prev,features_cur,corner_count,
                       cvSize(10,10),3,feature_found,feature_errors,
                       cvTermCriteria(CV_TERMCRIT_EPS|CV_TERMCRIT_
                       ITER,20,0.03),0);
for(int i=0;i<corner_count;i++){
    if(0==feature_found[i]||feature_errors[i]>550){
        //printf("error is %f\n",feature_errors[i]);
        continue;
    }
    pt_prev.x=(int)features_prev[i].x;
    pt_prev.y=(int)features_prev[i].y;
    pt_cur.x=(int)features_cur[i].x;
    pt_cur.y=(int)features_cur[i].y;
    speed=sqrt((double)((pt_cur.x-pt_prev.x)*(pt_cur.x-pt_prev.x)+
              (pt_cur.y-pt_prev.y)*(pt_cur.y-pt_prev.y)));
```

```
        angle=atan2((double)(pt_prev.y-pt_cur.y),(double)(pt_prev.x-pt_cur.x));
        if(pt_prev.x>=0&&pt_prev.x<w&&pt_prev.y>=0&&pt_prev.y<h){
            if(speed>=minspeed&&speed<=maxspeed){
                k++;
                orient1[pt_prev.x][pt_prev.y]=angle;
                v1[pt_prev.x][pt_prev.y]=speed;
                cvLine(img_res,pt_prev,pt_cur,CV_RGB(0,255,0),1);
            }
        }
        //float xx=pt_cur.x-pt_prev.x;
        //float yy=pt_cur.y-pt_prev.y;
        //if(xx<0 && xx>-0)//ZERO是坐标的原点
        //alpha_angle=pi/2;
        //else
        //alpha_angle = abs(atan(yy/xx));
        ////调整角度
        //if(xx<0 && yy>0) alpha_angle=pi-alpha_angle;
        //if(xx<0 && yy<0) alpha_angle=pi+alpha_angle;
        //if(xx>0 && yy<0) alpha_angle=2*pi-alpha_angle;
        //CvPoint p;
        /*pt2是箭头的尖角顶点，而p是箭头两边的点。箭头是由p-pt2和pt2-p的两条线段
(p赋了两次不同的值，前后不是一个点)，以及pt1-pt2构成的，总共是三条线段*/
        //p.x=(int) (pt_cur.x+6*cos(alpha_angle-pi/4*3));
        //p.y=(int) (pt_cur.y+6*sin(alpha_angle-pi/4*3));
        //cvLine(img_res,p,pt_cur,line_color,1,CV_AA,0);
        //p-pt2线段1
        //p.x=(int)(pt_cur.x+6*cos(alpha_angle+pi/4*3));
        //p.y=(int)(pt_cur.y+6*sin(alpha_angle+pi/4*3));
        //cvLine(img_res,p,pt_cur,line_color,1,CV_AA,0);
        //p-pt2线段2
    }
    int **vertex=new int *[k];                //X坐标,Y坐标,角度
    for(int i=0;i<k;i++)        vertex[i]=new int[3];
    for(int i=0;i<k;i++)
        for(int j=0;j<3;j++)
            vertex[i][j]=0;
    int a=0; //真正非零点个数
    for(int i=0;i<w;i++){
        for(int j=0;j<h;j++){
            if(v1[i][j]>=minspeed&&v1[i][j]<maxspeed){
                vertex[a][0]=i;
                vertex[a][1]=j;
                vertex[a][2]=orient1[i][j];
                a++;
            }
```

```
        }
    }
    int numofdown=0;
    for(int i=0;i<a;i++){
        if(vertex[i][2]>=(-0.75)*pi && vertex[i][2]<=(-0.25)*pi)
            numofdown++;
    }
    cvNamedWindow("img_prev",CV_WINDOW_AUTOSIZE);
    cvNamedWindow("img_curr",CV_WINDOW_AUTOSIZE);
    cvNamedWindow("result",CV_WINDOW_AUTOSIZE);
    cvShowImage("img_prev",img_prev);
    cvShowImage("img_curr",img_curr);
    cvShowImage("result",img_res);
    char opt=cvWaitKey(6);
    if(27==opt) break;
    CV_SWAP(img_prev,img_curr,swap_temp);
    img_res=cvCreateImage(cvSize(frame->width, frame->height), IPL_DEPTH_8U,1);
    for(int i=0;i<w;i++)
        for(int j=0;j<h;j++){
            v1[i][j]=0;
            orient1[i][j]=0;
        }
        k=0;
    for(int i=0;i<k;i++)        delete []vertex[i];
    delete []vertex;
    }
    cvReleaseCapture(&pCapture);
    cvReleaseImage(&img_prev);
    cvReleaseImage(&img_eig);
    cvReleaseImage(&img_curr);
    cvReleaseImage(&img_res);
    cvReleaseImage(&img_temp);
    cvDestroyAllWindows();
    return 0;
}
```

【实验 3-6】 烟 火 检 测

一、基本原理

对于烟火检测，首先运用三帧间差分法来进行区域静态检测，即对处理过的图像进行颜色检查，如果检查出火焰与烟雾的面积变化超过一定阈值就认为是烟雾或疑似烟火区域，检测出火焰与烟雾的运动情况；然后进行动态检测，即检测疑似烟火区域中火焰和烟雾的面积有无变化，如果疑似烟火区域的面积不断加大即判定所监测对象为烟火，若是烟火则可以进行报警处理。

烟火检测算法可以分为基于火灾火焰的算法和基于火灾烟雾的算法。

火焰的静态特征主要体现在光谱特性（突出亮度和特殊色度）和区域结构（具有火焰区域的内部结构和外围轮廓）两方面。

① 火焰在一般背景下会呈现出明显的高亮度，这是灰度图像中检测火焰的重要线索。独特的颜色也是火焰最显著的光谱特征，火焰颜色不仅在不同颜色模型（如 RGB）中具有特定的分布模型，在火焰区域内部还具有持续的层次性变化。在彩色图像中，高温的火焰内核会呈现亮白色，由内向外随着温度的降低颜色会由黄变橙、变红。这说明温度相对低的火光颜色饱和度较高，而高温下饱和度较低。且白天或光照下的火焰颜色饱和度较夜晚或无光照环境中更强。在灰度图像中，核心部分一般也明显比边缘部分亮。

② 火焰区域一般呈现出由内而外的随光谱变化的环形嵌套结构。同时，燃烧使火焰区域始终处于持续的变化中，也决定了其结构的复杂性。

火焰图像的基本特性主要表现为如下几个方面：

① 面积的变化。火灾发生后其火焰不断地发展，随着火势的增大，火焰也不断增强。因而从火焰的图像特性来说，火焰面积呈连续扩展性增加的趋势。

② 边缘的变化。火灾火焰的边缘变化与其他高温物体和灯光及稳定火焰的边缘变化也有一定的区别。可以利用火焰边缘的变化来进行火灾判别。火焰边缘抖动是火灾火焰的特性，而其他高温物体、灯光和稳定火焰边缘比较稳定。

火焰图像像素的三种颜色分量存在以下关系特性：

$$0.25 \leqslant G/(R+1) \leqslant 0.65$$

$$0.05 \leqslant B/(R+1) \leqslant 0.45$$

$$0.20 < R/(R+1) \leqslant 0.60$$

其中，$R>200$、$G<200$、$B<100$。

对动态三帧间差法进行一系列处理之后形成的图像进行动态检验，即对每一帧图像中所有像素点进行判定，检验并计数符合火焰颜色特性的像素点个数，若像素点个数超过阈值即认定为火焰。

烟雾图像的基本特征主要表现在如下几个方面：

① 烟雾出现的有无。对经过动态三帧间差法处理之后形成的图像进行烟雾颜色检测，若面积变化，则认定为烟雾出现。

② 烟雾的动态性。烟雾的动态性是烟雾不规则性的扩散，包括形状的不规则性和扩散性。

将不规则性和扩散性结合起来进行烟雾检测。

为了利用颜色特征区分烟雾和其他物体，首先要分析烟雾颜色信息数据，烟雾的像素点色彩比例分别是：

$$r = R/(R+G+B)$$
$$g = G/(R+G+B)$$

其中，R、G、B 为图像像素的红、绿、蓝三个颜色分量的值。r 是红色像素点占全部像素点的比例，g 是绿色像素点占全部像素点的比例，r、g 分别满足如下条件：

$$0.3043<r<0.3353$$
$$0.3187<g<0.3370$$

且满足：$r<g$。

对连续的三帧图像进行上述烟雾和火焰的判定，统计图像中符合火焰特性的像素点的个数 snum1 和符合烟雾特性的像素点的个数 snum2，若 snum1、snum2 的值有所变化，可大致判定为烟雾和火焰。检测流程如图 3-6-1 所示。

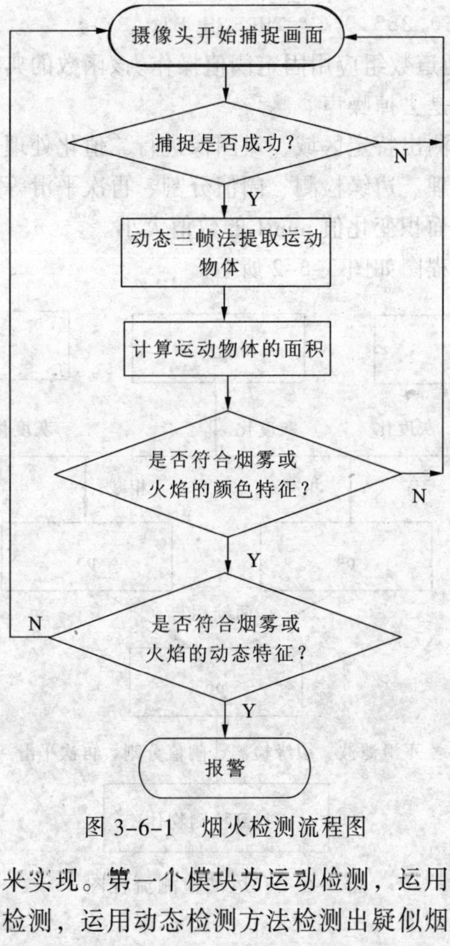

图 3-6-1 烟火检测流程图

检测程序分为三个模块来实现。第一个模块为运动检测，运用颜色检测方法检测出疑似烟火区域；第二个模块为烟火检测，运用动态检测方法检测出疑似烟火区域是否有面积变动，进而检测出烟火。第三个模块根据前两个模块检测出的视频中的火焰图形进行火焰形状的显示和报警。

二、关键函数

1. 运动检测

运动检测的实现过程如下：首先对摄像头的每一帧图像进行捕捉，同时定义 int 型变量用来标记当前图像为哪一帧，捕捉到图像后将其进行灰度化处理后保存。对第二帧和第一帧、第三帧和第二帧分别进行相减，即帧间差分：

```
cvSub(p1,p2,p4,0);
cvSub(p3,p2,p5,0);
```

cvSub()函数将 p1 与 p2 两帧图像相减的结果保存在 p4 中，最后一个参数 0 代表 p1、p2、p4 都是 8 位单通道数组。

相减之后得到图像 p4、p5，然后对相减之后的图像进行二值化，再进行与运算，用于确定图像变化区域，以便以后的程序进行处理：

```
cvThreshold(p4,p4,60,255.0,CV_THRESH_BINARY);
cvThreshold(p5,p5,60,255.0,CV_THRESH_BINARY);
```

cvThreshold()函数对单通道数组应用固定阈值操作。该函数的典型应用是对灰度图像进行阈值操作得到二值图像，或者是去掉噪声。

为了方便程序识别、检测出特定区域，对图像进行二值化处理。

对所得图像进行平滑处理、边缘检测、阈值分割、再次平滑等操作，分离出被检测运动物体的区域，并记录运动物体面积变化值 num1 的数值大小。

综上所述，运动检测流程图如图 3-6-2 所示。

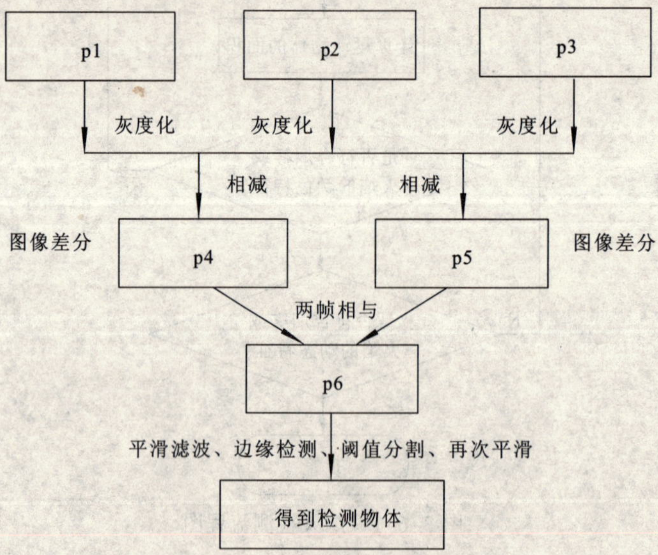

图 3-6-2　运动检测流程图

2. 烟火检测

（1）火灾检测

对每一帧图像统计图像的 R、G、B 值：

```
b=((uchar*)(frame->imageData+i*frame->widthStep))[j*frame->nChannels+0];
```

b 是每一帧图像的 B 值。

```
sj=((uchar*)(frame->imageData+i*frame->widthStep))[j*frame->nChannels+1];
```

sj 是每一帧图像的 G 值。

```
r=((uchar*)(fram-~>imageData+i*frame->widthStep))[j*frame->nChannels+2];
```

r 是每一帧图像的 R 值。

对 r、sj、b 值进行计算：

```
r1=r/(r+b+sj);        //r1 是红色像素点所占全部像素点的比值大小
j1=sj/(r+b+sj);       //j1 是黄色像素点所占全部像素点的比值大小
r2=sj/(r+1);          //r2 是火焰检测的特性值
j2=b/(sj+1);          //j2 是火焰检测的另一个特性值
b2=b/(r+1);           //b2 是火焰检测的另一个特性值
```

如果 r1、j1 满足火焰特性值，则记录火焰面积大小。

```
if((0.3043<r1<0.3353)&&(0.3187<j1<0.3373)&&(r1<j1))  snum1++;
```

其中 snum1 代表火焰像素点个数，而 num1 代表前后两帧之间检测区域变化的像素点个数。

如果变量 snum1、num1 满足条件(3<=num1<=25&&snum1>10)则说明一帧图像中的检测区域面积变动数量和火焰区域面积达到阈值，即可认定检测到了烟火。

火灾检测流程图如图 3-6-3 所示。

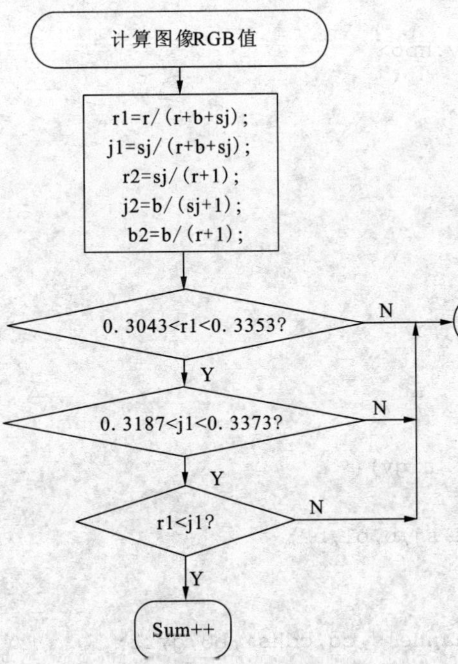

图 3-6-3　火灾检测流程图

（2）烟雾检测

对每一帧图像统计图像的 R、G、B 值：

```
b=((uchar*)(frame->imageData+i*frame->widthStep))[j*frame->nChannels+0];
```

b 是每一帧图像的 B 值。

```
sj=((uchar*)(frame->imageData+i*frame->widthStep))[j*frame->nChannels+1];
```

sj 是每一帧图像的 G 值。

```
r=((uchar*)(frame->imageData+i*frame->widthStep))[j*frame->nChannels+2];
```

r 是每一帧图像的 R 值。

然后对 r、sj、b 值进行计算：

```
r1=r/(r+b+sj);          //r1 是红色像素点所占的比值大小
j1=sj/(r+b+sj);         //j1 是黄色像素点所占的比值大小
r2=sj/(r+1);            //r2 是火焰检测的特性值
j2=b/(sj+1);            //j2 是火焰检测的另一个特性值
b2=b/(r+1);             //b2 是火焰检测的另一个特性值
```

烟雾疑似区域特性值 r2、j2、b2、r、b、sj 如果满足烟雾特性值，则认定为烟雾，并且记录烟雾面积大小。

```
if((0.25<r2<0.65)&&(0.2<j2<0.6)&&(0.05<b2<0.45)&&(r>200)&&(b<100)&&(sj<200))
snum2++;
```

其中 snum2 代表烟雾像素点个数，而 num1 代表前后两帧之间检测区域变化的像素点个数。

如果变量 num1、snum2 满足条件(3<=num1<=25&&snum2>10)，则说明一帧图像中的检测区域面积变动数量和烟雾区域面积达到阈值，则认定检测到了烟雾。

三、实验代码

```
#include <opencv2\opencv.hpp>
#include <iostream>
#include <string>
#include "cv.h"
#include "highgui.h"
#include <stdio.h>
#include <string.h>
#include "cxcore.h"
#define REDTHRED 130
#define SATTHRED 80
using namespace cv;
using namespace std;
int main(int argc,char** argv){
    CvCapture * capture;
    double r,r1,r2,j1,j2,sj,b,b1,b2;
    IplImage * frame;
    IplImage * pf1;
    int step,step_hsi,channels,cd,cdhsi,b3,g,r3;
    uchar *data,*data_i,*data_s;
    int i,j;
    double min_rgb,add_rgb;
    capture=cvCaptureFromAVI("F:\TEST1.AVI");  //这是提前录制的火灾视频
    frame=cvQueryFrame(capture);
    pf1=cvCreateImage(cvGetSize(frame),frame->depth,1);
```

```
    CvMat * pframemat1=cvCreateMat(frame->height,frame->width,CV_32FC1);
    CvMat * pframemat2=cvCreateMat(frame->height,frame->width,CV_32FC1);
    CvMat * pframemat3=cvCreateMat(frame->height,frame->width,CV_32FC1);
    CvMat * pframemat4=cvCreateMat(frame->height,frame->width,CV_32FC1);
    CvMat * pframemat5=cvCreateMat(frame->height,frame->width,CV_32FC1);
    CvMat * pframemat6=cvCreateMat(frame->height,frame->width,CV_32FC1);
    int snum1=0;
    int snum2=0;
    int num=(int)cvGetCaptureProperty(capture,CV_CAP_PROP_FRAME_ COUNT);
    if(!capture)
    {  fprintf(stderr,"could not initialize capturing--\n");
       return -1;
    }
    cvNamedWindow("video",1);
    while(frame=cvQueryFrame(capture))
    {  if(!frame)      break;
       cvShowImage("video",frame);//显示火和烟的图像
       char c=cvWaitKey(33);
       if(c==27)       break;
       if(num%3==1)
       {  cvCvtColor(frame,pf1,CV_BGR2GRAY);
          pframemat1=cvCreateMat(frame->height,frame->width,CV_32FC1);
          cvConvert(pf1,pframemat1);
       }
       if(num%3==2)
       {  cvCvtColor(frame,pf1,CV_BGR2GRAY);
          pframemat2=cvCreateMat(frame->height,frame->width,CV_32FC1);
          cvConvert(pf1,pframemat2);
       }
       if(num%3==0)
       {  cvCvtColor(frame,pf1,CV_BGR2GRAY);
          pframemat3=cvCreateMat(frame->height,frame->width,CV_32FC1);
          cvConvert(pf1,pframemat3);
       }
       cvSub(pframemat1,pframemat2,pframemat4,0);
       cvSub(pframemat3,pframemat2,pframemat5,0);//分别对4,5进行二值化
       cvThreshold(pframemat4,pframemat4,60,255.0,CV_THRESH_BINARY);
       cvThreshold(pframemat5,pframemat5,60,255.0,CV_THRESH_BINARY);
       cvMul(pframemat4,pframemat5,pframemat6,1);//与运算
       cvSmooth(pframemat6,pframemat6);
       int num1=cvCountNonZero(pframemat6);//图像中非零像素点
       /*cvMoments(cvGetSubRect(pf1,&mat,rr),&m,1);
       m00=cvGetSpatialMoment(&m,0,0);
          x=cvGetSpatialMoment(&m,1,0)/m00;
          y=cvGetSpatialMoment(&m,0,1)/m00;
          xx=cvGetSpatialMoment(&m,2,0)/m00-x*x;
```

```
        yy=cvGetSpatialMoment(&m,0,2)/m00-y*y;
        CvPoint center,center1;
        center.x=xx;
        center.y=yy;*/ //重心跟踪
    IplImage * colorplace=cvCloneImage(frame);
    for(int i=0;i<frame->height;i++)
    {   for(int j=0;j<frame->width;j++)
        {
            b=((uchar*)(colorplace->imageData+i*colorplace->widthStep))
                                    [j*colorplace->nChannels+0];
            sj=((uchar*)(colorplace->imageData+i*colorplace->widthStep))
                                    [j*colorplace->nChannels+1];
            r=((uchar*)(colorplace->imageData+i*colorplace->widthStep))
                                    [j*colorplace->nChannels+2];
            r1=r/(r+b+sj);
            j1=sj/(r+b+sj);
            r2=sj/(r+1);
            j2=b/(sj+1);
            b2=b/(r+1);
            if((0.3043<r1<0.3353)&&(0.3187<j1<0.3373)&&(r1<j1))
                snum1++;
            if((0.25<r2<0.65)&&(0.2<j2<0.6)&&(0.05<b2<0.45)&&(r>200)&&
                        (b<100)&&(sj<200)) snum2++;
        }
    }
    num1=cvCountNonZero(pframemat6);
    if((3<=num1<=25&&snum1>10)||(3<=num1<=25&&snum2>10))
    //火焰和烟雾的判定，满足条件则显示火焰边框
    {   IplImage* dst=cvCreateImage(cvGetSize(frame),frame->depth,
                                    frame->nChannels);
        IplImage* hsi_i=cvCreateImage(cvGetSize(frame),frame->depth,1);
                                    //创建亮度图像
        IplImage* hsi_s=cvCreateImage(cvGetSize(frame),frame->depth,1);
                                    //创建饱和度图像
        IplImage* hsi_h=cvCreateImage(cvGetSize(frame),frame->depth,1);
                                    //创建色彩图像
        step=frame->widthStep;                //存储同列相邻行之间的比特数
        channels=frame->nChannels;
        data=(uchar *)frame->imageData;       //存储指向图像数据的指针
        step_hsi=hsi_i->widthStep;            //亮度图像的相邻行之间的比特
        data_i=(uchar *)hsi_i->imageData;     //存储指向子图像的数据指针
        data_s=(uchar *)hsi_s->imageData;
        for(i=0;i<frame->height;i++){         //对火焰形状进行调整
          for(j=0;j<frame->width;j++){
            int temp;
            cd=i*step+j*channels;             //计算取元图像数据的位置
```

```
                cdhsi=i*step_hsi+j;              //计算子图像数据存储的位置
                b3=data[cd],g=data[cd+1],r3=data[cd+2];
                min_rgb=__min(__min(r3,g),b3); //取最小值运算
                add_rgb=r3+g+b3 ;
                data_s[cdhsi]=(int)(100-300*min_rgb/add_rgb);
                data_i[cdhsi]=0;
                if(r3>REDTHRED)
                {  if((r3>g)&&(g>b3))
                   {  temp=(255-r3)*SATTHRED/REDTHRED;
                      if(data_s[cdhsi]>=temp)
                      {  data_i[cdhsi]=255;
                      }
                   }
                } //end of if
            }
        } //end of for
        cvNamedWindow("S",1);
        cvNamedWindow("hsi_i",1);
        cvCopy(frame,dst,hsi_i);
        cvShowImage("hsi_i",hsi_i);
        cvShowImage("S",dst);                 //显示火焰形状
      }// end of if((3<=num1<=25&&snum1>10)||(3<=num1<=25&&snum2>10))
      num1=0;                                 //对每一帧数据进行清零
      snum1=0;
      snum2=0;
   }  //end of while
   cvDestroyWindow("video");
   cvDestroyWindow("warning");
}
```

参 考 文 献

[1] 阮秋琦.数字图像处理[M]. 2 版. 北京：电子工业出版社，2003.

[2] W S, STILES, GUNTER W. Color science concepts and methods, quantitative data and formula[M]. New York: John Wiley and Sons Inc., 2000.

[3] 李弼程，彭天强，彭波，等. 智能图像处理技术[M]. 北京：电子工业出版社，2004.

[4] 何东健，耿楠，张义宽，等. 数字图像处理[M]. 2 版. 西安：西安电子科技大学出版社，2008.

[5] 贾永红. 计算机图像处理与分析[M]. 武汉：武汉大学出版社，2001.

[6] 章毓晋. 图像工程(上册)——图像处理和分析[M]. 北京：清华大学出版社，1999.

[7] CASTLEMAN K R. Digital image processing[M]. Prentice Hall Inc，1996.

[8] 章毓晋. 图像分割[M]. 北京：科学出版社，2001.

[9] 刘文耀. 光电图像处理[M]. 北京：电子工业出版社，2002.

[10] 容观澳. 计算机图像处理[M]. 北京：清华大学出版社，2000.

[11] 孙即祥. 模式识别中的特征提取与计算机视觉不变量[M]. 北京：国防工业出版社，2001.

[12] 缪绍纲. 数字图像处理[M]. 成都：西南交通大学出版社，2001.

[13] 王耀南，李树涛，毛建旭. 计算机图像处理与识别技术[M]. 北京：高等教育出版社，2001.

[14] 于仕琪，刘瑞祯. 学习 OpenCV：中文版[M]. 北京：清华大学出版社，2009.